JN082708

Python
ライブラリ
定番セレクション

データサイエンティストや
機械学習エンジニアのための

pandas&Plotly

2D/3Dデータ ビジュアライゼーション 実装ハンドブック

ハンズオン
形式で学べるから
よくわかる

著 大川洋平

●口絵

口絵01　8.1節 [8] の実行結果

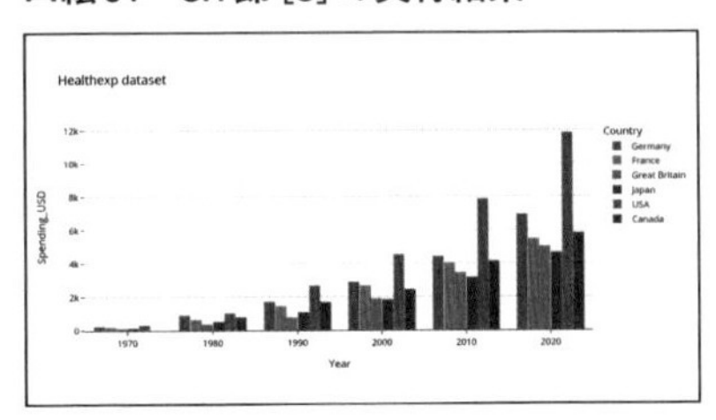

口絵02　8.1節 [12] の実行結果

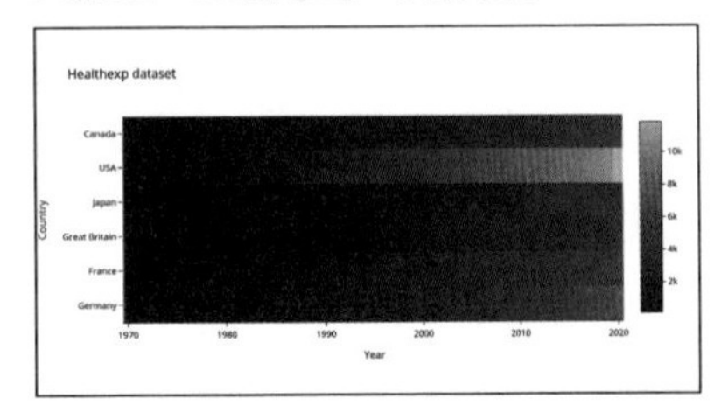

口絵03　8.2節 [5] の実行結果

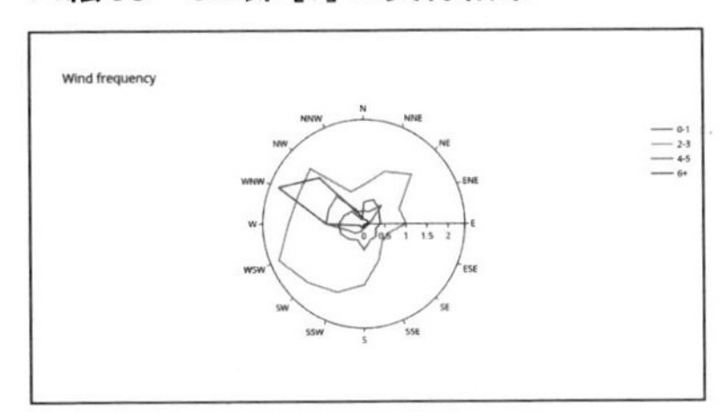

口絵04　8.2節 [7] の実行結果

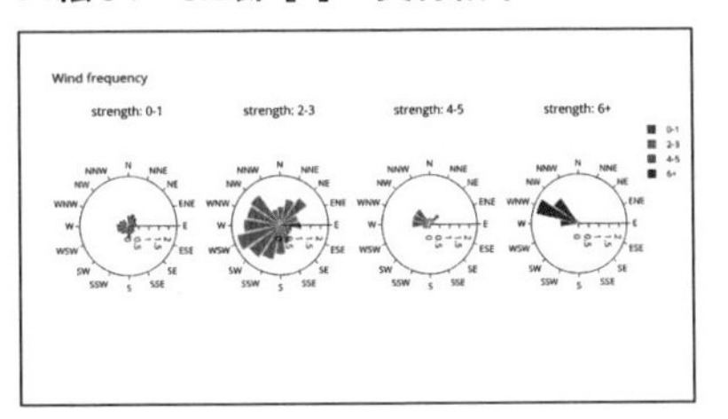

口絵05　9.1節 [11] の実行結果

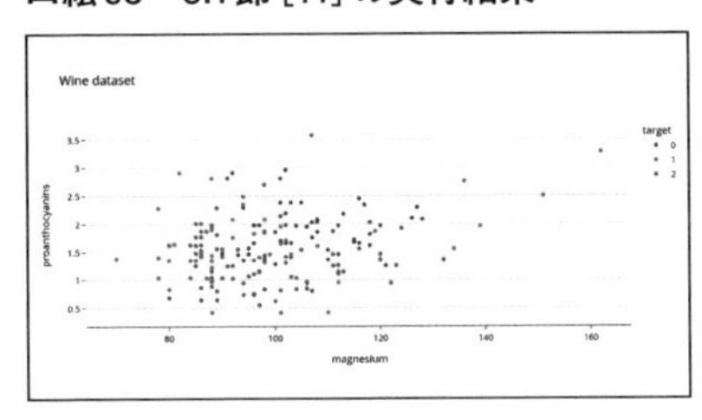

口絵06　9.1節 [12] の実行結果

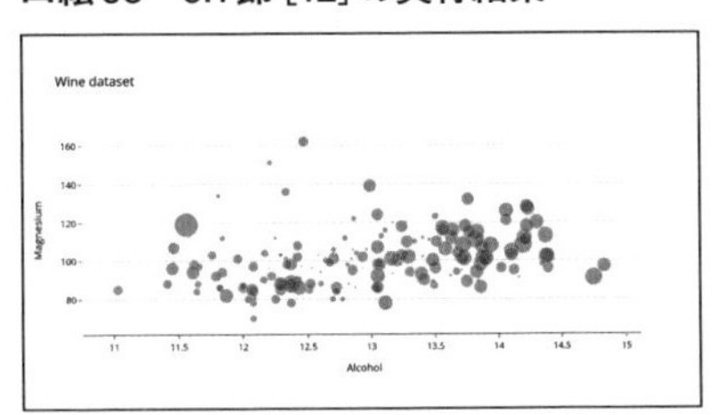

口絵07　9.1節 [13] の実行結果

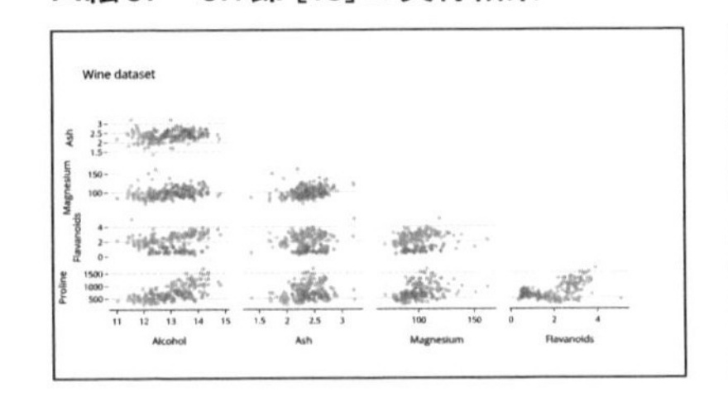

口絵08　図9.2.1

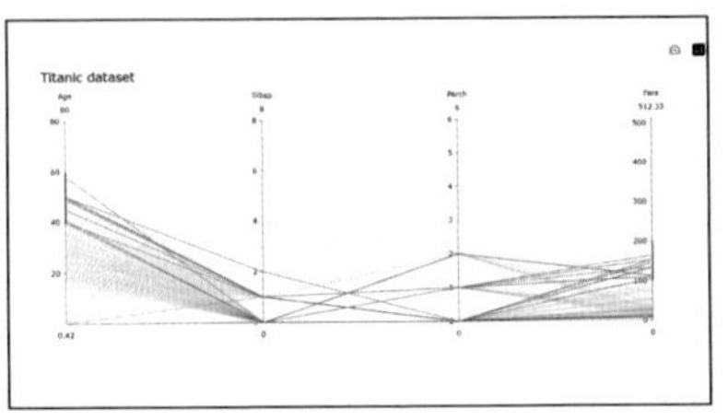

口絵09　図9.2.4

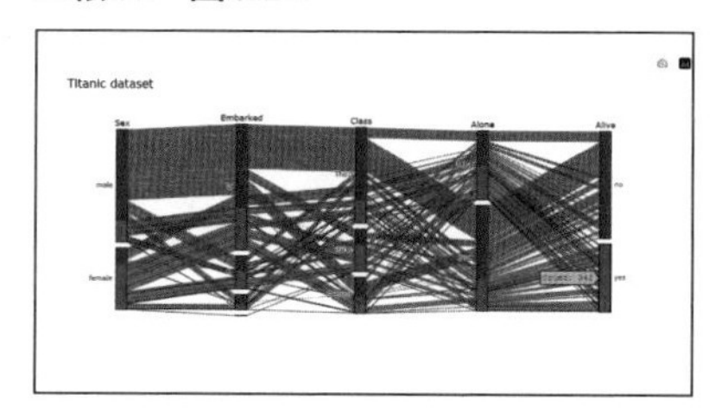

口絵10　10.1節［5］の実行結果

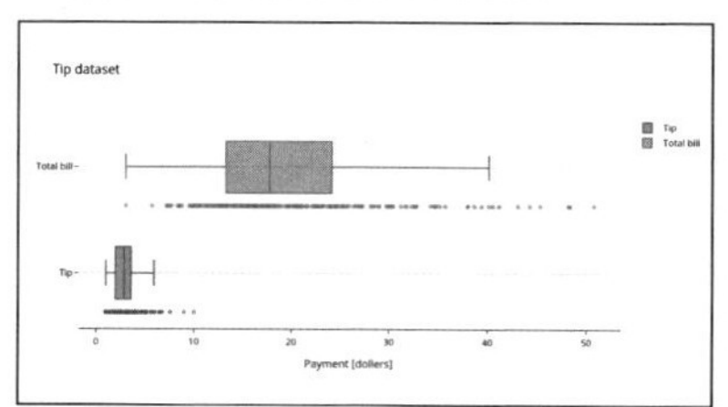

口絵11　図10.1.2

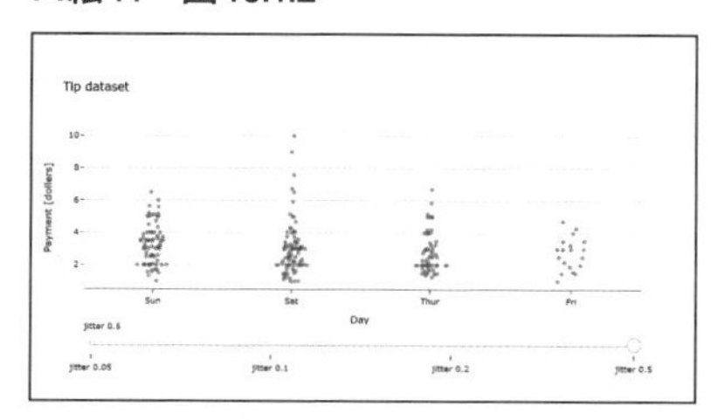

口絵12　10.2節［2］の実行結果

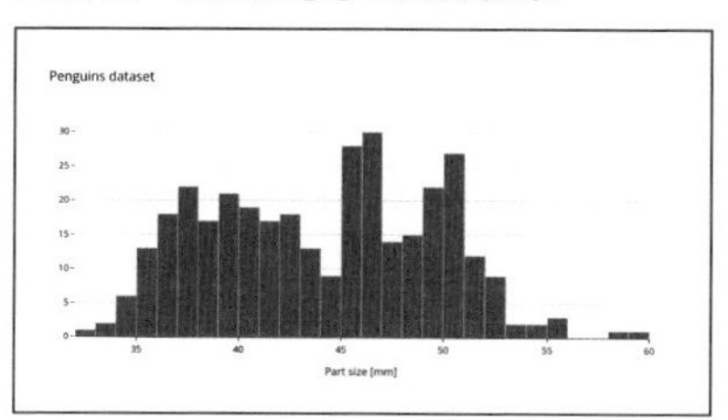

口絵13　10.2節［8］の実行結果

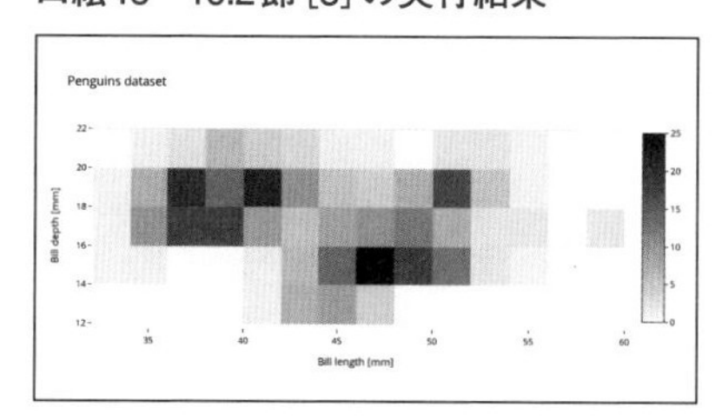

口絵14　10.2節［11］の実行結果

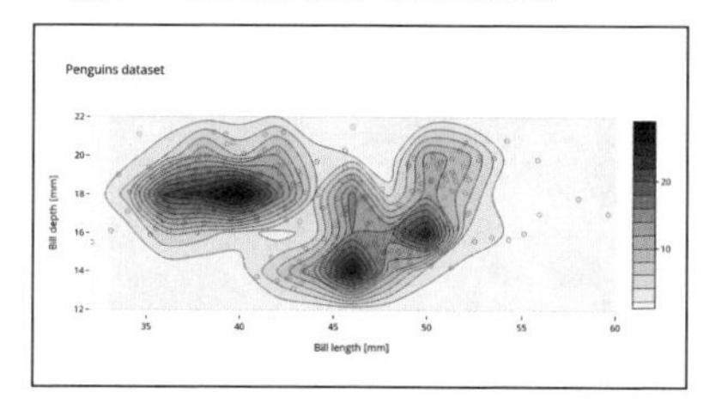

口絵15　11.1節［5］の実行結果

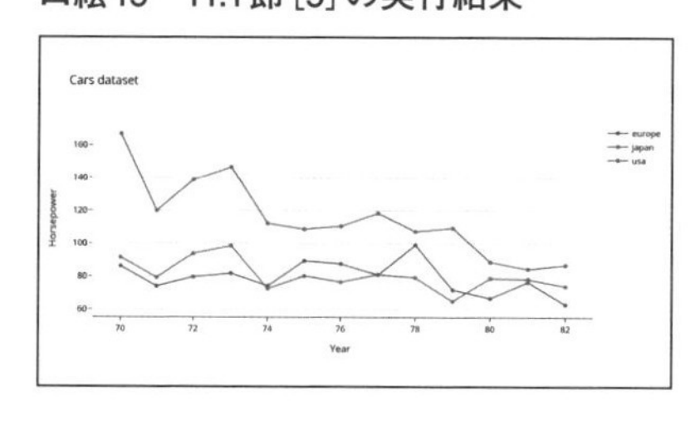

口絵16　11.2節［13］の実行結果

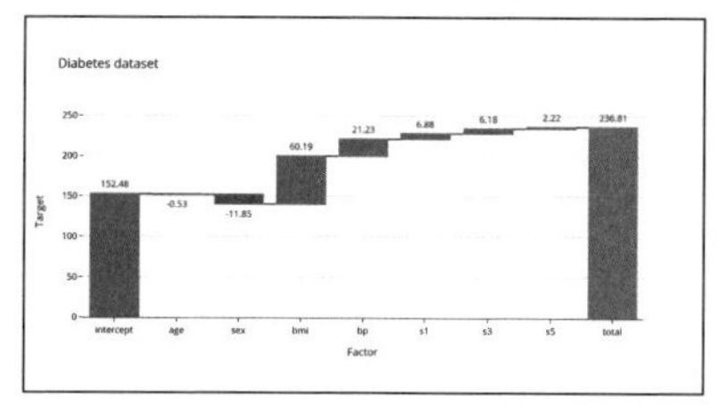

口絵17　11.3節 [7] の実行結果

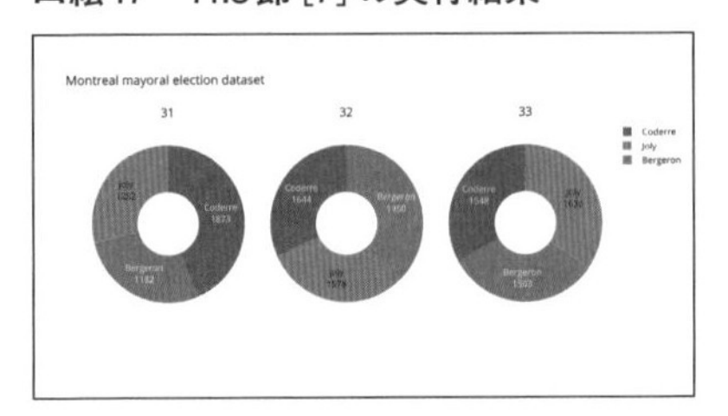

口絵18　12.1節 [5] の実行結果

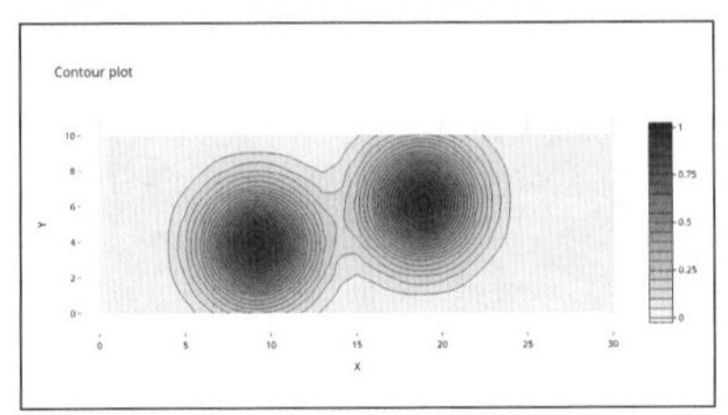

口絵19　12.1節 [17] の実行結果

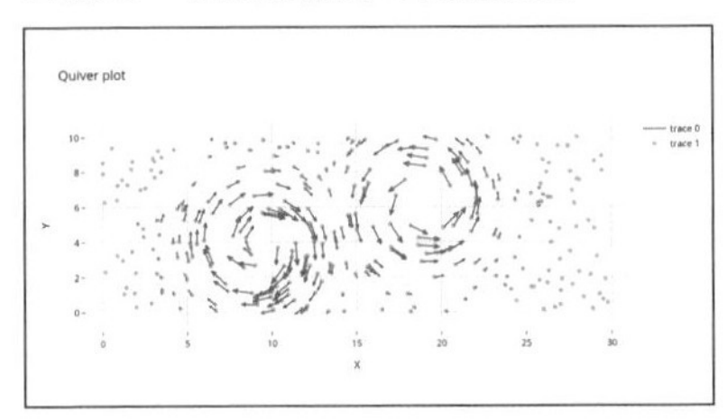

口絵20　12.2節 [9] の実行結果

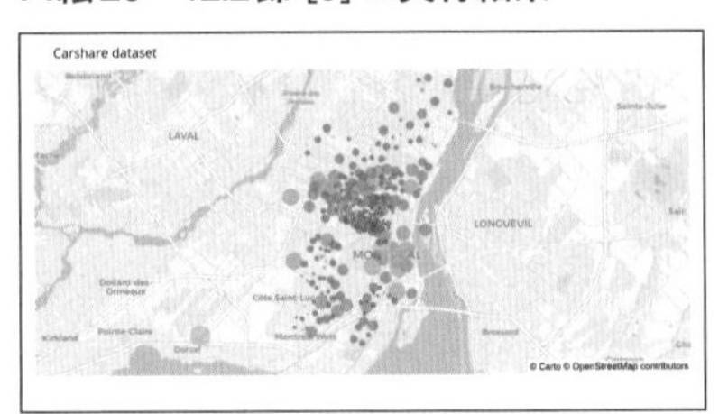

口絵21　12.2節 [10] の実行結果

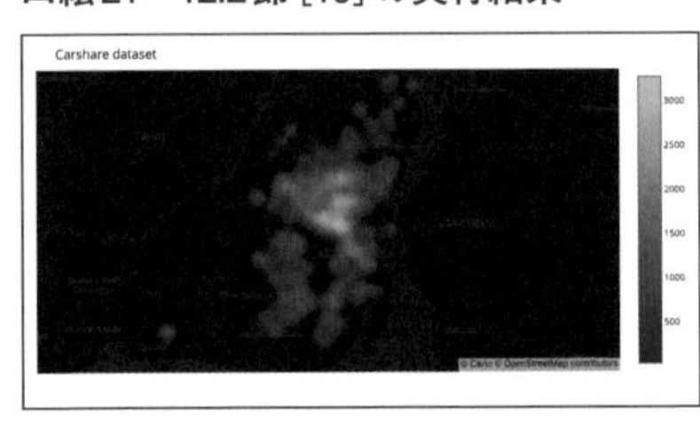

口絵22　図12.3.1

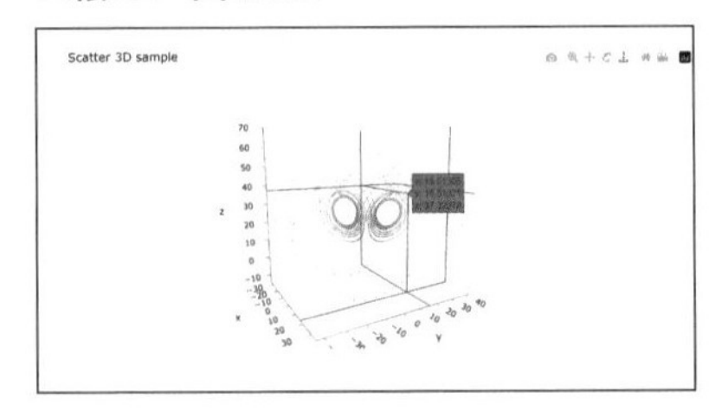

口絵23　12.3節 [7] の実行結果

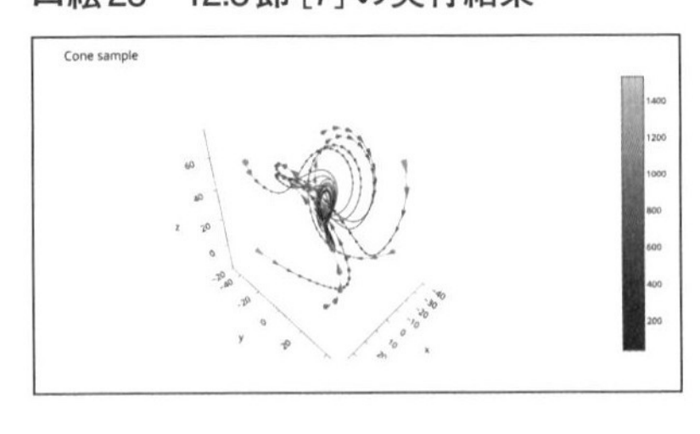

口絵24　12.3節 [9] の実行結果

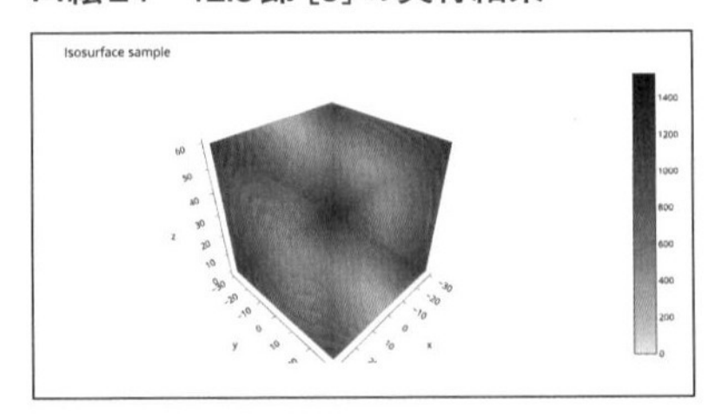

口絵25　12.3節［11］の実行結果

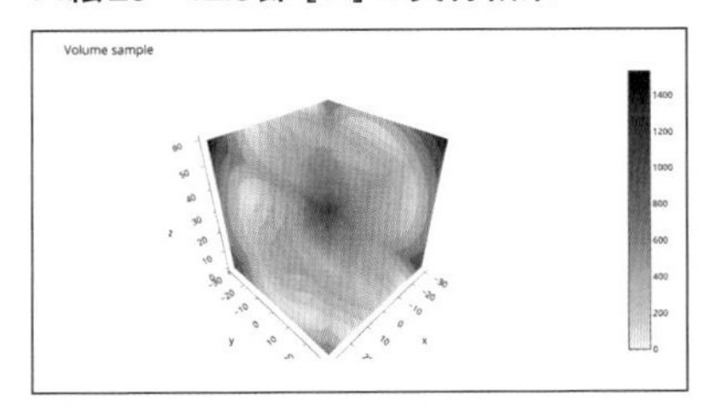

口絵26　12.3節［16］の実行結果

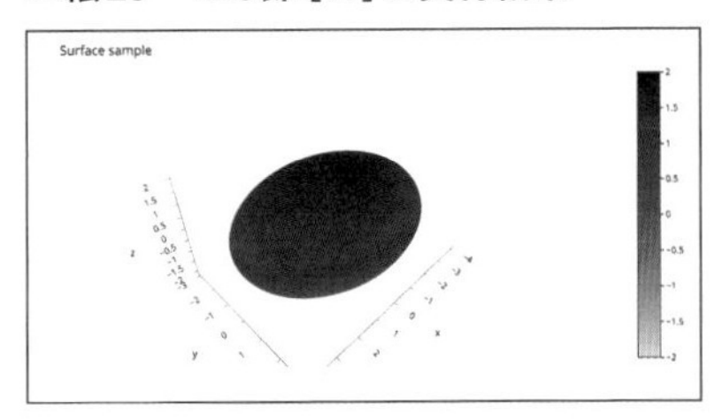

口絵27　13.1節［16］の実行結果

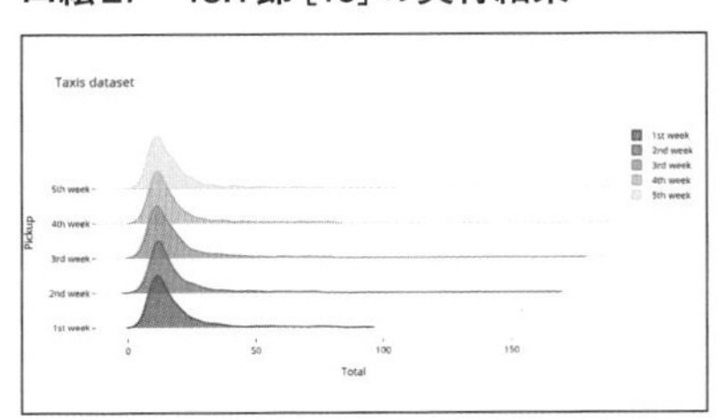

口絵28　図13.2.1

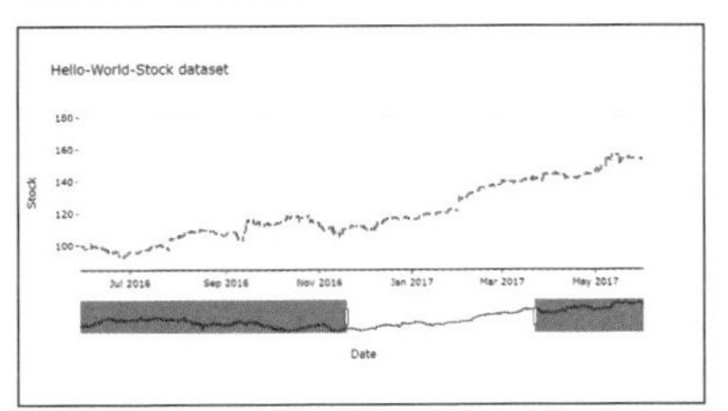

口絵29　図13.2.2

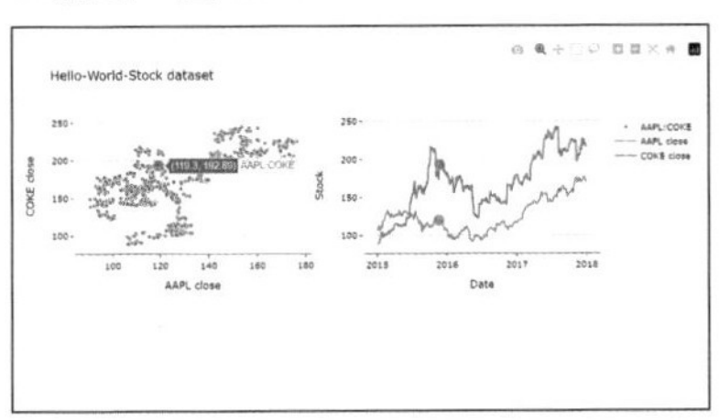

口絵30　図13.3.1

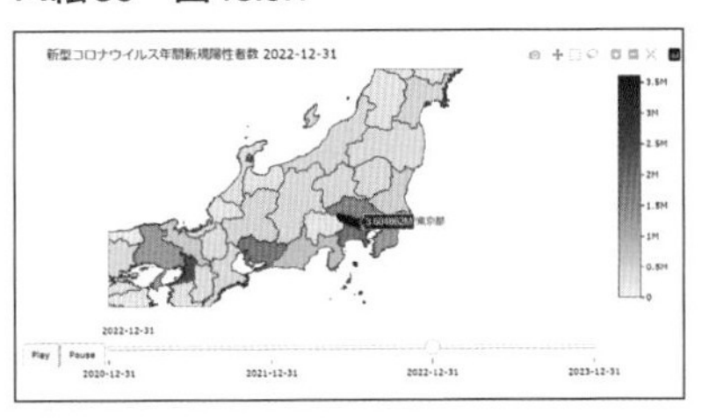

はじめに

本書はpandasでの表形式データ操作とPlotlyを使ったデータ可視化についての書籍です。pandasはオープンソースの表形式データを扱うライブラリであり、PlotlyはPlotly社が提供するインタラクティブ・グラフを扱うためのオープンソース・ライブラリです。

Microsoft社のExcelが広く普及するようになり、PCでの表形式データの扱いは当たり前のものになりました。Excelのユーザーインターフェースは優れた設計がなされており、直感的に表形式データを操作できます。一方、Pythonでは表形式データはpandasで操作するのが一般的ですが、残念ながらExcelと違い、pandasの操作は直感的ではありません。読者のみなさんもpandasのAPIリファレンスや解説ブログを何度も見返した経験はないでしょうか。

本書の目的の1つは、pandasの中で利用頻度の高い機能をまとめることにあります。pandasは多くの機能を提供していますが、本書ではその中でも実務でよく利用すると思われる機能についてまとめました。機能の中には、使い方によって処理速度が遅くなったりメモリ消費量が大きくなったりするものも存在します。本書では実行時の処理速度や、類似機能の速度比較なども紹介するようにしました。

本書の目的のもう1つは、Plotlyを使って動的な（インタラクティブな）グラフを作成する方法を紹介する点にあります。

Pythonは機械学習や深層学習と親和性が高いため、読者の中には機械学習エンジニアやデータサイエンティストの方も多いのではないでしょうか。機械学習やデータ分析においては探索的データ解析（EDA;Exploratory Data Analysis）の工程で試行錯誤的にグラフを作成しがちです。

Pythonを使ったグラフ作成はmatplotlibが一般的ですが、matplotlibは標準では静的なグラフを生成します。静的なグラフは画像ファイルに出力して資料用の図とするには適していますが、データを理解する目的で試行錯誤的にグラフを作ろうとすると何度もグラフを作り直すことになります。データ探索のためにグラフ作成を行うなら、動的なグラフが適しています。

本書で紹介するPlotlyの動的グラフを活用していただき、読者のEDAの負荷を軽減することが本書の目標です。

本書の前半である第1章から第4章では、pandasの機能を紹介します。第1章では表形式データの基本を、第2章から第4章では表形式データの操作方法を紹介しています。

本書の後半である第5章から第13章では、Plotlyの機能を紹介します。第5章から第7章ではPlotlyにおけるグラフの基本を説明し、第8章から第13章で各種グラフの紹介します。

本書によって読者のみなさんがデータ分析を行う作業負荷が軽減することを願っています。

2024年6月　大川洋平

■本書の対象者

本書はPythonの基礎を習得済みの読者を対象に執筆しました。本書ではPythonにおけるクラスや関数、基本文法については触れていません。本書の一部の章では機械学習を題材にしています。ただし、機械学習の知識がなくとも、表形式データの操作とデータ可視化という内容については問題なく読み進められると思います。

■サンプルコードの動作環境

本書で掲載したサンプルコードはすべてJupyter notebookであり、Visual Studio Codeで動作確認を行いました。

ウェブブラウザやGoogle Colaboratoryなど他の統合開発環境ツールで実行される場合はご自分の環境に合わせて設定を行ってください。

・Python 3.9.4
・Visual Studio Code（Version: 1.85.1）

サンプルコードの実行にあたり、使用したPythonパッケージとそのバージョンを以下に記します。必要に応じてご自分の環境にpip install、あるいはconda installでインストールしてください。

- pandas==1.5.0
- openpyxl==3.0.10
- numpy==1.23.3
- scipy==1.9.3
- scikit-learn==1.1.3
- seaborn==0.12.2
- plotly==5.15.0
- jupyter==1.0.0
- notebook==6.4.12
- ipywidgets==8.0.7

※執筆時点の2023年12月に動作確認しました。

■謝辞

本書の執筆にあたり、以下の方々に御協力をいただきました。

株式会社ウェブファーマー代表である大政孝充氏からは、本書がより良くなるよう多くのアドバイスをいただきました。ウェブファーマーでは受託開発案件を通してデータ分析にも取り組んでおり、その中で得られたデータビジュアライゼーションの知見をもとに本書を改善するアイデアを御教示いただきました。

MLエンジニアの毛利拓也氏からは、氏の豊富な執筆経験をもとに本書の至らない点を御指摘いただきました。的確な御指摘によって多くが修正されましたが、残っている不備は筆者の責任にあります。

MLリサーチャーの荒木健太氏からは、氏が参加されてきた様々な業界のMLプロジェクトでの体験をもとに有益なアドバイスを多数いただきました。

御協力いただいた御三方に心より感謝いたします。

目次

第2章 表の変形と結合・分割

第3章　表形式データの値の操作

第4章　例外値への対応

第5章 グラフ作成の基本

第6章 グラフの書式設定

第7章 インタラクティブなグラフの作成

第8章　変数内の値を比較するグラフ

第9章　変数間の関係を表現するグラフ

第10章　変数の分布を表現するグラフ

第11章　変数の傾向や構成を表現するグラフ

第12章　空間を表現するグラフ

第13章　時間を表現するグラフ

ダウンロードサービスのご案内

●サンプルコードのダウンロードサービス

本書ではサンプルコードのダウンロードサービスがあります。

https://www.shuwasystem.co.jp/support/7980html/6890.html

序章

データ可視化とインタラクティブなグラフ

0.1

可視化の分類

可視化（ビジュアライゼーション）とは、見えないものを見えるようにする行為全般を表す言葉です。本書はその中でも、情報を見える形に表現するという意味で「可視化」という言葉を使用します。

可視化する情報と目的の組み合わせ

可視化はいくつかの種類に分類することができます。スコット・ベリナートはその著作の中で、可視化をその目的と対象の情報によって**アイデアの説明**、**日々のデータビズ**、**アイデアの創出**、**視覚的発見**という4つのタイプに分類しました [1]。

■図0.1.1 可視化の分類

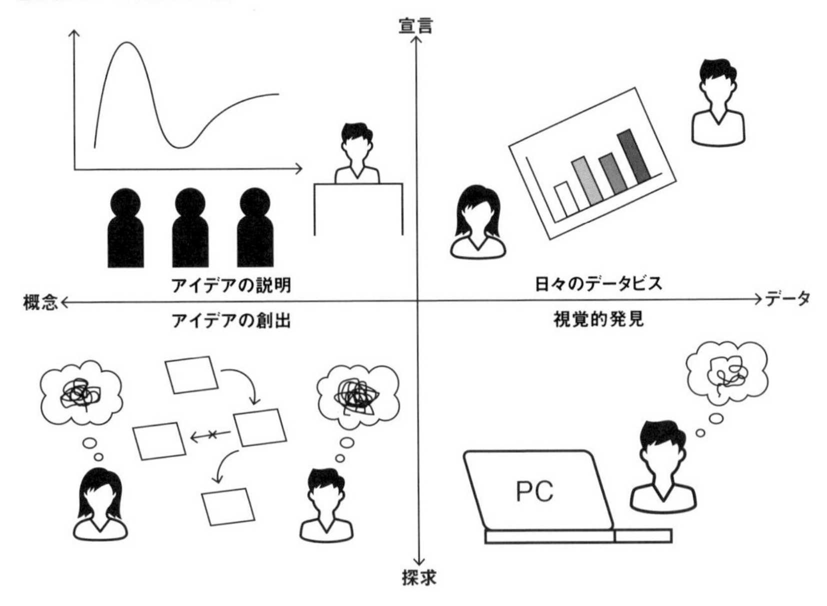

●アイデアの説明

- **可視化する情報：概念**
- **可視化の目的：宣言**

図やグラフを使ってイメージやアイデアを相手に説明するものです。例えば、ガートナーのハイプサイクルは具体的なデータによって描かれたグラフではありませんが、見ている者にその概念をよく伝えます。

●日々のデータビズ

- **可視化する情報：データ**
- **可視化の目的：宣言**

聞き手に対して、データをグラフ化して説明するものです。グラフで伝えたいメッセージは事前に明確になっており、データが持つ情報を短い時間で相手に伝えることが目的です。

●アイデアの創出

- **可視化する情報：概念**
- **可視化の目的：探求**

不明確な段階のアイデアを図にしながら、アイデアを洗練していくものです。ホワイトボードを使ったアイデアのラフスケッチを想像するといいでしょう。図を使った複数人でのブレインストーミングもこの分類に該当します。

●視覚的発見

- **可視化する情報：データ**
- **可視化の目的：探求**

データをグラフにすることで、データが持つ情報を視覚から得ようとする試みです。多くの場合、グラフにする切り口やグラフの種類を変えながら、繰り返し試行錯誤的にデータをグラフ化することになります。

本書はこれらの分類の中でも特に**視覚的発見**にフォーカスするものです。

0.2

視覚的発見における グラフ作成の試行錯誤

そもそも、なぜ人はデータを可視化すると直感的にその情報を知ることができるのでしょうか？

 人の視覚的性質

人の視覚には**ゲシュタルトの法則**や、**ポップアウト効果**などいくつかの性質があることが知られています [2]。ゲシュタルトの法則は、人間が視覚から構造やパターンを知覚する法則性を整理したものです。ポップアウト効果は、形や色などの属性の組み合わせによってモノが強調される効果を指します。

人はこれらの視覚的性質を持っているため、日々のデータビズや視覚的発見において、可視化することでデータの全体構造や法則性などを直感的に読み取ることができるようになるのです。

■図0.2.1　ゲシュタルトの法則の例

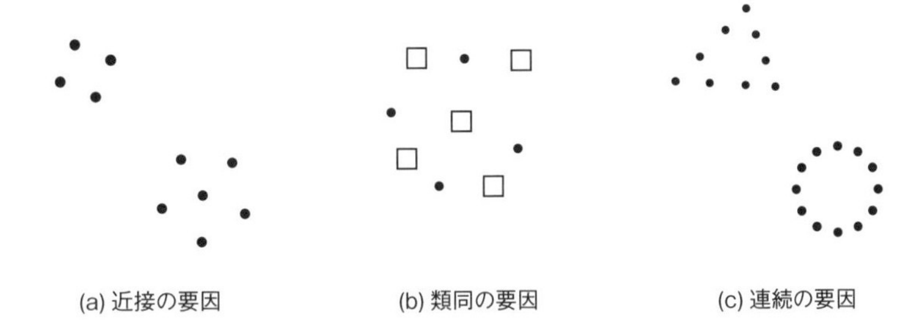

(a) 近接の要因　(b) 類同の要因　(c) 連続の要因

■図0.2.2　ポップアウト効果の例

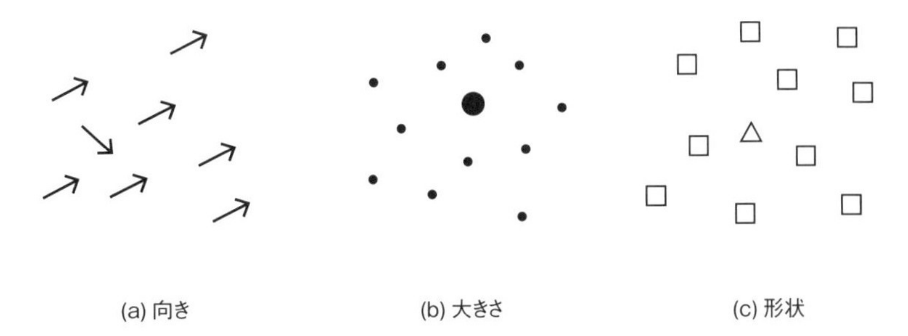

(a) 向き　(b) 大きさ　(c) 形状

ただし、データによって情報を読み取りやすい視覚表現は異なります。日々のデータビズにおいては聞き手は上司や顧客であり、聞き手に伝えたいメッセージはグラフを作成する前に明確になっています。そのため、情報に合った視覚的性質を吟味して、聞き手にメッセージが伝わりやすいよう工夫してデータをグラフ化するとよいでしょう。一方で視覚的発見においてはグラフを読み取るのは自分自身であり、また、データから得られる情報は事前にはわかりません。情報によって読み取りやすい視覚表現は異なるため、繰り返し様々なグラフを試すことになります。

事前知識の弊害

視覚的発見においては、データについての事前知識や先入観は保留してデータそのものを眺めることが重要です。このことを示す例の1つに、**アンスコムの四つ組**(アンスコムの例、アンスコムのカルテット)というデータがあります。アンスコムの四つ組は、x と y の2変数からなる4つのデータセットで構成されています。それぞれのデータセットにおいて x の平均は9.00、その標準偏差は3.32、y の平均は7.50、その標準偏差は2.03です。しかも、すべてのデータセットにおいてフィッティングした一次の回帰式は 0.5x+3 です。以上の情報だけでは4つのデータセットは似通っているような印象を受けますが、可視化するとそれぞれが大きく異なっていることは一目瞭然です。

■図0.2.3　アンスコムの四つ組

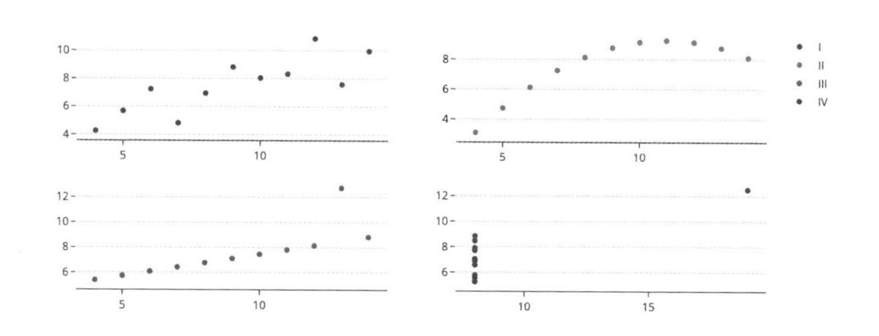

相関係数(ピアソンの相関係数)などの指標値を使うことでデータが持つ情報を要約することができますが、それだけで判断することはリスクがあります。例えば次に示した4つのデータセットはいずれも相関係数はほぼ0であり、無相関を示していますが、実際にはデータに構造があることが見てとれます。

■図0.2.4　相関係数が低いデータの例

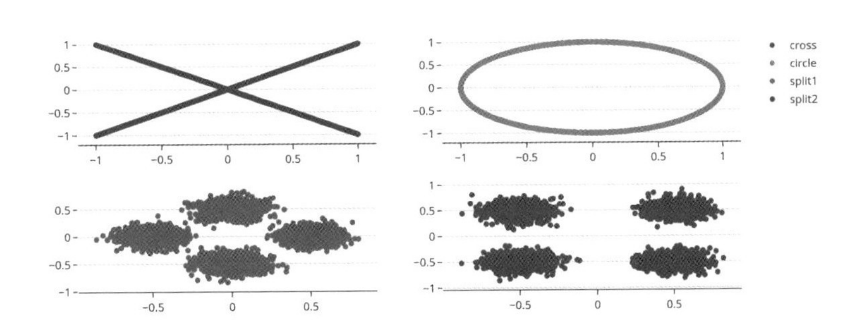

平均や標準偏差などの要約統計量、相関係数などの指標値はデータの特性を把握する上で有効ですが、それだけではデータがもつ情報を十分に把握できない場合があります。要約統計量や指標値と合わせてデータそのものを可視化することが重要です。

このように、データの特性に合った視覚的表現が不明である点や、事前知識を保留してデータを可視化する必要がある点から、視覚的発見では試行錯誤的にグラフを作成することが多くなります。本書で紹介するPlotlyは、ユーザーの操作に応じて表示が変化するインタラクティブなグラフを作成できることが特徴です。グラフのあらゆる要素を動的に変更できるわけではありませんが、視覚的発見の作業において試行錯誤を軽減してくれるでしょう。

0.3

機械学習プロジェクトと視覚的発見

本書はPythonを使った可視化についての書籍です。Pythonは機械学習やデータサイエンスと親和性の高い言語でもあります。視覚的発見という作業は、機械学習プロジェクトにおいても重要な位置を占めます。

機械学習プロジェクトにおける視覚的発見の位置づけ

機械学習プロジェクトやデータ分析の処理フローの考え方の1つとして、CRISP-DMがあります [3]。CRISP-DMでは機械学習プロジェクトの工程を、ビジネス課題の理解・データ理解・データ準備・モデル生成（モデルの構築）・モデル評価・サービス展開に大別しています。データ理解の工程での重要な作業の1つが、データをグラフ化することでデータが持つ構造やデータ間の関係性を発見することです。この作業は**探索的データ解析**（EDA; Exploratory Data Analysis）と呼ばれており、EDAはまさに視覚的発見に該当します。またモデル評価の工程においても、目標値とモデルの出力値をグラフ化する作業によってモデルの課題が明らかになります。このように機械学習プロジェクトにおいても視覚的発見は重要な役割を担っています。

■図0.3.1　CRISP-DM

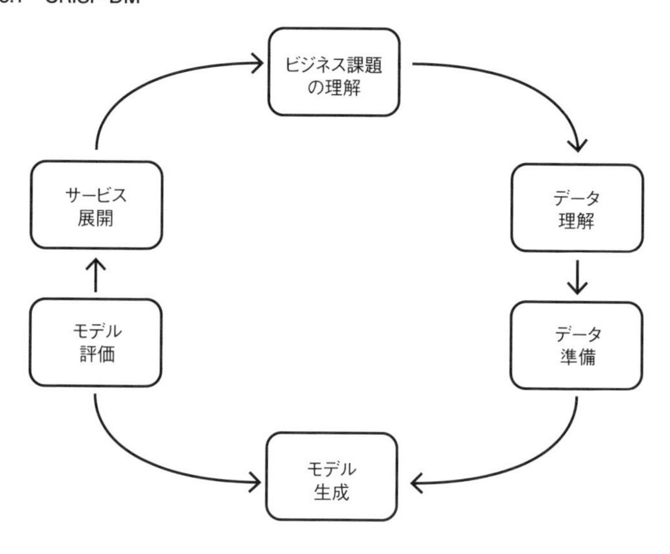

機械学習で扱う表形式のデータセットは変数の数（列数）が多く、またデータ点数（行数）も多いため、作成したグラフから情報が読み取りにくくなりがちです。より詳細な情報を得るためにグラフを作り直す場合も多くなります。本書で紹介するPlotlyを使ったインタラクティブなグラフで、読者のEDAでの作業負荷が軽減されれば幸いです。

■図0.3.2　グラフ外の情報を表示するインタラクティブなグラフ

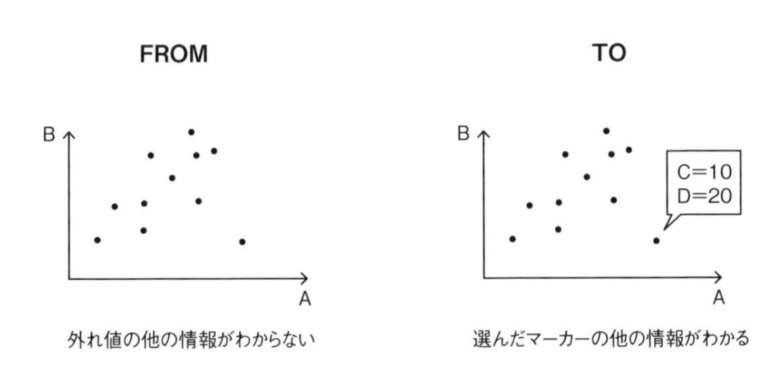

■図0.3.3　表示を切り替えるインタラクティブなグラフ

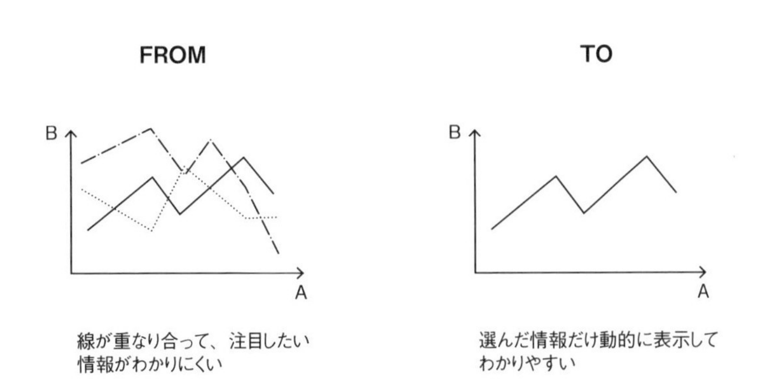

当然ですが、グラフ化するためにはデータが適切な形態に整えられていることが前提です。本書ではpandasでの表形式データの読み込みから整形まで、グラフ化の前準備についても紹介していきます。本書の前半ではpandasを使った表形式データの基本と、表形式データの結合・分割、他ファイルからのインポートなどpandasの機能を解説しています。

0.4

本書で紹介するpandasの機能

pandasは表形式データのライブラリです。pandasでの表形式データの操作は、表形式データのメソッドから実行する方法とpandasの関数から実行する方法があります。

pandasの機能一覧

- **トップページ（pandas公式）**
  https://pandas.pydata.org/
- **APIリファレンス（pandas公式）**
  https://pandas.pydata.org/docs/reference/index.html

本書ではpandasの以下の機能を紹介しています。pandasには、本書で紹介しきれなかった機能も多く存在します。ぜひpandas公式ページとAPIリファレンスをご確認ください。

■表0.4.1　本書で扱うpandasの機能

表形式データの操作	DataFrame（略称df）のメソッド／属性	pandas（略称pd）での関数	本書での記載
データ型の取得	df.dtypes	—	1.2 データの種類とpandasのデータ型
データ型の変更	df.astype、df.cat.set_categories	pd.to_datetime	1.2 データの種類とpandasのデータ型
行数と列数の取得	df.shape	—	1.3 DataFrameの情報の確認
全要素数の取得	df.size	—	1.3 DataFrameの情報の確認
行名や列名の取得	df.axes、df.index、df.columns	—	1.3 DataFrameの情報の確認
概要の取得	df.info	—	1.3 DataFrameの情報の確認
先頭行の取得	df.head	—	1.3 DataFrameの情報の確認
末尾行の取得	df.tail	—	1.3 DataFrameの情報の確認
要約統計量の算出	df.describe	—	1.3 DataFrameの情報の確認

集約	df.agg	—	1.3 DataFrameの情報の確認
NumPy ndarrayへの変換	df.to_numpy	—	1.4 PythonのデータオブジェクトとDataFrameの相互変換
dictへの変換	df.to_dict	—	1.4 PythonのデータオブジェクトとDataFrameの相互変換
CSVファイルのインポート	—	pd.read_csv	1.5 DataFrameのインポートとエクスポート
CSVファイルのエクスポート	df.to_csv	—	1.5 DataFrameのインポートとエクスポート
TSVファイルのインポート	—	pd.read_tabe	1.5 DataFrameのインポートとエクスポート
Excelファイルのインポート	—	pd.read_excel	1.5 DataFrameのインポートとエクスポート
Excelファイルのエクスポート	df.to_excel	pd.ExcelWriter	1.5 DataFrameのインポートとエクスポート
要素の取得	df.at、df.iat	—	2.1 DataFrameの部分選択
複数要素の取得	df.loc、df.iloc、df.filter	—	2.1 DataFrameの部分選択
ブーリアンインデクシング	df.loc、df.iloc	—	2.1 DataFrameの部分選択
二値マスクの作成	df.isin	—	2.1 DataFrameの部分選択
条件に応じた行の抽出	df.query	—	2.1 DataFrameの部分選択
カテゴリー別の分割	df.groupby	—	2.2 DataFrameの分割
行番号の振り直し	df.reset_index	—	2.2 DataFrameの分割
行方向の結合	—	pd.concat	2.3 DataFrameの結合
列方向の結合	df.join、df.merge	pd.concat、pd.merge	2.3 DataFrameの結合
列の追加	df.assign	—	2.4 行や列の追加と削除
列の挿入	df.insert	—	2.4 行や列の追加と削除
行や列の削除	df.drop	—	2.4 行や列の追加と削除
二値マスクに応じた代入	df.mask、df.where	—	3.1 値の演算と代入
行方向のシフト	df.shift	—	3.1 値の演算と代入

表形式データの操作	DataFrame(略称df)のメソッド/属性	pandas (略称pd)での関数	本書での記載
累積和の算出	df.cumsum	—	3.1 値の演算と代入
移動平均の算出	df.rolling	—	3.1 値の演算と代入
関数適用	df.applymap、df.apply	—	3.2 自作関数を適用した操作
行方向のループ	df.iterrows、df.itertuples	—	3.3 ループ処理への対応
列方向のループ	df.items	—	3.3 ループ処理への対応
欠損箇所の二値マスクの取得	df.isna、df.isnull	—	4.1 欠損値の表現とその確認方法
値の置換	df.replace	—	4.1 欠損値の表現とその確認方法
欠損値の除外	df.dropna	—	4.2 欠損値の除外・穴埋め・補間
欠損値の穴埋め	df.fillna	—	4.2 欠損値の除外・穴埋め・補間
平均値の算出	df.mean	—	4.2 欠損値の除外・穴埋め・補間
中央値の算出	df.median	—	4.2 欠損値の除外・穴埋め・補間
最小値の算出	df.min	—	4.2 欠損値の除外・穴埋め・補間
最大値の算出	df.max	—	4.2 欠損値の除外・穴埋め・補間
欠損値の補間	df.interpolate	—	4.2 欠損値の除外・穴埋め・補間
重複行の二値マスクの取得	df.duplicated	—	4.3 重複行の削除
重複行の削除	df.drop_duplicates	—	4.3 重複行の削除

0.5

本書で紹介するPlotlyのグラフ

Plotlyは様々なグラフを幅広くサポートしています。その中でも実用性が高いと思われるグラフを本書では掲載しています。

 Plotlyのグラフ一覧

- **Plotly for Python（Plotly公式）**
  https://plotly.com/python/

- **APIリファレンス（Plotly公式）**
  https://plotly.com/python-api-reference/

5章で紹介するように、PlotlyのグラフはGraph Objectsで作成する方法、Plotly Expressで作成する方法、pandas DataFrameから作成する方法があります。以下の表では本書で紹介するグラフと、対応する作成方法を記載しています。

グラフの分類方法は様々 [2, 4]ですが、本書では**変数内の値を比較するグラフ**、**変数間の関係を表現するグラフ**、**変数の分布を表現するグラフ**、**変数の傾向や構成を表現するグラフ**、**空間を表現するグラフ**、**時間を表現するグラフ**の6つにグラフを分類しました。以下表では参考として文献 [4] での分類も併記しています。

■表0.5.1　本書で扱うPlotlyのグラフ

グラフの名前	Graph Objects（略称go）でのクラス	Plotly Express（略称px）での関数	DataFrame（略称df）からの呼び出し	本書でのグラフの分類と本書での記載	[4] でのグラフの分類
棒グラフ	go.Bar	px.bar	df.plot.bar、df.plot.barh	変数内の値を比較するグラフ	比較
ヒートマップ（タイルマップ）	go.Heatmap	px.imshow	—	変数内の値を比較するグラフ	比較
レーダーチャート	go.Scatterpolar	px.line_polar	—	変数内の値を比較するグラフ	比較

0.5 本書で紹介するPlotlyのグラフ

グラフの名前	Graph Objects（略称go）でのクラス	Plotly Express（略称px）での関数	DataFrame（略称df）からの呼び出し	本書でのグラフの分類と本書での記載	[4] でのグラフの分類
ポーラーチャート（鶏頭図）	go.Barpolar	px.bar_polar	—	変数内の値を比較するグラフ	比較
散布図	go.Scatter	px.scatter	df.plot.scatter	変数間の関係を表現するグラフ	相関
バブルチャート	go.Scatter	px.scatter	—	変数間の関係を表現するグラフ	相関
散布図行列	go.Splom	px.scatter_matrix	—	変数間の関係を表現するグラフ	相関
平行座標プロット	go.Parcoords	px.parallel_coordinates	—	変数間の関係を表現するグラフ	—
平行カテゴリープロット	go.Parcats	px.parallel_categories	—	変数間の関係を表現するグラフ	—
箱ひげ図	go.Box	px.box	df.plot.box	変数の分布を表現するグラフ	分布
スプリットチャート（ジッタープロット）	go.Box	px.strip	—	変数の分布を表現するグラフ	分布
バイオリン図	go.Violin	px.violin	—	変数の分布を表現するグラフ	—
ヒストグラム	go.Histogram	px.histogram	df.plot.hist	変数の分布を表現するグラフ	分布
二次元ヒストグラム	go.Histogram2d	px.density_heatmap	—	変数の分布を表現するグラフ	—
密度等高線図	go.Histogram2dContour	px.density_contour	—	変数の分布を表現するグラフ	—
折れ線グラフ	go.Scatter	px.line	df.plot.line	変数の傾向や構成を表現するグラフ / 時間を表現するグラフ	傾向
ウォーターフォールチャート	go.Waterfall	—	—	変数の傾向や構成を表現するグラフ	比較

円グラフ	go.Pie	px.pie	df.plot.pie	変数の傾向や構成を表現するグラフ	部分全体
ドーナツグラフ	go.Pie	px.pie	—	変数の傾向や構成を表現するグラフ	—
等高線図	go.Contour	—	—	空間を表現するグラフ	—
ベクトルプロット	—	—（Figure Factoryのcreate_quiver関数を利用）	—	空間を表現するグラフ	—
ドットマップ（点描図）	go.Scattermapbox	px.scatter_mapbox	—	空間を表現するグラフ	オーバーレイ
比例シンボルマップ	go.Scattermapbox	px.scatter_mapbox	—	空間を表現するグラフ	オーバーレイ
イサリスミックマップ	go.Densitymapbox	px.density_mapbox	—	空間を表現するグラフ	オーバーレイ
コロプレスマップ（階級区分図）	go.Choropleth	px.choropleth_mapbox	—	空間を表現するグラフ	オーバーレイ
三次元散布図	go.Scatter3d	px.scatter_3d	—	空間を表現するグラフ	—
三次元バブルチャート	go.Scatter3d	px.scatter_3d	—	空間を表現するグラフ	—
コーンプロット	go.Cone	—	—	空間を表現するグラフ	—
等値面図	go.Isosurface	—	—	空間を表現するグラフ	—
ボリュームプロット	go.Volume	—	—	空間を表現するグラフ	—
サーフェスプロット	go.Surface	—	—	空間を表現するグラフ	—
メッシュプロット	go.Mesh3d	—	—	空間を表現するグラフ	—
リッジラインプロット	—（go.Violinで代用）	—（px.violinで代用）	—	時間を表現するグラフ	分布
ローソク足チャート	go.Candlestick	—	—	時間を表現するグラフ	—
連結散布図（トレイルチャート）	—（go.Scatterで代用）	—（px.scatterで代用）	—	時間を表現するグラフ	傾向

0.6

本書で扱わない範囲とPlotlyの注意事項

本書はpandasとPlotlyについてのハンドブックですが、記載しなかった項目がいくつかあります。またPlotlyを扱う際に知っておくべき注意点があります。

本書を読む際の注意点

本書の前半ではpandasを使った表形式データの読み込み方法や操作方法を紹介していますが、回帰分析などのデータ分析方法については扱っていません。必要に応じて他の書籍をご参照ください。

pandasの処理速度改善を目的に、Modin、Dask、Vaex、polar、FireDucksなど、幾つもの後継ライブラリが登場してきました。これらのライブラリは有効ではあるものの、執筆時点(2024年1月)で表形式データのデファクトスタンダードがpandasから後継に置き換わったという印象はありません。また後継ライブラリはその操作方法の多くをpandasから踏襲していると考え、本書では後継ライブラリを扱わずpandasに絞って紹介しています。

PlotlyはDash(Plotly社が提供するWebアプリ開発フレームワーク)と高い親和性を持っています。本書の対象読者である機械学習エンジニアやデータサイエンティストはDashを使う機会は多くないと考え、本書ではDashについては扱わないこととしました。Dashについては [5] などの書籍を参照ください。

Plotlyのインタラクティブ・グラフは非常に利便性が高い反面、グラフ生成にはmatplotlibより時間が掛かったり、作成したJupyter notebookを読み込む際に時間が掛かるという欠点もあります。探索的データ解析の工程ではPlotly、解析が終わり資料用のグラフを作るならmatplotlibと、ライブラリを使い分けるとよいでしょう。

第1章

表形式データの基本

1.1

pandasの表形式データを構成する要素

pandasの表形式データはいくつかの要素から構成されています。以降の節で表形式データを操作するために、まず各要素についての説明を行います。表形式データを可視化する上でも、表形式データの構造を理解しておくことは重要です。

 表形式データの構成要素

表形式データは、値の集合を列と行の組み合わせとして表現した形式のデータです。列のインデックスと行のインデックスをそれぞれ指定することで、表中の位置を一意に表現することができます。

■図1.1.1　表形式データ中の位置

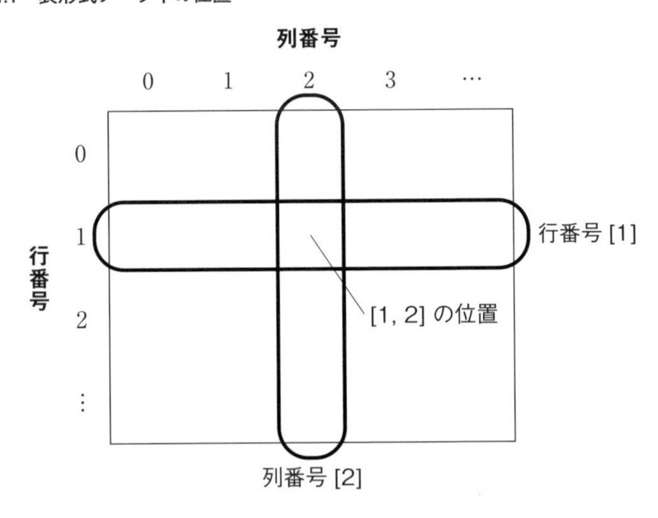

pandasでは**pandas.DataFrame**クラスのインスタンスで表形式データを表現します。**pandas.Series**は1行もしくは1列のデータを表現するクラスであり、DataFrameインスタンス中の1行（1列）を選択したものはSeriesインスタンスになります。

pandas.IndexはDataFrameの**行インデックス**もしくは**列インデックス**を担当するクラスです。インデックスは0から始まる整数で表現しますが、ユニークな名前を設定することも可能です。本書では前者を**行番号**と**列番号**、後者を**行名**と**列名**という名

称で区別します。

■図1.1.2 pandasの表形式データを構成する要素

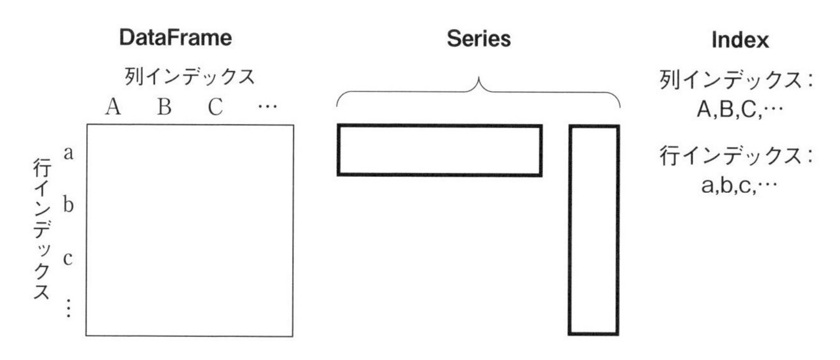

DataFrameインスタンスを作成する最も簡単な方法は、列名をkey、1列のデータをvalueとしたdict型のオブジェクトを、DataFrameクラスの初期化メソッドに渡すことです。dictのvalueにはtuple型やlist型のオブジェクト、NumPyのndarrayが利用できます。ただし各列でデータの要素数（配列数）が等しい必要があります。DataFrame初期化メソッドにおいて引数indexには行名を指定します。行名は数字と文字列のどちらでも構いませんが、重複のないユニークな値である必要があります。

▼[1]（section_1_1.ipynb）

```
import pandas as pd
import numpy as np

df = pd.DataFrame(
    {
        'A': ('Alfa', 'Bravo', 'Charlie', 'Delta', 'Echo'),
        'B': [1, 10, 100, 1000, 10000],
        'C': np.linspace(0, 2, 5),
    },
    index=('a', 'b', 'c', 'd', 'e')
)

df
```

▼実行結果

	A	B	C
a	Alfa	1	0.0
b	Bravo	10	0.5
c	Charlie	100	1.0
d	Delta	1000	1.5
e	Echo	10000	2.0

DataFrameインスタンスの1列を選択するには、dict型と同様に角括弧で列名を指定します。1列を指定して得られるインスタンスはSeriesです。得られたSeriesのインデックスは表形式データの行インデックスになります。

▼[2] (section_1_1.ipynb)

```
df['B']
```

▼実行結果

```
a 1
b 10
c 100
d 1000
e 10000
Name: B, dtype: int64
```

DataFrameインスタンスの1行を選択するには、locで行名を指定します。行番号や列番号でデータを選択する方法は第2章で解説します。得られたSeriesのインデックスは表形式データの列インデックスです。

▼[3] (section_1_1.ipynb)

```
df.loc['c']
```

▼実行結果

```
A Charlie
B 100
C 1.0
Name: c, dtype: object
```

列名の一覧はDataFrameインスタンスのcolumns属性から取得することができます。取得した列名は、Indexクラスのインスタンスとなっています。

▼[4] (section_1_1.ipynb)

```
df.columns
```

▼実行結果

```
Index(['A', 'B', 'C'], dtype='object')
```

行名はDataFrameインスタンスのindex属性から取得します。

▼[5] (section_1_1.ipynb)

```
df.index
```

▼実行結果

```
Index(['a', 'b', 'c', 'd', 'e'], dtype='object')
```

表形式データの値は、DataFrameのvalues属性から取得することができます。

▼[6] (section_1_1.ipynb)

```
df.values
```

▼実行結果

```
array([['Alfa', 1, 0.0],
 ['Bravo', 10, 0.5],
 ['Charlie', 100, 1.0],
 ['Delta', 1000, 1.5],
 ['Echo', 10000, 2.0]], dtype=object)
```

1.2

データの種類とpandasのデータ型

データは、その値の性質からいくつかの種類に分類することができます。データの種類によって適したグラフは異なります。pandasでのデータの種類の表現方法と設定方法を学んでいきましょう。

 pandasのデータ型

データの種類の大きな分類には**質的データ**と**量的データ**が存在します。質的データは**カテゴリカルデータ**とも呼ばれ、その値は離散的なカテゴリー値です。さらに質的データは**名義データ**と**順序データ**に細分化されます。名義データでは値に順序はなく、順序データは順序関係があります。一方で量的データとは数値データのことであり、**離散数値データ**と**連続数値データ**が存在します。

- **質的データ**
  - 名義データ:順序関係のないカテゴリー値
  - 順序データ:順序関係のあるカテゴリー値
- **量的データ**
  - 離散数値データ:取りうる値に離散的な制約がある数値
  - 連続数値データ:連続的に値を取りうる数値

pandasのDataFrameは列ごとにデータ種類に応じたデータ型を指定することができます。

pandasでは、質的データにはデータ型categoryを指定します。category型のデータは、ordered属性で名義データと順序データを区別することが可能です。連続数値データにはfloat32(32bit浮動小数)やfloat64(64bit浮動小数点)などのデータ型を指定します。離散数値データが整数しかとらない場合は、int16(16bit符号付き整数)やuint32(32bit符号なし整数)などが使用できます。ただし値が離散的でも小数の値を取り得る場合は、浮動小数のデータ型を使用してください。pandasではこの他に、論理値データを扱うbool型や文字列データを扱うためのstrting型、時刻データを扱うdatetime64[ns]型が存在しています。

■図1.2.1 データの種類とデータ型

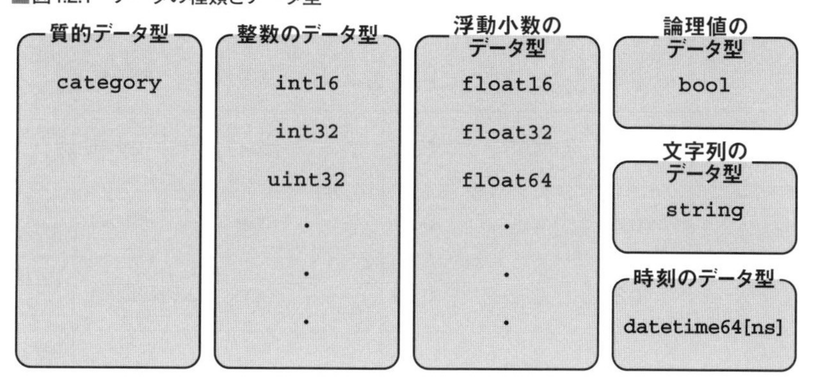

pandasではDataFrameインスタンスを作成した際に自動的に各列のデータ型が推定されます。本節では以下の表形式データをサンプルとして、DataFrameのデータ型を確認していきます。

▼[1] (section_1_2.ipynb)

```
import pandas as pd
import numpy as np

N = 5

df = pd.DataFrame({
    'list_int': list(range(N)),
    'list_float': [i*0.1 for i in range(N)],
    'np_float16': np.linspace(0, 1., num=N, dtype='float16'),
    'np_float32': np.linspace(0, 1., num=N, dtype='float32'),
    'category_animal': ('cat', 'dog', 'dog', 'cat', 'cat'),
    'category_size': ['MIDDLE', 'LARGE', 'SMALL', 'EXTRA-SMALL',
'MIDDLE'],
    'date': ['1981-03-05', '1993-04-10', '2005-07-15', '2017-10-20',
'2029-12-25']
})

df
```

▼実行結果

	list_int	list_float	np_float16	np_float32	category_animal	category_size	date
0	0	0.0	0.00	0.00	cat	MIDDLE	1981-03-05
1	1	0.1	0.25	0.25	dog	LARGE	1993-04-10
2	2	0.2	0.50	0.50	dog	SMALL	2005-07-15
3	3	0.3	0.75	0.75	cat	EXTRA-SMALL	2017-10-20
4	4	0.4	1.00	1.00	cat	MIDDLE	2029-12-25

DataFrameインスタンスの**dtypes属性**によって各列が持つデータ型を確認することができます（DataFrameのデータ型以外の属性については、1.3節で紹介していきます）。

▼[2]（section_1_2.ipynb）

```
df.dtypes
```

▼実行結果

```
list_int int64
list_float float64
np_float16 float16
np_float32 float32
category_animal object
category_size object
date object
dtype: object
```

listから作成した列「list_int」と列「list_float」は、それぞれint64とfloat64のデータ型に設定されています。このように、listやtupleから作成した列は自動的に値が推定されます。一方でNumPy ndarrayから作成した列はndarrayのデータ型が反映されます。列「np_float16」と列「np_float32」は同一の値ですが、ndarrayのデータ型が異なっていたことから、それぞれfloat16型とfloat32型となっています。

文字列の列は標準でobject型が設定されます。実際は列「category_animal」は名義データ、「category_size」は順序データ、「date」は時刻データです。実際のデータの仕様に合わせて列の型変換を行う方法を本節で紹介します。なお、object型は複数のデータ型の値で構成された列に対してもよく設定されます。pandasは、複数のデータ型の値からなる列は、それらの値を格納できるデータ型が自動で設定されますが、object型は任意のデータ型の組み合わせに対応できます。

データ型の変更

DataFrameの**astypeメソッド**は、データ型を変更したい列と変更後のデータ型をdictとして指定することでデータ型を変更することができます。正確には、astypeメソッドでデータ型を変更したDataFrameインスタンスが新しく作成されます。ここでは列「list_int」と列「np_float16」のデータ型を変更したインスタンスdf_changeを作成してみます。

▼[3] (section_1_2.ipynb)

```
df_change = df.astype({
    'list_int': 'int32',
    'np_float16': 'float64'
})
df_change.dtypes
```

▼実行結果

```
list_int int32
list_float float64
np_float16 float64
np_float32 float32
category_animal object
category_size object
date object
dtype: object
```

文字列データのデータ型を指定する場合は、astypeメソッドでデータ型にstringを指定します。

▼[4] (section_1_2.ipynb)

```
df_change = df_change.astype({
    'category_animal': 'string',
    'category_size': 'string'
})

df_change.dtypes
```

▼実行結果

```
list_int int32
list_float float64
np_float16 float64
np_float32 float32
category_animal string
category_size string
date object
dtype: object
```

次に、列「category_animal」を名義データ、列「category_size」を順序データとしてデータ型を更新することにしましょう。

- 「category_animal」列のカテゴリー値: dog、cat（名義データでカテゴリーに順序はない）
- 「categoru_size」列のカテゴリー値: EXTRA-SMALL、SMALL、MIDDLE、LARGE、EXTRA-LARGE（順序データで右のカテゴリーほど大きい）

まずastypeメソッドでデータ型をcategoryに変更します。

▼[5] (section_1_2.ipynb)

```
df = df.astype({
```

```
    'category_animal': 'category',
    'category_size': 'category'
})
df.dtypes
```


▼実行結果

```
list_int int64
list_float float64
np_float16 float16
np_float32 float32
category_animal category
category_size category
date object
dtype: object
```

質的データの詳細設定にはset_categories**メソッド**を使います。メソッドの第一引数にはカテゴリー値を指定し、名義データの場合は引数orderedにはFalseを指定します。

名義データである列「category_animal」のCategoricalインスタンスは、カテゴリーがコンマを使って並列に示されています。

▼[6] (section_1_2.ipynb)

```
df['category_animal'] = df['category_animal'].cat.set_categories(
    ['cat', 'dog'],
    ordered=False)
df['category_animal'].values
```

▼実行結果

```
['cat', 'dog', 'dog', 'cat', 'cat']
Categories (2, object): ['cat', 'dog']
```

なお、category型の列のvalues属性からはCategoricalクラスのインスタンスが得られます。

▼[7] (section_1_2.ipynb)

```
type(df['category_animal'].values)
```

▼実行結果

```
pandas.core.arrays.categorical.Categorical
```

順序データの場合、引数orderedにTrueを指定します。指定するカテゴリー値は昇順(小さいカテゴリーから大きいカテゴリーの順番)で指定してください。順序データである列「category_size」のCategoricalインスタンスでは、カテゴリーが不等号記号を使って順序を持って示されています。

▼[8] (section_1_2.ipynb)

```
df['category_size'] = df['category_size'].cat.set_categories(
    ['EXTRA-SMALL', 'SMALL', 'MIDDLE', 'LARGE', 'EXTRA-LARGE'],
    ordered=True)

df['category_size'].values
```

▼実行結果

```
['MIDDLE', 'LARGE', 'SMALL', 'EXTRA-SMALL', 'MIDDLE']

Categories (5, object): ['EXTRA-SMALL' < 'SMALL' < 'MIDDLE' <
'LARGE' < 'EXTRA-LARGE']
```

set_categoriesメソッドでカテゴリー値を指定する際には、必ずしも表中に存在するカテゴリー値でなくても問題ありません。例えば、上記の例では取り得るカテゴリー値としてEXTRA-SMALLからEXTRA-LARGEまで設定していますが、データにはEXTRA-LARGEは存在していません。

データ型がcategoryの列は、内部では符号化された整数値をもっています。列の値のcodes属性で符号化された整数値を確認することができます。EXTRA-SMALLが0、SMALLが1、MIDDLEが2、のように符号化されていることがわかります。

記号・数字

●著者紹介

中野　明（なかの　あきら）

1962年生。立命館大学文学部哲学科卒。
ノンフィクション作家。同志社大学理工学部情報システムデザイン学科嘱託講師。
経営経済、情報通信、文化民俗、思想美術など多様な分野で執筆する。主な著書に『裸はいつから恥ずかしくなったか』（筑摩書房）、『IT全史――情報技術の250年』『物語　財閥の歴史』『東京大学第二工学部』（以上、祥伝社）、『日本美術の冒険者――チャールズ・ラング・フリーアの生涯』（日本経済新聞出版）、『超図解「21世紀の哲学」がわかる本』（学研プラス）、また本書の姉妹書である『図解最新　心理学大事典』（秀和システム）など多数ある。

オフィシャル・ウェブサイト
http://www.pcatwork.com/

●本文イラスト原案／キャラクタデザイン

中野　明

●イラスト／トレース

田中　秀典

図解・最新 哲学大事典

発行日　2023年12月25日　　第1版第1刷

著　者　中野 明

発行者　斉藤　和邦
発行所　株式会社　秀和システム
〒135-0016
東京都江東区東陽2-4-2　新宮ビル2F
Tel 03-6264-3105（販売）Fax 03-6264-3094
印刷所　三松堂印刷株式会社　　Printed in Japan

ISBN978-4-7980-7016-2 C0010

▼[9] (section_1_2.ipynb)

```
df['category_size'].values.codes
```


▼実行結果

```
array([2, 3, 1, 0, 2], dtype=int8)
```

時刻データへのデータ型の変換は少し特殊で、to_datetime関数を使います。変換した列のデータ型はdatetime64[ns]になります。

▼[10] (section_1_2.ipynb)

```
df['date'] = pd.to_datetime(df['date'])

df.dtypes
```

▼実行結果

```
list_int int64
list_float float64
np_float16 float16
np_float32 float32
category_animal category
category_size category
date datetime64[ns]
dtype: object
```

pandas.Categoricalクラスやpandas.to_datetime関数を使って、データフレーム作成時からデータ型を指定することも可能です。

▼[11] (section_1_2.ipynb)

```
categories_animal = ['cat', 'dog']
categories_size = ['EXTRA-SMALL', 'SMALL', 'MIDDLE', 'LARGE',
'EXTRA-LARGE']

df = pd.DataFrame({
```

```
    'category_animal': pd.Categorical(
        ('cat', 'dog', 'dog', 'cat', 'cat'),
        ordered=False,
        categories=categories_animal),
    'category_size': pd.Categorical(
        ['MIDDLE', 'LARGE', 'SMALL', 'EXTRA-SMALL', 'MIDDLE'],
        ordered=True,
        categories=categories_size),
    'date': pd.to_datetime(['1981-03-05', '1993-04-10', '2005-07-
15', '2017-10-20', '2029-12-25'])
})

df.dtypes
```

▼実行結果

```
category_animal category
category_size category
date datetime64[ns]
dtype: object
```

もしすべての列のデータ型が同一なら、DataFrameの作成時に初期化メソッドの引数dtypeでデータ型を一括指定することも可能です。1.4節ではその例を紹介します。

活用メモ

時刻データの文字列フォーマット

時刻データの文字列フォーマットに合わせてto_datetime関数の引数formatを指定することで、特殊な文字列フォーマットでも時刻データ型に変換することが可能です。時刻データが日本語を含むフォーマットの場合も、引数formatで対応することができます。

1.3

DataFrameの情報の確認

本節ではDataFrameインスタンスの属性から表形式データが持つ情報を確認する方法を紹介します。DataFrameクラスには情報を要約して表示する利便性の高いメソッドもありますので、それらも紹介していきます。

表形式データの種々の情報

まずサンプルのDataFrameを作成しましょう。列「A」は質的データ、列「B」「C」「D」は量的データです。

▼[1] (section_1_3.ipynb)

```
import pandas as pd
import numpy as np
N = 16

df = pd.DataFrame({
    'A': (
        'Alfa', 'Bravo', 'Charlie', 'Alfa',
        'Bravo', 'Charlie', 'Alfa', 'Bravo',
        'Charlie', 'Alfa', 'Bravo', 'Charlie',
        'Alfa', 'Bravo', 'Charlie', 'Alfa'
    ),
    'B': list(range(N)),
    'C': np.arange(0, 2*N, step=2, dtype='int32'),
    'D': np.linspace(0, 1., num=N, dtype='float32'),
})

df
```

▼実行結果

	A	B	C	D
0	Alfa	0	0	0.000000
1	Bravo	1	2	0.066667
2	Charlie	2	4	0.133333
3	Alfa	3	6	0.200000
4	Bravo	4	8	0.266667
5	Charlie	5	10	0.333333
6	Alfa	6	12	0.400000
7	Bravo	7	14	0.466667
8	Charlie	8	16	0.533333
9	Alfa	9	18	0.600000
10	Bravo	10	20	0.666667
11	Charlie	11	22	0.733333
12	Alfa	12	24	0.800000
13	Bravo	13	26	0.866667
14	Charlie	14	28	0.933333
15	Alfa	15	30	1.000000

1.2節でも紹介したように、dtypes属性から各列のデータ型を確認することができます。

▼[2] (section_1_3.ipynb)

```
df.dtypes
```

▼実行結果

```
A object
B int64
C int32
D float32
dtype: object
```

shape属性で表形式データの行数と列数を確認することができます。

▼[3] (section_1_3.ipynb)

```
df.shape
```

▼実行結果

```
(16, 4)
```

size属性は表形式データの全要素数です。この例では16行×4列で64の要素となっています。

▼[4] (section_1_3.ipynb)

```
df.size
```

▼実行結果

```
64
```

ndim属性は表形式データの次元を表します。

▼[5] (section_1_3.ipynb)

```
df.ndim
```

▼実行結果

```
2
```

axes属性で、行名と列名を確認することができます。この例では行インデックスには0から15までの整数が自動的に割り当てられており、列名はdictのキーとして指定した文字列になっています。

▼[6] (section_1_3.ipynb)

```
df.axes
```

▼実行結果

```
[RangeIndex(start=0, stop=16, step=1),
Index(['A', 'B', 'C', 'D'], dtype='object')]
```

1.1節で紹介したように、列名と行名を単体で取得するにはindex**属性**とcolumns**属性**を使用します。

▼[7] (section_1_3.ipynb)

```
df.index, df.columns
```

▼実行結果

```
(RangeIndex(start=0, stop=16, step=1),
Index(['A', 'B', 'C', 'D'], dtype='object'))
```

infoメソッドはDataFrameインスタンスの概要を表示するメソッドです。列ごとのデータ型や、全体のメモリサイズも表示してくれるため有用です。

▼[8] (section_1_3.ipynb)

```
df.info()
```

▼実行結果

```
<class 'pandas.core.frame.DataFrame'>
RangeIndex: 16 entries, 0 to 15
Data columns (total 4 columns):
# Column Non-Null Count Dtype
--- ------ -------------- -----
0 A 16 non-null object
1 B 16 non-null int64
2 C 16 non-null int32
3 D 16 non-null float32
dtypes: float32(1), int32(1), int64(1), object(1)
memory usage: 512.0+ bytes
```

headメソッドは先頭から複数の行を表示します。行数が多い表形式データの内容を確認する一例として利用できます。

▼[9] (section_1_3.ipynb)

```
df.head()
```

▼実行結果

	A	B	C	D
0	Alfa	0	0	0.000000
1	Bravo	1	2	0.066667
2	Charlie	2	4	0.133333
3	Alfa	3	6	0.200000
4	Bravo	4	8	0.266667

headメソッドの引数に表示する行数を指定することも可能です。

▼[10] (section_1_3.ipynb)

```
df.head(10)
```

▼実行結果

	A	B	C	D
0	Alfa	0	0	0.000000
1	Bravo	1	2	0.066667
2	Charlie	2	4	0.133333
3	Alfa	3	6	0.200000
4	Bravo	4	8	0.266667
5	Charlie	5	10	0.333333
6	Alfa	6	12	0.400000
7	Bravo	7	14	0.466667
8	Charlie	8	16	0.533333
9	Alfa	9	18	0.600000

表形式データの末尾から表示するにはtailメソッドを使用します。headメソッドと同様、引数で表示行数を指定できます。

▼[11] (section_1_3.ipynb)

```
df.tail(8)
```

▼実行結果

	A	B	C	D
8	Charlie	8	16	0.533333
9	Alfa	9	18	0.600000
10	Bravo	10	20	0.666667
11	Charlie	11	22	0.733333
12	Alfa	12	24	0.800000
13	Bravo	13	26	0.866667
14	Charlie	14	28	0.933333
15	Alfa	15	30	1.000000

describeメソッドはDataFrameインスタンスの要約統計量を示します。引数なしで実行した場合、量的データの列について個数、平均、標準偏差、最小値、四分位数、最大値を算出して表示します。この例ではA列は量的データではないため、表示されていません。

▼[12] (section_1_3.ipynb)

```
df.describe()
```

▼実行結果

	B	C	D
count	16.000000	16.000000	16.000000
mean	7.500000	15.000000	0.500000
std	4.760952	9.521905	0.317397
min	0.000000	0.000000	0.000000
25%	3.750000	7.500000	0.250000
50%	7.500000	15.000000	0.500000
75%	11.250000	22.500000	0.750000
max	15.000000	30.000000	1.000000

describeメソッドを引数exclude='number'で実行すると、量的データを除外して質的データのみで要約を行います。質的データではデータ個数の他に、固有な値の数、最頻値、最頻値の出現回数を確認することができます。この例では固有な値は3つ（Alfa、Bravo、Charlie）であり、最頻値はAlfaで出現回数は6回であることがわかります。

▼[13]（section_1_3.ipynb）

```
df.describe(exclude='number')
```

▼実行結果

	A
count	16
unique	3
top	Alfa
freq	6

describeメソッドで引数include='all'にすることで量的データと質的データを合わせた要約を表示できますが、対応していない項目はNaN（Not a Number）で表示されます。

▼[14] (section_1_3.ipynb)

```
df.describe(include='all')
```

▼実行結果

	A	B	C	D
count	16	16.00000	16.00000	16.000000
unique	3	NaN	NaN	NaN
top	Alfa	NaN	NaN	NaN
freq	6	NaN	NaN	NaN
mean	NaN	7.50000	15.00000	0.500000
std	NaN	4.76095	9.52191	0.317397
min	NaN	0.00000	0.00000	0.000000
25%	NaN	3.75000	7.50000	0.250000
50%	NaN	7.50000	15.00000	0.500000
75%	NaN	11.25000	22.50000	0.750000
max	NaN	15.00000	30.00000	1.000000

DataFrameのaggメソッドを使うことで、必要な情報だけ集約することもできます。aggメソッドは指定したキーワードに対応する集約を各列に実行し、新しいDataFrameを作成します。

▼[15] (section_1_3.ipynb)

```
df.agg(['count', 'mean'])
```

▼実行結果

	A	B	C	D
count	16.0	16.0	16.0	16.0
mean	NaN	7.5	15.0	0.5

1.4

Pythonのデータオブジェクトと DataFrameとの相互変換

本節では、NumPy ndarrayやPythonのlistやdictなどのデータオブジェクトからDataFrameインスタンスを作成する方法と、その逆にDataFrameからデータオブジェクトを作成する方法を紹介していきます。

 NumPy ndarrayとの相互変換

2次元のNumPy ndarrayを使ってDataFrameインスタンスを作成するには、DataFrame初期化メソッドの第一引数にndarrayを渡す必要があります。列名および行名はそれぞれ引数columnsと引数indexで指定します。

▼[1] (section_1_4.ipynb)

```
import pandas as pd
import numpy as np

data = np.arange(12).reshape(3, 4)

df = pd.DataFrame(
    data,
    columns=['A', 'B', 'C', 'D'],
    index=['a', 'b', 'c'],
    dtype='int8'
)

df
```

▼実行結果

	A	B	C	D
a	0	1	2	3
b	4	5	6	7
c	8	9	10	11

各列のデータ型はndarrayのデータ型が引き継がれますが、DataFrame初期化メソッドの引数dtypeで明示的に指定することも可能です。ただし、すべての列が同一のデータ型になる点に注意してください。ここではdtypeにint8を指定したため、すべての列のデータ型がint8になっていることがわかります。

▼[2] (section_1_4.ipynb)

```
df.dtypes
```

▼実行結果

```
A int8
B int8
C int8
D int8
dtype: object
```

DataFrameからndarrayに変換するには**to_numpyメソッド**を使います。DataFrameのvalues属性を使用してもndarrayに変換できる場合もあります。

▼[3] (section_1_4.ipynb)

```
df.to_numpy()
```

▼実行結果

```
array([[ 0, 1, 2, 3],
[ 4, 5, 6, 7],
[ 8, 9, 10, 11]], dtype=int8)
```

 listやtupleとの相互変換

2次元のlistやtupleのデータオブジェクトからDataFrameへ変換するには、ndarrayと同様にDataFrame初期化メソッドの第一引数にデータオブジェクトを指定します。

▼[4] (section_1_4.ipynb)

```
data = [
    [0, 1, 2, 3],
    [4, 5, 6, 7],
    [8, 9, 10, 11]
]

df = pd.DataFrame(
    data,
    columns=['A', 'B', 'C', 'D'],
    index=['a', 'b', 'c']
)

df
```

▼実行結果

	A	B	C	D
a	0	1	2	3
b	4	5	6	7
c	8	9	10	11

DataFrameから直接listに変換する方法はありません。一度to_numpyメソッドでndarrayに変換してから、ndarrayのtolistメソッドでlistに変換します。

▼[5] (section_1_4.ipynb)

```
df.to_numpy().tolist()
```

▼実行結果

```
[[0, 1, 2, 3], [4, 5, 6, 7], [8, 9, 10, 11]]
```

 dictとの相互変換

DataFrame初期化メソッドの第一引数にdictを指定することでもDataFrameインスタンスが作成できます。dictのkeyで列名を設定しているため、初期化メソッドの引数columnsを省略することができます。

▼[6] (section_1_4.ipynb)

```
df = pd.DataFrame(
    data={
        'A': [0, 4, 8],
        'B': [1, 5, 9],
        'C': [2, 6, 10],
        'D': [3, 7, 11]
    },
    index=['a', 'b', 'c']
)

df
```

▼実行結果

	A	B	C	D
a	0	1	2	3
b	4	5	6	7
c	8	9	10	11

活用メモ

Seriesのto_listメソッド

DataFrameクラスにはto_listメソッドがないため、ndarrayを経由する必要がありますが、Seriesクラスにはto_listメソッドが存在します。1行あるいは1列のみをlistに変換するなら、表の1行または1列を選択してからto_listメソッドを使用する方法も考えられます。行や列を選択する方法は2.1節で紹介しています。

dictのvalueをさらにdictにすることで、DataFrame初期化メソッドの引数columnsと引数indexの両方省略することも可能です。

▼[7] (section_1_4.ipynb)

```
df = pd.DataFrame(
    {
        'A': {'a': 0, 'b': 4, 'c': 8},
        'B': {'a': 1, 'b': 5, 'c': 9},
        'C': {'a': 2, 'b': 6, 'c': 10},
        'D': {'a': 3, 'b': 7, 'c': 11}
    }
)

df
```

▼実行結果

	A	B	C	D
a	0	1	2	3
b	4	5	6	7
c	8	9	10	11

DataFrameをdictに変換するには**to_dictメソッド**を使います。to_dictメソッドで引数を指定しないとdictのvalueがdictになった二重構造のdictを出力します。これはto_dictメソッドで引数orient='dict'と指定した場合に等しい出力になります。

▼[8] (section_1_4.ipynb)

```
df.to_dict()
```

▼実行結果

```
{'A': {'a': 0, 'b': 4, 'c': 8},
'B': {'a': 1, 'b': 5, 'c': 9},
```

```
'C': {'a': 2, 'b': 6, 'c': 10},
'D': {'a': 3, 'b': 7, 'c': 11}}
```

to_dictメソッドの引数orient='list'にすることで、valueがlistになったdictを出力することができます。

▼[9] (section_1_4.ipynb)

```
df.to_dict(orient='list')
```

▼実行結果

```
{'A': [0, 4, 8], 'B': [1, 5, 9], 'C': [2, 6, 10], 'D': [3, 7, 11]}
```

引数orient='series'の場合は、valueがpandas.Seriesのdictを出力します。

▼[10] (section_1_4.ipynb)

```
df.to_dict(orient='series')
```

▼実行結果

```
{'A': a 0
b 4
c 8
Name: A, dtype: int64,
'B': a 1
b 5
c 9
Name: B, dtype: int64,
'C': a 2
b 6
c 10
Name: C, dtype: int64,
'D': a 3
b 7
c 11
Name: D, dtype: int64}
```

引数oriens='split'にすると行名、列名、データの値に分解して変換することができます。データの値は二次元listになっています。

▼[11] (section_1_4.ipynb)

```
df.to_dict(orient='split')
```

▼実行結果

```
{'index': ['a', 'b', 'c'],
'columns': ['A', 'B', 'C', 'D'],
'data': [[0, 1, 2, 3], [4, 5, 6, 7], [8, 9, 10, 11]]}
```

引数orient='records'では、行ごとにdictになったlistとして出力されます。

▼[12] (section_1_4.ipynb)

```
df.to_dict(orient='records')
```

▼実行結果

```
[{'A': 0, 'B': 1, 'C': 2, 'D': 3},
{'A': 4, 'B': 5, 'C': 6, 'D': 7},
{'A': 8, 'B': 9, 'C': 10, 'D': 11}]
```

1.5

DataFrameのインポートとエクスポート

pandasではストレージに保存されているCSV (comma-separated values) などのファイルを読み込んでDataFrameを作成すること (インポート) ができます。その逆にフォーマットを指定してDataFrameをファイルに書き出すこと (エクスポート) も可能です。

 CSVファイルからのインポート

本節では表形式データをインポートする題材として20万行のCSVファイルを用います。列名col_int8からcol_float64までは量的データであり、列名に付いているデータ型のランダムな数値が記録されています。列名col_stringは文字列データで8文字以下のランダムな文字列です。列名col_datetimeは時刻データで、西暦1700年から2247年まで毎日のランダムな時刻になっています。

列「col_ordered」と列「col_unordered」は質的データであり、col_orderedが順序データ、col_unorderedが名義データです。

- col_orderedのカテゴリー: 'EXTRA-SMALL' < 'SMALL' < 'MIDDLE' < 'LARGE' < 'EXTRA-LARGE'
- col_unorderedのカテゴリー: 'Mouse', 'Cat', 'Dog', 'Hamster', 'Rabbit', 'Ferret'

CSVファイルを読み込むにはpandas.**read_csv関数**を使用します。1.3節で紹介したように、表形式データの先頭のみや末尾のみを表示するのはheadメソッドやtailメソッドを使用します。

▼[1] (section_1_5.ipynb)

```
import pandas as pd
import numpy as np

df = pd.read_csv('sample_1_5.csv')

df.head()
```

▼実行結果

	col_int8	col_uint8	col_int16	col_uint16	col_int32	col_uint32	col_int64	col_uint64
0	-58	32	-5999	33733	-443321446	1684055143	8957714763128186512	13377746478414994568
1	108	11	-3541	4638	-1033826067	1396190299	-4638881529941010573	17552204462794163122
2	92	206	28962	39774	-2059205335	1287593496	-2767984207359509796	8444497977544042195
3	-13	11	-20849	17724	722125942	1777461955	-4014536580365825640	11826527118608492920
4	12	212	13470	57662	812726532	1340894438	-1791361854263043924	2901203935713848353

	col_float16	col_float32	col_float64	col_bool	col_string	col_datetime	col_ordered	col_unordered
0	0.8325	0.235277	0.600021	True	SCByzDL	1700-01-01 13:48:28	SMALL	Rabbit
1	0.8450	0.741379	0.526817	True	a5qX	1700-01-02 03:35:14	MIDDLE	Dog
2	0.6675	0.025393	0.948699	True	n01	1700-01-03 17:56:08	EXTRA-LARGE	Rabbit
3	0.1276	0.093628	0.722930	True	5E8WXw	1700-01-04 00:08:29	SMALL	Hamster
4	0.6200	0.325553	0.450991	False	v0TZ8qlw	1700-01-05 16:37:16	EXTRA-SMALL	Mouse

▼[2] (section_1_5.ipynb)

```
df.tail()
```

▼実行結果

	col_int8	col_uint8	col_int16	col_uint16	col_int32	col_uint32	col_int64	col_uint64
199995	66	27	-30929	28387	-430623839	4118004906	-5611253302571762236	7378766867233303579
199996	-89	168	-30225	33137	-834523890	4029728482	-1497397032562367152	426161160883600185
199997	67	139	11322	11438	-781825655	1627514738	-2462494486884866133	5838011223012641606
199998	-128	139	-19318	19901	15579203	105928120	-8892563666988164059	14420138694162308271
199999	97	195	-995	43415	512988475	2416444269	-3183461793452287960	4007191972534931082

	col_float16	col_float32	col_float64	col_bool	col_string	col_datetime	col_ordered	col_unordered
199995	0.7812	0.446470	0.222961	False	tVSnZ	2247-07-28 18:36:19	SMALL	Dog
199996	0.2013	0.580881	0.796438	True	lop62QI	2247-07-29 04:39:44	MIDDLE	Rabbit
199997	0.3394	0.771871	0.092576	False	RBcp4	2247-07-30 00:04:20	EXTRA-LARGE	Cat
199998	0.3157	0.740483	0.434867	True	9fwSUP1x	2247-07-31 19:43:42	LARGE	Ferret
199999	0.7840	0.247407	0.953553	False	EJEc9prG	2247-08-01 13:58:21	MIDDLE	Dog

読み込んだDataFrameをinfoメソッドで確認すると、本来必要な精度以上のデータ型で読み込まれていることがわかります。例えば、int8型のcol_int8がint64型で読み込まれていたり、col_float16がfloat64型となっています。

この状態ではDataFrameは23.1MBのメモリサイズを必要としています。

▼[3] (section_1_5.ipynb)

```
df.info()
```

▼実行結果

```
<class 'pandas.core.frame.DataFrame'>
RangeIndex: 200000 entries, 0 to 199999
Data columns (total 16 columns):
# Column Non-Null Count Dtype
--- ------ -------------- -----
0 col_int8 200000 non-null int64
1 col_uint8 200000 non-null int64
2 col_int16 200000 non-null int64
3 col_uint16 200000 non-null int64
4 col_int32 200000 non-null int64
5 col_uint32 200000 non-null int64
6 col_int64 200000 non-null int64
7 col_uint64 200000 non-null uint64
```

```
8 col_float16 200000 non-null float64
9 col_float32 200000 non-null float64
10 col_float64 200000 non-null float64
11 col_bool 200000 non-null bool
12 col_string 200000 non-null object
13 col_datetime 200000 non-null object
14 col_ordered 200000 non-null object
15 col_unordered 200000 non-null object
dtypes: bool(1), float64(3), int64(7), object(4), uint64(1)
memory usage: 23.1+ MB
```


インポートのテクニック

例題のように表形式データの値の仕様が決まっている場合、値の範囲を過不足なく表現できるデータ型を指定することでメモリを節約することができます。read_csv関数はCSVファイルを読み込む際に引数dtypeで各列のデータタイプを指定することができます。

時刻データの列は、引数parse_datesで時刻データの列番号を指定します。時刻データが1列の場合でも列番号をlistで指定する必要があることに注意してください。この例題では時刻データはcol_datetimeのみですが、時刻データの列が複数ある場合はlistで複数指定します。

質的データの列はデータ型をcategoryに指定してCSVファイルをインポートしたあとで、set_categoriesメソッドで順序尺度か名義尺度かを設定します。

適切なデータ型を指定したことで、メモリサイズが23.1MBから12.0MBとおよそ半分になりました。

▼[4] (section_1_5.ipynb)

```
df = pd.read_csv(
    'sample_1_5.csv',
    dtype={
        'col_int8': 'int8',
```

```
        'col_uint8': 'uint8',
        'col_int16': 'int16',
        'col_uint16': 'uint16',
        'col_int32': 'int32',
        'col_uint32': 'uint32',
        'col_int64': 'int64',
        'col_uint64': 'uint64',
        'col_float16': 'float16',
        'col_float32': 'float32',
        'col_float64': 'float64',
        'col_bool': 'bool',
        'col_string': 'string',
        'col_ordered': 'category',
        'col_unordered': 'category',
    },
    parse_dates=[13]
)

ordered_categories = ['EXTRA-SMALL', 'SMALL', 'MIDDLE', 'LARGE',
'EXTRA-LARGE']

df['col_ordered'] = df['col_ordered'].cat.set_categories(
    ordered_categories,
    ordered=True)

unordered_categories = [
    'Mouse',
    'Cat',
    'Dog',
    'Hamster',
    'Rabbit',
    'Ferret']

df['col_unordered'] = df['col_unordered'].cat.set_categories(
    unordered_categories,
    ordered=False)
```

```
df.info()
```


▼実行結果

```
<class 'pandas.core.frame.DataFrame'>
RangeIndex: 200000 entries, 0 to 199999
Data columns (total 16 columns):
# Column Non-Null Count Dtype
--- ------ -------------- -----
0 col_int8 200000 non-null int8
1 col_uint8 200000 non-null uint8
2 col_int16 200000 non-null int16
3 col_uint16 200000 non-null uint16
4 col_int32 200000 non-null int32
5 col_uint32 200000 non-null uint32
6 col_int64 200000 non-null int64
7 col_uint64 200000 non-null uint64
8 col_float16 200000 non-null float16
9 col_float32 200000 non-null float32
10 col_float64 200000 non-null float64
11 col_bool 200000 non-null bool
12 col_string 200000 non-null string
13 col_datetime 200000 non-null datetime64[ns]
14 col_ordered 200000 non-null category
15 col_unordered 200000 non-null category
dtypes: bool(1), category(2), datetime64ns, float16(1), float32(1),
float64(1), int16(1), int32(1), int64(1), int8(1), string(1),
uint16(1), uint32(1), uint64(1), uint8(1)
memory usage: 12.0 MB
```

もしCSVファイルに対して使用する列が部分的なら、引数usecolsで読み込む列番号を指定した方がよいでしょう。使用する列の割合にも依りますが、必要な列だけを使うことでCSVファイルをインポートする速度やDataFrameのメモリサイズが抑えられる可能性があります。

ここでは列番号0, 2, 4, 6, 8を読み込むことにします。この例では、メモリサイズは3.2MBまで抑えられています。

▼[5] (section_1_5.ipynb)

```
df_usecols =  pd.read_csv(
    'sample_1_5.csv',
    usecols=[0, 2, 4, 6, 8],
        dtype={
        'col_int8': 'int8',
        'col_int16': 'int16',
        'col_int32': 'int32',
        'col_int64': 'int64',
        'col_float16': 'float16',
    })

df_usecols.info()
```

▼実行結果

```
<class 'pandas.core.frame.DataFrame'>
RangeIndex: 200000 entries, 0 to 199999
Data columns (total 5 columns):
# Column Non-Null Count Dtype
--- ------ -------------- -----
0 col_int8 200000 non-null int8
1 col_int16 200000 non-null int16
2 col_int32 200000 non-null int32
3 col_int64 200000 non-null int64
4 col_float16 200000 non-null float16
dtypes: float16(1), int16(1), int32(1), int64(1), int8(1)
memory usage: 3.2 MB
```

筆者の計算機環境では列を指定せず、すべて読み込むと平均296 [ms] だけ時間がかかりましたが、一列飛ばしで半数を読み込んだ場合は平均 201 [ms] でした。すべての列を読み込んだDataFrameを作成してから使用しない列を削除するよりも、読み込み時に必要な列だけを指定する方が効率的です。

Jupyter Notebookでは、セルの冒頭に%%timeitと記述することで処理時間を計測できます。

▼[6] (section_1_5.ipynb)

```
%%timeit

pd.read_csv('sample_1_5.csv')
```

▼実行結果

```
296 ms ± 2.81 ms per loop (mean ± std. dev. of 7 runs, 1 loop
each)
```

▼[7] (section_1_5.ipynb)

```
%%timeit

pd.read_csv(
    'sample_1_5.csv',
    usecols=[0, 2, 4, 6, 8, 10, 12, 14])
```

▼実行結果

```
201 ms ± 4.29 ms per loop (mean ± std. dev. of 7 runs, 1 loop
each)
```

 CSVファイルへのエクスポート

CSVファイルへのエクスポートはDataFrameのto_csvメソッドで実行します。to_csvメソッドの引数indexは省略時はindex = Trueになります。index=Trueで保存したCSVファイルは先頭列に行インデックスの値が保存されるため注意してください。

▼[8] (section_1_5.ipynb)

```
df.to_csv('dump_1_5.csv')

df_dump = pd.read_csv('dump_1_5.csv')

df_dump.head()
```

▼実行結果

	Unnamed: 0	col_int8	col_uint8	col_int16	col_uint16	col_int32	col_uint32	col_int64
0	0	-58	32	-5999	33733	-443321446	1684055143	8957714763128186512
1	1	108	11	-3541	4638	-1033826067	1396190299	-4638881529941010573
2	2	92	206	28962	39774	-2059205335	1287593496	-2767984207359509796
3	3	-13	11	-20849	17724	722125942	1777461955	-4014536580365825640
4	4	12	212	13470	57662	812726532	1340894438	-1791361854263043924

	col_uint64	col_float16	col_float32	col_float64	col_bool	col_string	col_datetime	col_ordered	col_unordered
0	13377746478414994568	0.8325	0.235277	0.600021	True	SCByzDL	1700-01-01 13:48:28	SMALL	Rabbit
1	17552204462794163122	0.8450	0.741379	0.526817	True	a5qX	1700-01-02 03:35:14	MIDDLE	Dog
2	8444497977544042195	0.6675	0.025393	0.948699	True	n01	1700-01-03 17:56:08	EXTRA-LARGE	Rabbit
3	11826527118608492920	0.1276	0.093628	0.722930	True	5E8WXw	1700-01-04 00:08:29	SMALL	Hamster
4	2901203935713848353	0.6200	0.325553	0.450991	False	v0TZ8qlw	1700-01-05 16:37:16	EXTRA-SMALL	Mouse

上記のように行インデックス付きで記録されているCSVファイルをインポートする際には、read_csv関数の引数index_colに「行インデックスが記録された列」の列番号を指定するようにします。

▼[9] (section_1_5.ipynb)

```
df_index_col = pd.read_csv('dump_1_5a.csv', index_col=0)

df_index_col.head()
```

▼実行結果

	col_int8	col_uint8	col_int16	col_uint16	col_int32	col_uint32	col_int64	col_uint64
0	-58	32	-5999	33733	-443321446	1684055143	8957714763128186512	13377746478414994568
1	108	11	-3541	4638	-1033826067	1396190299	-4638881529941010573	17552204462794163122
2	92	206	28962	39774	-2059205335	1287593496	-2767984207359509796	8444497977544042195
3	-13	11	-20849	17724	722125942	1777461955	-4014536580365825640	11826527118608492920
4	12	212	13470	57662	812726532	1340894438	-1791361854263043924	2901203935713848353

	col_float16	col_float32	col_float64	col_bool	col_string	col_datetime	col_ordered	col_unordered
0	0.8325	0.235277	0.600021	True	SCByzDL	1700-01-01 13:48:28	SMALL	Rabbit
1	0.8450	0.741379	0.526817	True	a5qX	1700-01-02 03:35:14	MIDDLE	Dog
2	0.6675	0.025393	0.948699	True	n01	1700-01-03 17:56:08	EXTRA-LARGE	Rabbit
3	0.1276	0.093628	0.722930	True	5E8WXw	1700-01-04 00:08:29	SMALL	Hamster
4	0.6200	0.325553	0.450991	False	v0TZ8qlw	1700-01-05 16:37:16	EXTRA-SMALL	Mouse

CSVファイルに行名を含めずエクスポートする場合は、to_csvメソッドの引数indexをFalseにしてください。

その他のファイルからのインポートとエクスポート

データをタブで区切ったTSVファイル（tab-separated values）でエクスポートする場合は、to_csvメソッドの引数sepにタブ記号を指定します。また、引数sepを使うことで任意の区切り文字でエクスポートすることもできます。内製の業務アプリケーションなど区切り文字が特殊なケースでは引数sepを活用してください。

▼[10]（section_1_5.ipynb）

```
df.to_csv('dump_1_5.tsv', index=False, sep='\t')
```

TSVファイルをインポートするには**read_table関数**を使用します。read_csv関数で引数sepにタブ記号を指定してもインポートすることができます。

▼[11]（section_1_5.ipynb）

```
pd.read_table('dump_1_5.tsv')   # pd.read_csv('test_1_5.tsv',
sep='\t') でも可能
```

Excelはマイクロソフト社が販売している表計算ソフトです。pandas.DataFrameは、to_excelメソッドを使うことで.xlsxフォーマットのExcelファイルにエクスポートすることができます。Excelファイルをインポートするには、openpyxlパッケージのインストールが必要になります。

to_excelメソッドの引数indexと引数headerをともにFalseにするとDataFrameの行名と列名を含めずにExcelファイルに書き込みます。Excelは行インデックスが1から順の整数、列インデックスがAから順の文字列で固定されています。Excelにエクスポートすることで DataFrameが持っていたインデックスの情報は失われるため、インデックスをExcelに記録したい場合はto_excelメソッドで引数indexや引数headerをTrueにしてください。

▼[12]（section_1_5.ipynb）

```
# openpyxlパッケージを必要に応じてpip install あるいは conda install して
ください
```

```

df_worksheet_a = pd.DataFrame(
    np.arange(15).reshape(5, 3)
)

df_worksheet_a.to_excel('dump_excel_1.xlsx', index=False,
header=False)
```


Excelファイルを閲覧できる読者の方は、エクスポートしたExcelファイルをご確認ください。

ExcelファイルをDataFrameにインポートするには、read_excelファイルを使用します。

▼[13] (section_1_5.ipynb)

```
pd.read_excel('dump_excel_1.xlsx')
```

▼実行結果

	0	1	2
0	3	4	5
1	6	7	8
2	9	10	11
3	12	13	14

Excelの特徴の1つが、複数のワークシートで別の表形式データを管理できる点です。複数のDataFrameをワークシート別にエクスポートしたい場合は**ExcelWriter**の機能を使います。

▼[14] (section_1_5.ipynb)

```
df_worksheet_b = pd.DataFrame(
    np.arange(35).reshape(7, 5)
)
df_worksheet_c = pd.DataFrame(
    np.arange(77).reshape(11, 7)
```

```
)

with pd.ExcelWriter('dump_excel_2.xlsx') as writer:
    df_worksheet_a.to_excel(writer, sheet_name='Sheet a', 
header=False, index=False)
    df_worksheet_b.to_excel(writer, sheet_name='Sheet b', 
header=False, index=False)
    df_worksheet_c.to_excel(writer, sheet_name='Sheet c', 
header=False, index=False)
```

Excelファイルをインポートするにはread_excel関数でファイル名とワークシート名を指定してください。

▼[15] (section_1_5.ipynb)

```
pd.read_excel('dump_excel_2.xlsx', sheet_name='Sheet c')
```

▼実行結果

	0	1	2	3	4	5	6
0	7	8	9	10	11	12	13
1	14	15	16	17	18	19	20
2	21	22	23	24	25	26	27
3	28	29	30	31	32	33	34
4	35	36	37	38	39	40	41
5	42	43	44	45	46	47	48
6	49	50	51	52	53	54	55
7	56	57	58	59	60	61	62
8	63	64	65	66	67	68	69
9	70	71	72	73	74	75	76

pandasはPickleファイル（read_pickleとto_pickle）、JSONファイル（read_jsonとto_json）、HTMLファイル（ read_htmlとto_html）、XMLファイル（read_xmlとto_xml）などのファイル形式にも対応しています。そのほかSQLへのインポート・エクスポート（read_sqlとto_sql）の機能も提供していますので、実務の要件に合わせて機能を活用してください。

活用メモ

インポート時の文字コード対応

Windows環境で作成したファイルに2バイト文字が含まれているとき、文字コードの違いから他のOS環境ではファイルをインポートできないときがあります。そのような場合はread_csv関数の引数encodingをencoding='CP932'にしてインポートを試してください。

MEMO

第2章

表の変形と結合・分割

2.1

DataFrameの部分選択

DataFrameからその一部を選択するには複数の方法があります。本節では1つの要素を選択する方法や、行や列を選択する方法を紹介します。列を選択してグラフに使用する変数にしたり、一部の行だけをグラフにするなど、部分選択は可視化にも重要な知識です。

 要素の選択

■図2.1.1 DataFrameを部分選択する方法

行名・列名で選択	行番号・列番号で選択	値の条件で選択
at	iat	ブーリアンインデクシング
loc	iloc	query
filter		isin

例題に用いるのは5行4列の表形式データです。行名はaからe、列名はAlpha、Bravo、Charlie、Deltaとなっています。

▼[1] (section_2_1.ipynb)

```
import pandas as pd
import numpy as np

df = pd.DataFrame(
    data=np.arange(20).reshape(5, 4),
    index=['a', 'b', 'c', 'd', 'e'],
    columns=['Alpha', 'Bravo', 'Charlie', 'Delta']
)

df
```

▼実行結果

	Alpha	Bravo	Charlie	Delta
a	0	1	2	3
b	4	5	6	7
c	8	9	10	11
d	12	13	14	15
e	16	17	18	19

DataFrameから要素を1つだけ選択するには、DataFrameの**at属性**で行名と列名を指定します。この例では、得られた要素はNumPyのint64型のスカラー値となっています。

▼[2] (section_2_1.ipynb)

```
df.at['d', 'Bravo']
```

▼実行結果

```
13
```

行番号と列番号を使って要素を1つ選択するには**iat属性**を使用します。

▼[3] (section_2_1.ipynb)

```
df.iat[3, 1]     # df.at['d', 'Bravo'] と同じ
```

▼実行結果

```
13
```

 1行や1列の選択

atおよびiat属性は単一の要素を選択する目的で使用しますが、行や列、複数の要素を選択するには**loc属性**を使用します。loc属性に行名を指定し、列名は「:(コロン)」にすることで、1行を選択することができます。コロンを省略して行名のみを指定しても同じ結果が得られます。

選択した1行はSeriesインスタンスであることに注意してください。

▼[4] (section_2_1.ipynb)

```
df.loc['d', :]  # df.loc['d'] と同じ
```

▼実行結果

```
Alpha 12
Bravo 13
Charlie 14
Delta 15
Name: d, dtype: int64
```

loc属性を使った1行の選択でも行名をlistで指定すると、得られる結果はDataFrameインスタンスになります。同じ1行の選択でも行名の指定方法によって得られる結果が変わってくるため、注意が必要です。

▼[5] (section_2_1.ipynb)

```
df.loc[['d'], :]    # df.loc[['d']] と同じ
```

▼実行結果

	Alpha	Bravo	Charlie	Delta
d	12	13	14	15

1列を選択するにはloc属性で列名を指定し、行名を「:」とします。dictでkeyを指定する際と同じように、loc属性を使わず角括弧で列名を指定しても同じ結果が得られます。

1行の選択と同じく、得られた結果はSeriesインスタンスです。

▼[6] (section_2_1.ipynb)

```
df.loc[:, 'Bravo']  # df['Bravo'] と同じ
```

▼実行結果

```
a 1
b 5
c 9
d 13
e 17
Name: Bravo, dtype: int64
```


1行の選択と同じく、列名がlistになっていればDataFrameインスタンスが得られます。

▼[7] (section_2_1.ipynb)

```
df.loc[:, ['Bravo']]  # df[['Bravo']] と同じ
```

▼実行結果

	Bravo
a	1
b	5
c	9
d	13
e	17

複数行や複数列の選択

複数行を選択するには、複数の行名をlistにして指定します。例えば、a,c,eの3行を選択する例が以下のとおりです。選択して得られる結果は、当然、DataFrameインスタンスになります。

▼[8] (section_2_1.ipynb)

```
df.loc[['a', 'c', 'e'], :]  # df.loc[['a', 'c', 'e']] と同じ
```

▼実行結果

	Alpha	Bravo	Charlie	Delta
a	0	1	2	3
c	8	9	10	11
e	16	17	18	19

複数列を選択する場合も同様に、loc属性に列名のlistを指定します。角括弧に列名のlistを指定しても同じ結果となります。

▼[9] (section_2_1.ipynb)

```
df.loc[:, ['Bravo', 'Delta']]   # df[['Bravo', 'Delta']] と同じ
```

▼実行結果

	Bravo	Delta
a	1	3
b	5	7
c	9	11
d	13	15
e	17	19

loc属性に行名のlistと列名のlistを使用することで、複数行・複数列を選択した新しいDataFrameを作ることができます。以下の例では、行名がa、c、eのいずれかであり、かつ列名がBravo、Deltaのいずれかである要素が選択された表形式データが得られています。

▼[10] (section_2_1.ipynb)

```
df.loc[['a', 'c', 'e'], ['Bravo', 'Delta']]
```

▼実行結果

	Bravo	Delta
a	1	3
c	9	11
e	17	19

行番号・列番号によって複数要素を選択するには、DataFrameの**iloc属性**を使用します。下の例は、上の例と同じ選択をilocによって行っています。

▼[11] (section_2_1.ipynb)

```
df.iloc[[0, 2, 4], [1, 3]]
```

▼実行結果

	Bravo	Delta
a	1	3
c	9	11
e	17	19

ilocではNumPy ndarrayと同じようにスライシングを使って、DataFrameの複数要素を選択することができます。実はloc属性でも行名・列名を使ってスライシングが実現できるのですが、終端を含むか含まないか（閉区間か半開区間か）が、locとilocで異なります。スライシングについては、Numpy ndarrayと同様の挙動であるilocを使用するほうが覚えやすいでしょう。

▼[12]（section_2_1.ipynb）

```
# df.loc['b':'d', 'Bravo':'Delta'] でも実現できるがilocを使ったほうがわかりやすい
df.iloc[1:4, 1:4]
```

▼実行結果

	Bravo	Charlie	Delta
b	5	6	7
c	9	10	11
d	13	14	15

ilocの行番号・列番号にはNumPy ndarrayを指定することもできます。選択したいインデックスに何らかの規則性があるなら、その規則に従った行番号・列番号のndarrayを作成してilocに指定する、などの利用法が考えられます。

▼[13]（section_2_1.ipynb）

```
row_indices = np.array([0, 2, 3])
col_indices = np.arange(1, 4)

df.iloc[row_indices, col_indices]
```

▼実行結果

	Bravo	Charlie	Delta
a	1	2	3
c	9	10	11
d	13	14	15

DataFrameから単一の要素を選択する場合、iatとilocのいずれを使っても問題はありませんが、iatのほうがやや高速に処理することができます。

本節の例題データからランダムな位置の要素を100,000回選択したとき、筆者の計算機の環境では、ilocを使った場合は平均1.63 [s]、iatを使った場合は平均1.18 [s]という結果になりました。

▼[14] (section_2_1.ipynb)

```
N = 100000
row_indices = np.random.randint(0, df.shape[0], N)
col_indices = np.random.randint(0, df.shape[1], N)
```

▼[15] (section_2_1.ipynb)

```
%%timeit

for row_index, col_index in zip(row_indices, col_indices):
    df.iloc[row_index, col_index]
```

▼実行結果

```
1.63 s ± 12.2 ms per loop (mean ± std. dev. of 7 runs, 1 loop
each)
```

▼[16] (section_2_1.ipynb)

```
%%timeit

for row_index, col_index in zip(row_indices, col_indices):
    df.iat[row_index, col_index]
```

▼実行結果

```
1.18 s ± 6.24 ms per loop (mean ± std. dev. of 7 runs, 1 loop
each)
```

 行名や列名からの柔軟な選択

行名・列名から柔軟に選択する方法として、DataFrameの**filterメソッド**があります。filterメソッドでの行名・列名の指定の方法は3種類あります。1つ目の完全一致指定は、指定した行名・列名と完全一致する行または列を選択するものです。2つ目の部分一致は、指定した文字列を行名・列名に含む行または列の選択です。3つ目の正規表現指定では、正規表現をつかって行や列を選択できます。

filterメソッドの引数axisは省略時はaxis=1となり、該当した列を選択します。以下の例ではAlpha、あるいはCharlieの列を完全一致で指定します。

▼[17] (section_2_1.ipynb)

```
df.filter(['Alpha', 'Charlie'])
```

▼実行結果

	Alpha	Charlie
a	0	2
b	4	6
c	8	10
d	12	14
e	16	18

次は列名にrが入る列を部分一致で指定しています。部分一致には引数likeを使用します。

▼[18] (section_2_1.ipynb)

```
df.filter(like='r')
```

▼実行結果

	Bravo	Charlie
a	1	2
b	5	6
c	9	10
d	13	14
e	17	18

正規表現には引数regexを使います。ここでは正規表現を使って、列名の途中にlがあり、かつ最後がaである列を選択しています。正規表現そのものについての解説は正規表現の書籍を参照ください。

▼[19] (section_2_1.ipynb)

```
df.filter(regex='.*l.*a')
```

▼実行結果

	Alpha	Delta
a	0	3
b	4	7
c	8	11
d	12	15
e	16	19

filterメソッドの引数axisをaxis=0にすることで、条件に該当する行を選択することができます。axis='index'でも同じ結果が得られます。なお、filterメソッドでは行と列を同時に指定することはできません。

▼[20] (section_2_1.ipynb)

```
df.filter(['a', 'e'], axis=0)    # df.filter(['a', 'e'],
axis='index') でも同じ
```

▼実行結果

	Alpha	Bravo	Charlie	Delta
a	0	1	2	3
e	16	17	18	19

 ブーリアンインデクシング

選択する要素をTrueとFalseのbool値で選択する方法のことを**ブーリアンインデクシング**と呼びます。本書ではブーリアンインデクシングで使用するbool値の配列（あるいはbool値のlistやtuple）を二値マスクと呼ぶことにします。

表形式データから要素を選択する条件が決まっているとき、事前に二値マスクを作成してからブーリアンインデクシングで要素を選択する方法は非常に効果的です。

以下の例では、まず行「a」「d」「e」を選択する行の二値マスクを作成しています。作成した二値マスクは、選択する行がTrue、それ以外の行がFalseになっています。作成した二値マスクをDataFrameのloc属性に指定して対象の行を選択しています。

ここではloc属性を使用していますが、ilocや角括弧でも同じ結果を得ることができます。

▼[21] (section_2_1.ipynb)

```
row_mask = [True, False, False, True, True]

df.loc[row_mask]    # df.iloc[row_mask] や df[row_mask] と同じ
```

▼実行結果

	Alpha	Bravo	Charlie	Delta
a	0	1	2	3
d	12	13	14	15
e	16	17	18	19

ブーリアンインデクシングで、行の二値マスクと列の二値マスクを同時に指定することもできます。この場合、行がTrue、かつ列がTrueの要素のみが選択されます。

以下の例では「Bravo」「Delta」の列で「a」「d」「e」の行のみが選択されていることがわかります。行の二値マスクと列の二値マスクを同時に指定する場合はloc属性か、iloc属性を使用してください。

▼[22] (section_2_1.ipynb)

```
col_mask = [False, True, False, True]

df.loc[row_mask, col_mask]  # df.iloc[row_mask, col_mask] と同じ
```

▼実行結果

	Bravo	Delta
a	1	3
d	13	15
e	17	19

二値マスクは、Seriesに比較演算を行って作成することもできます。この方法を使うことで、表形式データの値に応じて選択する行を決めることができます。

以下の例では、列「Alpha」で値が6より大きい行を選択する二値マスクを作成しています。

▼[23] (section_2_1.ipynb)

```
row_mask = df.loc[:, 'Alpha'] > 6   # df['Alpha'] > 6 でも同じ

row_mask
```

▼実行結果

```
a False
b False
c True
d True
e True
Name: Alpha, dtype: bool
```

他には、例えば行「d」で値が偶数の列を選択する二値マスクなども作成できます。

▼[24] (section_2_1.ipynb)

```
col_mask = df.loc['d', :] % 2 == 0   # df.loc['d'] % 2 == 0 でも同じ

col_mask
```

▼実行結果

```
Alpha True
Bravo False
Charlie True
Delta False
Name: d, dtype: bool
```

作成したマスクを使って、表形式データから部分を選択します。

▼[25] (section_2_1.ipynb)

```
df.loc[row_mask, col_mask]
```

▼実行結果

	Alpha	Charlie
c	8	10
d	12	14
e	16	18

二値マスクに論理演算を行うこともできます。論理否定は~(チルダ)の記号を使用します。

▼[26] (section_2_1.ipynb)

```
df.loc[~row_mask, ~col_mask]
```

▼実行結果

	Bravo	Delta
a	1	3
b	5	7

論理積を行うには&(アンパサンド)、論理和を行うには|(バーティカルバー)の記号を使用します。

▼[27] (section_2_1.ipynb)

```
# c, e の行がTrueになる二値マスク
row_mask2 = df.loc[:, 'Alpha'].isin([8, 16])    # df['Alpha'].
isin([8, 16]) でも同じ

# Delta の列がTrueになる二値マスク
col_mask2 = df.loc['b', :] == 7                # df.loc['b'] でも同じ

df.loc[row_mask & row_mask2, col_mask | col_mask2]
```

▼実行結果

	Alpha	Charlie	Delta
c	8	10	11
e	16	18	19

ブーリアンインデクシングの二値マスクは、**isinメソッド**から作成することもできます。DataFrameのisinメソッドは、指定されたlist中に値のある箇所にはTrueを、それ以外の箇所にはFalseのDataFrameを作成するものです。

▼[28] (section_2_1.ipynb)

```
df.isin([0, 5, 10, 15])
```

▼実行結果

	Alpha	Bravo	Charlie	Delta
a	True	False	False	False
b	False	True	False	False
c	False	False	True	False
d	False	False	False	True
e	False	False	False	False

DataFrameから選択した1行、あるいは1列のSeriesにisinメソッドを使用することで、マスクを作成できます。

▼[29] (section_2_1.ipynb)

```
row_mask = df['Alpha'].isin([0, 8, 16])

df.loc[row_mask]
```

▼実行結果

	Alpha	Bravo	Charlie	Delta
a	0	1	2	3
c	8	9	10	11
e	16	17	18	19

文字列を条件式にした選択

DataFrameの**query**メソッドによって条件に応じた行の選択を行うことができます。queryメソッドは条件式を文字列として指定する点が独特です。queryメソッドを使うことでブーリアンインデクシングより簡潔に条件を記述できるという利点があります。

▼[30] (section_2_1.ipynb)

```
df.query('Alpha > 6')
```

▼実行結果

	Alpha	Bravo	Charlie	Delta
c	8	9	10	11
d	12	13	14	15
e	16	17	18	19

queryメソッドは簡潔に記述できるというメリットがある一方で、ブーリアンインデクシングより処理が遅くなる可能性があります。状況に応じてブーリアンインデクシングとqueryメソッドを使い分けるのが良いでしょう。

以下のコードでは、同様の処理をブーリアンインデクシングとqueryメソッドでそれぞれ実行し、処理時間を計測しています。筆者の計算機環境では、前者は平均584 [μs]、後者は平均1.89 [ms]と大きく乖離しました。

▼[31]（section_2_1.ipynb）

```
%%timeit

df.loc[df.loc[:, 'Alpha'] > 6]
df.loc[df.loc[:, 'Bravo'] == 9]
df.loc[df.loc[:, 'Charlie'] < 12]
```

▼実行結果

```
584 µs ± 10.9 µs per loop (mean ± std. dev. of 7 runs, 1,000
loops each)
```

▼[32]（section_2_1.ipynb）

```
%%timeit

df.query('Alpha > 6')
df.query('Bravo == 9')
df.query('Charlie < 12')
```

▼実行結果

```
1.89 ms ± 23.7 µs per loop (mean ± std. dev. of 7 runs, 100
loops each)
```

2.2

DataFrameの分割

本節では、DataFrameを分割して複数のDataFrameを得る方法を解説します。DataFrameの分割の基本は、前節で紹介したiloc属性に分割する行番号・列番号を指定することです。その他に質的データでカテゴリー別に複数のDataFrameを作成する方法や、機械学習で学習データとテストデータに分割する方法も紹介します。

指定した位置での分割

題材として1.5節で使用したCSVファイルを再利用します。200,000行16列の表形式データです。

▼[1] (section_2_2.ipynb)

```
import pandas as pd

df = pd.read_csv(
    'sample_1_5.csv',
    dtype={
        'col_int8': 'int8',
        'col_uint8': 'uint8',
        'col_int16': 'int16',
        'col_uint16': 'uint16',
        'col_int32': 'int32',
        'col_uint32': 'uint32',
        'col_int64': 'int64',
        'col_uint64': 'uint64',
        'col_float16': 'float16',
        'col_float32': 'float32',
        'col_float64': 'float64',
        'col_bool': 'bool',
        'col_string': 'string',
        'col_ordered': 'category',
        'col_unordered': 'category',
    },
```

```
    parse_dates=[13]
)

ordered_categories = ['EXTRA-SMALL', 'SMALL', 'MIDDLE', 'LARGE',
'EXTRA-LARGE']

df['col_ordered'] = df['col_ordered'].cat.set_categories(
    ordered_categories,
    ordered=True)

unordered_categories = [
    'Mouse',
    'Cat',
    'Dog',
    'Hamster',
    'Rabbit',
    'Ferret']

df['col_unordered'] = df['col_unordered'].cat.set_categories(
    unordered_categories,
    ordered=False)

df.shape
```

▼実行結果

```
(200000, 16)
```

▼[2] (section_2_2.ipynb)

```
df.info()
```

▼実行結果

```
<class 'pandas.core.frame.DataFrame'>
RangeIndex: 200000 entries, 0 to 199999
Data columns (total 16 columns):
```

```
# Column Non-Null Count Dtype
--- ------ ------------- -----
0 col_int8 200000 non-null int8
1 col_uint8 200000 non-null uint8
2 col_int16 200000 non-null int16
3 col_uint16 200000 non-null uint16
4 col_int32 200000 non-null int32
5 col_uint32 200000 non-null uint32
6 col_int64 200000 non-null int64
7 col_uint64 200000 non-null uint64
8 col_float16 200000 non-null float16
9 col_float32 200000 non-null float32
10 col_float64 200000 non-null float64
11 col_bool 200000 non-null bool
12 col_string 200000 non-null string
13 col_datetime 200000 non-null datetime64[ns]
14 col_ordered 200000 non-null category
15 col_unordered 200000 non-null category
dtypes: bool(1), category(2), datetime64ns, float16(1), float32(1),
float64(1), int16(1), int32(1), int64(1), int8(1), string(1),
uint16(1), uint32(1), uint64(1), uint8(1)
memory usage: 12.0 MB
```


行方向にDataFrameを2分割するには、iloc属性に:(コロン)と分岐点となる行番号を指定してスライシングを行います。前半のDataFrameは、「先頭から分岐点の行番号まで」として得られます。分岐点の行番号は含まれていないことに注意してください。

前半150000行と後半50000行に分割してみましょう。前半のDataFrameは以下で得られます。

▼[3] (section_2_2.ipynb)

```
df1 = df.iloc[:150000]
df1.shape
```

▼実行結果

```
(150000, 16)
```

分割した後半のDataFrameは、分岐点の行番号と:(コロン)を指定します。「分岐点の行番号から末尾まで」のDataFrameとして得られます。分岐点の行番号は含まれています。

▼[4] (section_2_2.ipynb)

```
df2 = df.iloc[150000:]

df2.shape
```

▼実行結果

```
(50000, 16)
```

列方向にDataFrameを2分割する際も同様に行います。
ここでは前半12列と後半4列に分割を行います。

▼[5] (section_2_2.ipynb)

```
df3 = df.iloc[:, :12]

df3.shape
```

▼実行結果

```
(200000, 12)
```

▼[6] (section_2_2.ipynb)

```
df4 = df.iloc[:, 12:]

df4.shape
```

▼実行結果

```
(200000, 4)
```

カテゴリー別の分割

質的データ（順序データや名義データ）でカテゴリー別にDataFrameを分割し、カテゴリー数だけのDataFrameを得るなら、**groupbyメソッド**が便利です。groupbyメソッドの戻り値はDataFrameGroupByクラスのインスタンスになります。

ここではカテゴリーがMouse、Cat、Dog、Hamster、Rabbit、Ferretのcol_unordered列（名義データ）について、groupbyメソッドを使ってカテゴリーごとにDataFrameを分割します。

▼[7] (section_2_2.ipynb)

```
gb = df.groupby('col_unordered')

type(gb)
```

▼実行結果

```
pandas.core.groupby.generic.DataFrameGroupBy
```

カテゴリー別に分類した行数は、DataFrameGroupByインスタンスのsizeメソッドで確認することができます。Mouseが33,383行、Catが33,273行であることなどがわかります。

▼[8] (section_2_2.ipynb)

```
gb.size()
```

▼実行結果

```
col_unordered
Mouse 33383
Cat 33273
```

```
Dog 33384
Hamster 33287
Rabbit 33602
Ferret 33071
dtype: int64
```

特定のカテゴリーに該当するDataFrameは、DataFrameGroupByインスタンスのget_groupメソッドにカテゴリーを指定して得ることができます。

Mouseに該当するDataFrameを取得してみましょう。

▼[9] (section_2_2.ipynb)

```
df_mouse = gb.get_group('Mouse')

df_mouse.head()
```

▼実行結果

	col_int8	col_uint8	col_int16	col_uint16	col_int32	col_uint32	col_int64	col_uint64
4	12	212	13470	57662	812726532	1340894438	-1791361854263043924	2901203935713848353
17	-118	72	-14622	57604	1582005113	513547424	1401451633856761704	15366429918558710399
23	18	98	-30154	12532	67134227	514303156	1365196833970852386	15568901983481002003
27	-44	205	25230	54757	570723259	2591380613	6262849499533420187	1727506916833625085
41	-51	180	4625	26306	1367833466	2546003471	-6956886051460496162	13868885902914802716

	col_float16	col_float32	col_float64	col_bool	col_string	col_datetime	col_ordered	col_unordered
4	0.620117	0.325553	0.450991	False	v0TZ8qlw	1700-01-05 16:37:16	EXTRA-SMALL	Mouse
17	0.737305	0.610860	0.922958	True	BvHzVsau	1700-01-18 13:00:45	MIDDLE	Mouse
23	0.760742	0.494002	0.607546	True	JRXRXE	1700-01-24 08:47:02	EXTRA-LARGE	Mouse
27	0.670410	0.066153	0.933833	True	cECY49	1700-01-28 20:33:08	LARGE	Mouse
41	0.833984	0.282150	0.223907	True	SfbgF	1700-02-11 21:55:07	MIDDLE	Mouse

同様にCatに該当するDataFrameは以下のようになります。もちろんですが、groupbyメソッドを使わずにブーリアンインデクシングやqueryメソッドを使うことでも同じ結果が得られます。特定のカテゴリーだけ選択するならブーリアンインデクシングやqueryメソッドを使い、カテゴリー数だけ分割するならgroupbyメソッドを使うといいでしょう。

▼[10] (section_2_2.ipynb)

```
df_cat = gb.get_group('Cat')
# df.loc[df.loc[:, 'col_unordered'] == 'Cat'] や
# df.query('col_unordered == "Cat"') でも同じ

df_cat.head()
```

▼実行結果

	col_int8	col_uint8	col_int16	col_uint16	col_int32	col_uint32	col_int64	col_uint64
5	-61	225	-18121	9830	-1446151776	3013488260	-2701692826071598425	2241484607082862008
8	-23	54	-7424	65385	-1324881698	953993731	6128203876391204943	14000964572561896882
16	-98	22	-16646	58094	-658607969	655607873	3404345805479656430	5096669087158830124
31	-111	187	-16968	42828	-1960399259	822734557	-4765912514916795068	18406417208120733228
34	66	152	12013	4952	-820819230	3512962893	-8713382684225017206	2055208308306467596

	col_float16	col_float32	col_float64	col_bool	col_string	col_datetime	col_ordered	col_unordered
5	0.073425	0.971069	0.018226	True	srbjJLP	1700-01-06 13:51:19	LARGE	Cat
8	0.140381	0.604176	0.108115	True	mXjeG6	1700-01-09 21:10:42	EXTRA-SMALL	Cat
16	0.076050	0.832736	0.199611	True	Tlic	1700-01-17 04:50:04	SMALL	Cat
31	0.828125	0.309161	0.219022	True	yR6pM	1700-02-01 04:58:36	LARGE	Cat
34	0.740234	0.258134	0.437826	False	15C4mC2	1700-02-04 09:05:33	EXTRA-LARGE	Cat

DataFrameGroupByインスタンスは反復可能(iterable)であり、forループを使うと、グループ名とそのグループのDataFrameを順に取得することもできます。

▼[11] (section_2_2.ipynb)

```
for group, df_group in gb:
    print(group, df_group.shape)
```

▼実行結果

```
Mouse (33383, 16)
Cat (33273, 16)
Dog (33384, 16)
Hamster (33287, 16)
Rabbit (33602, 16)
Ferret (33071, 16)
```

ランダム分割

機械学習における前処理工程では、データを学習データセットとテストデータセットに分割する作業が行われます。DataFrameをランダムに学習データセットとテストデータセットに分割する場合は、scikit-learnの機能を活用するとよいでしょう。scikit-learnはPythonの機械学習ライブラリです。

ここでは全体の80%(160000行)を学習データセットに、残りの 20%(40000行)をテストデータセットにランダム分割を行います。scikit-learnの**train_test_split関数**を使うことで簡単に分割を行うことができます。

▼[12] (section_2_2.ipynb)

```
from sklearn.model_selection import train_test_split

df_train, df_test = train_test_split(df, test_size=0.2, random_
state=0)
# train_test_split(df, test_size=40000) と同じ

df_train.shape, df_test.shape
```

▼実行結果

```
((160000, 16), (40000, 16))
```

ランダム分割したデータセットは、元のDataFrameの行インデックスを引き継いでいます。

▼[13] (section_2_2.ipynb)

```
df_train.head()
```

▼実行結果

	col_int8	col_uint8	col_int16	col_uint16	col_int32	col_uint32	col_int64	col_uint64
127478	-72	27	3853	57491	-1112717343	3009994274	-2993066590894730154	4856804777963727627
155552	94	36	5166	28348	1370340258	2042364264	-3777001664252634560	6705984686542068610
75475	10	29	3365	29491	-1965935571	947581500	7570720735943845926	15179047376142702404
186114	29	93	5840	27722	575550766	2230778676	3868248375348797193	10046415197673935811
93717	-65	165	-2511	994	61908793	2286780953	-5675846870268755869	6211416484931316168

	col_float16	col_float32	col_float64	col_bool	col_string	col_datetime	col_ordered	col_unordered
127478	0.265625	0.767206	0.196115	True	tWM	2049-01-09 18:47:58	MIDDLE	Cat
155552	0.454590	0.142779	0.727720	False	462l7q8	2125-11-21 10:48:47	MIDDLE	Mouse
75475	0.654297	0.655850	0.840668	False	0se2ZxuD	1906-08-25 14:16:24	EXTRA-SMALL	Hamster
186114	0.540527	0.407988	0.555073	True	hTh3fTs	2209-07-26 05:46:58	SMALL	Rabbit
93717	0.745117	0.731461	0.311473	False	kcOWM	1956-08-04 01:10:50	EXTRA-SMALL	Ferret

行番号が連番となっていたほうが扱いやすい場合もあるでしょう。行番号を振り直したい場合はreset_indexメソッドを使います。引数dropは、省略時はdrop=Falseになりますが、元の行番号が新たな列となって残ってしまうので注意が必要

です。ここではdrop=Trueにしています。

▼[14] (section_2_2.ipynb)

```
df_train = df_train.reset_index(drop=True)

df_train.head()
```

▼実行結果

	col_int8	col_uint8	col_int16	col_uint16	col_int32	col_uint32	col_int64	col_uint64
0	-72	27	3853	57491	-1112717343	3009994274	-2993066590894730154	4856804777963727627
1	94	36	5166	28348	1370340258	2042364264	-3777001664252634560	6705984686542068610
2	10	29	3365	29491	-1965935571	947581500	7570720735943845926	15179047376142702404
3	29	93	5840	27722	575550766	2230778676	3868248375348797193	10046415197673935811
4	-65	165	-2511	994	61908793	2286780953	-5675846870268755869	6211416484931316168

	col_float16	col_float32	col_float64	col_bool	col_string	col_datetime	col_ordered	col_unordered
0	0.265625	0.767206	0.196115	True	tWM	2049-01-09 18:47:58	MIDDLE	Cat
1	0.454590	0.142779	0.727720	False	462l7q8	2125-11-21 10:48:47	MIDDLE	Mouse
2	0.654297	0.655850	0.840668	False	0se2ZxuD	1906-08-25 14:16:24	EXTRA-SMALL	Hamster
3	0.540527	0.407988	0.555073	True	hTh3fTs	2209-07-26 05:46:58	SMALL	Rabbit
4	0.745117	0.731461	0.311473	False	kcOWM	1956-08-04 01:10:50	EXTRA-SMALL	Ferret

reset_indexメソッドの引数inplaceをTrueに指定することで、DataFrameを更新代入せずに行名を振りなおすこともできます。

▼[15] (section_2_2.ipynb)

```
df_test.reset_index(drop=True, inplace=True)

df_test.head()
```


▼実行結果

	col_int8	col_uint8	col_int16	col_uint16	col_int32	col_uint32	col_int64	col_uint64
0	-18	60	10529	21271	197061330	1639714456	1257327177626768709	1723013210922501670
1	-69	89	7214	29271	1818787157	1302698397	1204508283466257026	10474355017457038888
2	-49	101	-25236	63527	-201377119	492804185	-3153268850932708637	4950203708192017949
3	15	204	32555	62806	1288807388	1557849753	2720881038481201732	3210356497066780303
4	38	35	-15893	60334	1084023158	1797398521	1908318620199937126	2261059718305035407

	col_float16	col_float32	col_float64	col_bool	col_string	col_datetime	col_ordered	col_unordered
0	0.886719	0.991829	0.792836	True	RCr4k5I	1849-02-07 00:11:20	MIDDLE	Ferret
1	0.731445	0.611232	0.162229	False	9XRF	2024-11-04 00:13:00	LARGE	Cat
2	0.710449	0.595511	0.062612	True	n8TbGiO	1857-02-28 15:29:48	MIDDLE	Ferret
3	0.191162	0.477569	0.133780	False	BBx57b	2015-10-01 16:29:55	MIDDLE	Mouse
4	0.777344	0.565411	0.517109	True	eL8HBU	1896-04-07 20:00:40	MIDDLE	Dog

2.3

DataFrameの結合

データが複数の表形式データに分かれていた場合、可視化を行う前に結合する必要があります。本節では、複数のDataFrameを結合して、新しいDataFrameを作成する方法を解説します。表形式データの結合には、行方向の結合と列方向の結合があります。pandasでは、行方向の結合では列インデックスが結合のキーとなります。列方向の結合では行インデックスがキーとなる場合と、指定した列の値がキーとなる場合があります。

行方向と列方向の結合の概念

■図2.3.1　DataFrameを結合する方法

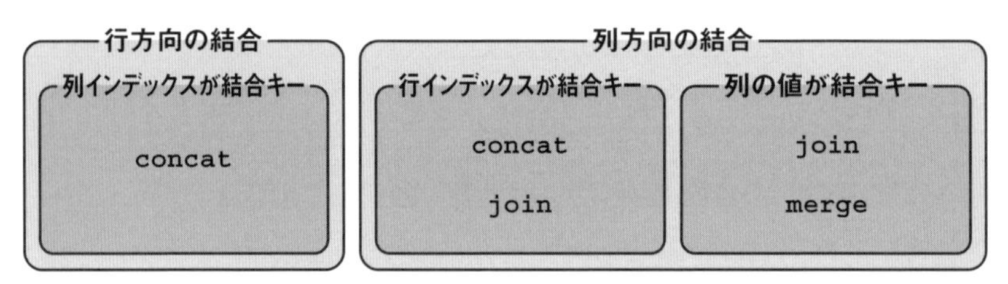

最初に表形式データの結合について、その概念を説明します。ここでは結合される表形式データを**結合先**のデータ、結合する表形式データを**結合元**のデータと呼ぶことにします。

表形式データの結合にはキー（結合キー）を指定する必要があります。キーとは、結合する表形式データ同士の仲介となる識別情報です。結合先と結合元の表形式データでキーが一致する箇所が結合されます。

▼図2.3.2　行方向と列方向の結合

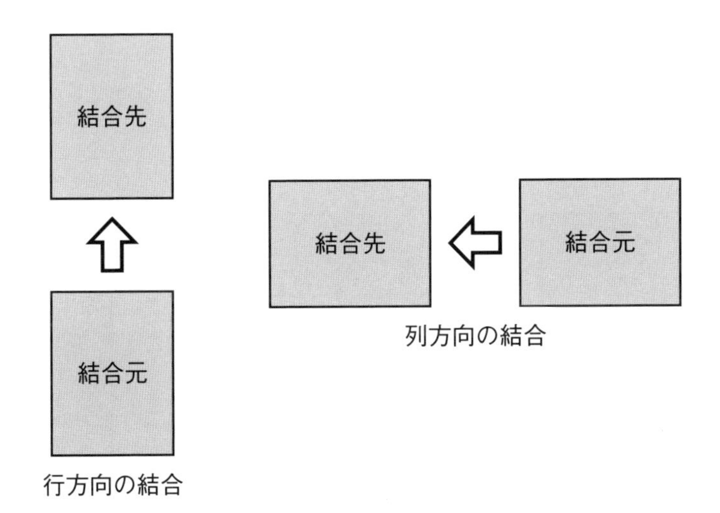

行方向の結合の種類

表形式データの行方向の結合は、結合元のデータを結合先のデータに行方向に連結します。連結したデータの列の順序は、結合先の列の順序に従います。結合元と結合先で共通しない列名も新しい表形式データに残す方法を**外部結合**(outer join)、結合元と結合先で共通した列名のみを使用する方法を**内部結合**(inner join)と呼びます。外部結合では値が存在しない部分には**無効値**(NaN、Not a Number)が記入されます。

▼図2.3.3 行方向の結合の種類

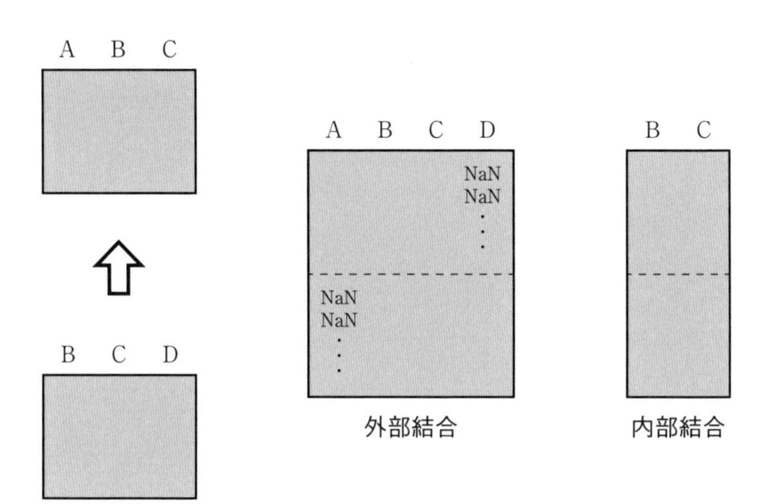

列方向の結合の種類

列方向の結合においては、結合先のデータを**左テーブル**、結合元のデータを**右テーブル**とも呼ぶこともあります。

列方向の結合では、結合元が持っていた列を結合先のデータに加えます。

列方向の外部結合では結合元と結合先で一致しないキーの行も新しい表形式データに残り、列方向の内部結合では結合元と結合先で一致したキーの行のみが残ります。加えて列方向の結合では、結合先の行をすべて残す**左外部結合**(left outer join)と、結合元の行をすべて残す**右外部結合**(right outer join)があります。

▼図2.3.4 列方向の結合の種類

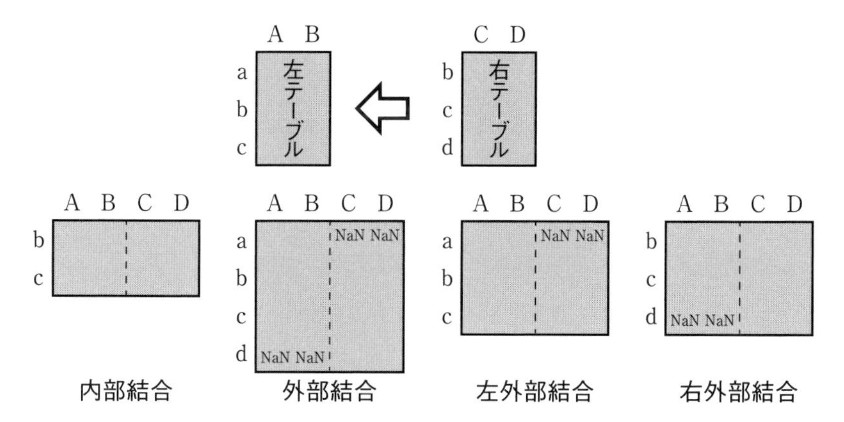

pandasの結合機能

pandasではDataFrameを結合する方法がいくつか提供されており、それぞれの特徴があります。

- pandas.concat関数：行方向の結合と列方向の結合が行える。使用できる結合は内部結合と外部結合のみで、左外部結合と右外部結合は使用できない。行方向の結合にはキーに列インデックスを使用し、列方向の結合にはキーに行インデックスを使用する。
- DataFrame.joinメソッド：列方向の結合のみ。結合先のキーには行インデックスあるいは列の値を使用する。結合元のキーは行インデックスを使用する。
- pandas.merge関数/DataFrame.mergeメソッド：列方向の結合のみ。結合先と結合元の列の値をキーに使用する。

行方向の結合

まず行方向に結合するサンプルコードを示します。ここでは結合先のDataFrameとしてdf1を、結合元のDataFrameとしてdf2を作成しています。

▼[1]（section_2_3.ipynb）

```
import pandas as pd

df1 = pd.DataFrame(
    {
        'Name': ['Alpha', 'Bravo', 'Charlie'],
        'Value': [100, 200, 300]
    },
    index=['a', 'b', 'c']
)

df1
```

▼実行結果

	Name	Value
a	Alpha	100
b	Bravo	200
c	Charlie	300

▼[2] (section_2_3.ipynb)

```
df2 = pd.DataFrame(
    {
        'Name': ['Delta', 'Echo', 'Foxtrot'],
        'Value': [400, 500, 600]
    },
    index=['d', 'e', 'f']
)

df2
```

▼実行結果

	Name	Value
d	Delta	400
e	Echo	500
f	Foxtrot	600

行方向の結合を行うには、pandasでは**pandas.concat関数**を使用して、結合方向として引数axisにaxis=0を指定します。結合先のDataFrameに、結合元のDataFrameが持っていた行が追加されていることがわかります。

▼[3] (section_2_3.ipynb)

```
df = pd.concat([df1, df2], axis=0)

df
```

▼実行結果

	Name	Value
a	Alpha	100
b	Bravo	200
c	Charlie	300
d	Delta	400
e	Echo	500
f	Foxtrot	600

行方向に結合する場合は、結合先と結合元で列名が共通しているかに注意してください。列名が共通しない場合は、外部結合と内部結合で結合した結果に違いがあります。

pandas.concat関数では引数joinで結合の仕方を指定できます。引数joinを省略した場合は、join='outer'として外部結合が実行されます。以下のサンプルコードでは、NameとValueの列名を持つdf1と、NameとIDの列名を持つdf3を外部結合しています。df1に対応する行ではIDの値が、df3に対応する行ではValueの値がそれぞれNaNになっています。

▼[4] (section_2_3.ipynb)

```
df3 = pd.DataFrame(
    {
        'Name': ['Delta', 'Echo', 'Foxtrot'],
        'ID': [111, 222, 333]
    }
)

df3
```

▼実行結果

	Name	ID
0	Delta	111
1	Echo	222
2	Foxtrot	333

▼[5] (section_2_3.ipynb)

```
df = pd.concat([df1, df3], axis=0)

df
```

▼実行結果

	Name	Value	ID
a	Alpha	100.0	NaN
b	Bravo	200.0	NaN
c	Charlie	300.0	NaN
0	Delta	NaN	111.0
1	Echo	NaN	222.0
2	Foxtrot	NaN	333.0

内部結合を行うには、引数joinをjoin='inner'に指定します。サンプルコードではdf1とdf3で共通した列「Name」だけの表形式データが作成されました。

▼[6] (section_2_3.ipynb)

```
df = pd.concat([df1, df3], axis=0, join='inner')

df
```

▼実行結果

	Name
a	Alpha
b	Bravo
c	Charlie
0	Delta
1	Echo
2	Foxtrot

 concatによる列方向の結合

pandas.concat関数は引数axisにaxis=1を指定することで、行インデックスをキーにした列方向の結合を行うことができます。行方向の結合と同じく、引数joinで内部結合か、外部結合かを指定できます。引数joinを省略した場合は、join = 'outer'として外部結合が実行されます。

▼[7] (section_2_3.ipynb)

```
df4 = pd.DataFrame(
    {
        'ID': [11, 22, 44]
    },
    index=['a', 'b', 'd']
)

df4
```

▼実行結果

	ID
a	11
b	22
d	44

▼[8] (section_2_3.ipynb)

```
df = pd.concat([df1, df4], axis=1)

df
```

▼実行結果

	Name	Value	ID
a	Alpha	100.0	11.0
b	Bravo	200.0	22.0
c	Charlie	300.0	NaN
d	NaN	NaN	44.0

joinによる列方向の結合

行インデックスを使って列方向の結合を行う別の方法として、結合先のDataFrameインスタンスから**joinメソッド**を呼び出す方法があります。joinメソッドでは引数howで結合の方法を指定します。

以下のサンプルコードでは、列方向の内部結合をhow='inner'としてjoinメソッドで実現しています。外部結合を行う場合はhow='outer'です。

▼[9] (section_2_3.ipynb)

```
df = df1.join(df4, how='inner')

df
```

▼実行結果

	Name	Value	ID
a	Alpha	100	11
b	Bravo	200	22

joinメソッドでは、左外部結合および右外部結合を行うこともできます。左外部結合を行うには引数howをhow='left'で指定します。引数howを省略した場合は、how='left'となります。

以下のサンプルコードでは、左外部結合によってdf1の持っていた行名はすべて残っていますが、df4が対応していなかった行「c」の「ID」がNaNになっています。

▼[10] (section_2_3.ipynb)

```
df = df1.join(df4, how='left')

df
```

▼実行結果

	Name	Value	ID
a	Alpha	100	11.0
b	Bravo	200	22.0
c	Charlie	300	NaN

右外部結合を行うには、how='right'です。今度は、df4が持っていた行名はすべて残っていますが、df1が対応しなかった行「d」の「Name」と「value」がNaNになっています。

▼[11] (section_2_3.ipynb)

```
df = df1.join(df4, how='right')

df
```

▼実行結果

	Name	Value	ID
a	Alpha	100.0	11
b	Bravo	200.0	22
d	NaN	NaN	44

joinメソッドでは、結合先の列の値と結合元の行インデックスをキーにすることもできます。joinメソッドの引数onに、結合先の列名を指定してください。

ここでは、df1のjoinメソッドで引数onに'Name'を指定し、結合元をdf5にします。すると df1の列「Name」で値が「Charlie」だった行について、df5で行名が「Charlie」だった行が結合されています。

▼[12] (section_2_3.ipynb)

```
df5 = pd.DataFrame(
    {
        'Value5': [1000, 2000, 3000]
    },
    index=['Charlie', 'Delta', 'Echo'])

df5
```

▼実行結果

	Value5
Charlie	1000
Delta	2000
Echo	3000

▼[13] (section_2_3.ipynb)

```
df = df1.join(df5, on='Name')

df
```

▼実行結果

	Name	Value	Value5
a	Alpha	100	NaN
b	Bravo	200	NaN
c	Charlie	300	1000.0

 mergeによる列方向の結合

concat関数で列方向の結合を行った場合、キーは行インデックスでした。結合元と結合先の両者で列の値をキーとして結合するには**pandas.merge関数**を使用します。

まずName、ID、Value1の列をもつdf1と、Name、Number、Value2をもつdf2を作成します。

▼[14] (section_2_3.ipynb)

```
df1 = pd.DataFrame(
    {
        'Name': ['Alpha', 'Bravo', 'Charlie', 'Delta'],
        'ID': [11, 22, 33, 44],
        'Value1': [100, 200, 100, 400]
    },
    index=['a', 'b', 'c', 'd']
)

df1
```

▼実行結果

	Name	ID	Value1
a	Alpha	11	100
b	Bravo	22	200
c	Charlie	33	100
d	Delta	44	400

▼[15] (section_2_3.ipynb)

```
df2 = pd.DataFrame(
    {
        'Name': ['Echo', 'Delta', 'Charlie', 'Bravo'],
        'Number': [11, 22, 33, 44],
        'Value2': [200, 100, 400, 200]
```

```
    },
    index=['e', 'd', 'c', 'b']
)

df2
```


▼実行結果

	Name	Number	Value2
e	Echo	11	200
d	Delta	22	100
c	Charlie	33	400
b	Bravo	44	200

pandas.merge関数の第一引数は結合先データ（左テーブル）、第二引数は結合元データ（右テーブル）です。引数howで結合方法を指定します。引数onにはキーとする列を指定します。引数howは省略するとhow = 'inner'となります。

Name列の値をキーとして内部結合を行うにはpandas.merge関数の引数onにon = 'Name'を指定します。内部結合の結果、Nameが共通したBravo、Charlie、Deltaの行が残りました。

mergeを行うにはDataFrame.mergeメソッドでも実現できます。その場合は結合先のDataFrameインスタンスからmergeメソッドを呼び出しましょう。

▼[16] (section_2_3.ipynb)

```
df = pd.merge(df1, df2, how='inner', on='Name')
# df = df1.merge(df2, how='inner', on='Name') でも実現可能

df
```

▼実行結果

	Name	ID	Value1	Number	Value2
0	Bravo	22	200	44	200
1	Charlie	33	100	33	400
2	Delta	44	400	22	100

merge関数では引数how='left'で左外部結合になります。以下の例では結合先であるdf1が持っていた行はすべて残っていますが、df2が対応していなかったAlphaの行は、NumberとValue2がNaNとなっています。

▼[17] (section_2_3.ipynb)

```
df = pd.merge(df1, df2, how='left', on='Name')

df
```

▼実行結果

	Name	ID	Value1	Number	Value2
0	Alpha	11	100	NaN	NaN
1	Bravo	22	200	44.0	200.0
2	Charlie	33	100	33.0	400.0
3	Delta	44	400	22.0	100.0

引数how='right'で右結合です。df2の行はすべて残っていますが、df1が対応していなかったEchoの行はIDとValue1がNaNになっています。

▼[18] (section_2_3.ipynb)

```
df = pd.merge(df1, df2, how='right', on='Name')

df
```

▼実行結果

	Name	ID	Value1	Number	Value2
0	Echo	NaN	NaN	11	200
1	Delta	44.0	400.0	22	100
2	Charlie	33.0	100.0	33	400
3	Bravo	22.0	200.0	44	200

how='outer'で外部結合となります。AlphaとEchoの行にNaNが存在しています。

▼[19] (section_2_3.ipynb)

```
df = pd.merge(df1, df2, how='outer', on='Name')

df
```

▼実行結果

	Name	ID	Value1	Number	Value2
0	Alpha	11.0	100.0	NaN	NaN
1	Bravo	22.0	200.0	44.0	200.0
2	Charlie	33.0	100.0	33.0	400.0
3	Delta	44.0	400.0	22.0	100.0
4	Echo	NaN	NaN	11.0	200.0

結合先と結合元で異なる列名をキーに指定するには、引数left_onと引数right_onを指定します。結合結果の表式データでは、キー以外で結合元と結合先で共通する列名には、接尾語として「_x」と「_y」が自動的に追加されます。

ここでは結合先df1のキーを「Value1」、結合元df2のキーを「Value2」にして結合しています。df1とdf2で列名「Name」が共通していたため、自動的に「Name_x」と「Name_y」に変化して結合されています。

▼[20] (section_2_3.ipynb)

```
df = pd.merge(df1, df2, left_on='Value1', right_on='Value2')

df
```

▼実行結果

	Name_x	ID	Value1	Name_y	Number	Value2
0	Alpha	11	100	Delta	22	100
1	Charlie	33	100	Delta	22	100
2	Bravo	22	200	Echo	11	200
3	Bravo	22	200	Bravo	44	200
4	Delta	44	400	Charlie	33	400

接尾語は引数suffixesで指定することができます。

▼[21] (section_2_3.ipynb)

```
df = pd.merge(df1, df2, left_on='Value1', right_on='Value2',
suffixes=['-1', '-2'])

df
```

▼実行結果

	Name-1	ID	Value1	Name-2	Number	Value2
0	Alpha	11	100	Delta	22	100
1	Charlie	33	100	Delta	22	100
2	Bravo	22	200	Echo	11	200
3	Bravo	22	200	Bravo	44	200
4	Delta	44	400	Charlie	33	400

listにした複数の列をキーに指定することで、複合キーでの結合を行うこともできます。

以下の例では、「Name」と「ID」、「Name」と「Number」の値を複合キーにして結合しています。「Name」がCharlie、「ID (Number)」が33の組み合わせの行だけが結合されました。

▼[21] (section_2_3.ipynb)

```
df = pd.merge(df1, df2, left_on=['Name', 'ID'], right_on=['Name', 'Number'])

df
```

▼実行結果

	Name	ID	Value1	Number	Value2
0	Charlie	33	100	33	400

活用メモ

3つ以上の表形式データの結合

concat関数は第一引数に結合するDataFrameをlistで指定します。3つ以上のDataFrameをlistで指定して、一度に結合することもできます。joinメソッドでは結合元のDataFrameをlistで複数指定することもできます。

2.4

行や列の追加と削除

本節では、既存のDataFrameに新しく行や列を追加する方法と、行や列を削除する方法について説明します。

行や列の追加

DataFrameに列を追加する最も簡単な方法は、現在のDataFrameには存在しない列名に対して値を代入することです。以下の例では「A」「B」「C」の列をもつDataFrameに対して「D」の列名を指定して新しい列を追加しています。

▼[1] (section_2_4.ipynb)

```
import pandas as pd
import numpy as np

df = pd.DataFrame(
    {
        'A': [1, 2, 3, 4],
        'B': [5, 6, 7, 8],
        'C': [9, 10, 11, 12]
    },
    index=['a', 'b', 'c', 'd']
)

df
```

▼実行結果

	A	B	C
a	1	5	9
b	2	6	10
c	3	7	11
d	4	8	12

▼[2] (section_2_4.ipynb)

```
df['D'] = [13, 14, 15, 16]

df
```

▼実行結果

	A	B	C	D
a	1	5	9	13
b	2	6	10	14
c	3	7	11	15
d	4	8	12	16

列の追加はDataFrameの**assignメソッド**で実行することもできます。assignメソッドは追加したい列名を引数にして、追加する値をその引数に指定する形式で使用します。assignメソッドの戻り値が列追加されたDataFrameです。

▼[3] (section_2_4.ipynb)

```
df = df.assign(E=[17, 18, 19, 20])

df
```

▼実行結果

	A	B	C	D	E
a	1	5	9	13	17
b	2	6	10	14	18
c	3	7	11	15	19
d	4	8	12	16	20

任意の位置に新しく列を挿入するには、DataFrameの**insertメソッド**を使用します。insertメソッドの引数は、挿入位置、列名、列の値です。assignメソッドとは異なり、insertメソッドの実行によって既存DataFrameが更新されることに注意してください。

▼[4] (section_2_4.ipynb)

```
df.insert(2, 'X', [21, 22, 23, 24])
df
```

▼実行結果

	A	B	X	C	D	E
a	1	5	21	9	13	17
b	2	6	22	10	14	18
c	3	7	23	11	15	19
d	4	8	24	12	16	20

DataFrameに新しく行を追加するには、DataFrameのloc属性に存在しない行名を指定して値を代入します。

▼[5] (section_2_4.ipynb)

```
df.loc['e'] = [25, 26, 27, 28, 29, 30]
df
```

▼実行結果

	A	B	X	C	D	E
a	1	5	21	9	13	17
b	2	6	22	10	14	18
c	3	7	23	11	15	19
d	4	8	24	12	16	20
e	25	26	27	28	29	30

他に行を追加する方法としては、1行のDataFrameを作成し、pandas.concat関数でDataFrame同士を連結する方法があります。concat関数の詳細については2.3節を参照ください。

行や列の削除

行を削除するには、DataFrameの**drop**メソッドで行名を指定します。

▼[6] (section_2_4.ipynb)

```
df = df.drop('c')

df
```

▼実行結果

	A	B	X	C	D	E
a	1	5	21	9	13	17
b	2	6	22	10	14	18
d	4	8	24	12	16	20
e	25	26	27	28	29	30

活用メモ

非推奨なDataFrameのappendメソッド

行を追加する方法としてDataFrameのappendメソッドもありますが、pandas 1.4.0からappendメソッドは非推奨となり、代わりにconcat関数を使ったDataFrameの連結が推奨されています。

行番号から削除する行を指定したい場合は、DataFrameのindex属性を活用します。index属性は行番号を与えることで該当する行のIndexインスタンスが得られるので、そのIndexインスタンスを使ってdropメソッドで行を削除します。

▼[7] (section_2_4.ipynb)

```
df = df.drop(df.index[[1, 3]])

df
```

▼実行結果

	A	B	X	C	D	E
a	1	5	21	9	13	17
d	4	8	24	12	16	20

列を削除する場合は、dropメソッドで列名を指定し、引数axisにはaxis=1を与えます。

▼[8] (section_2_4.ipynb)

```
df = df.drop(['B', 'C'], axis=1)

df
```

▼実行結果

	A	X	D	E
a	1	21	13	17
d	4	24	16	20

列番号から削除列を指定する場合は、DataFrameのcolumns属性を活用します。

▼[9] (section_2_4.ipynb)

```
df = df.drop(df. columns[2], axis=1)

df
```

▼実行結果

	A	X	E
a	1	21	17
d	4	24	20

追加に関するテクニック

本節では、ここまで行や列を追加する方法、および削除する方法を説明してきました。数回の追加や削除を行う場合は問題ありませんが、繰り返し実行する場合は、処理速度の観点からその実装方法に注意を払う必要があります。例えば、既存のDataFrameに新しい行を繰り返し追加するよりも、追加する行の集合を1つのDataFrameとし、それを既存のDataFrameと連結したほうが高速になるケースがあります。

ここでは「A」「B」「C」の3列で1行だけのDataFrameに、繰り返し10000行を追加するケースを考えてみましょう。追加する値は以下のmake_dummy_value関数から得られるものとします。make_dummy_value関数はサイズの指定がなければ3つの数字のタプルを返します。サイズ指定があれば、サイズ数の長さのNumPy ndarrayを3つ返します。

▼[10] (section_2_4.ipynb)

```
def make_dummy_value(size=None):
    if size is None:
        val1 = np.random.rand()
        val2 = np.random.rand()
        val3 = np.random.rand()
    else:
        val1 = np.random.rand(size)
```

```
        val2 = np.random.rand(size)
        val3 = np.random.rand(size)
    return val1, val2, val3

make_dummy_value()
```

▼実行結果

```
(0.4076280353838647, 0.7118068387137128, 0.3598505222639893)
```

▼[11] (section_2_4.ipynb)

```
make_dummy_value(4)
```

▼実行結果

```
(array([0.41781075, 0.68352218, 0.76479518, 0.29172815]),
array([0.34746088, 0.31324251, 0.77499867, 0.14649986]),
array([0.92032851, 0.3465004 , 0.5188887 , 0.26450562]))
```

以下のサンプルコードでは、make_dummy_valueから得られた値から1行だけのDataFrameを作成し、既存のDataFrameインスタンスにpandas.concat関数に繰り返し連結しています。筆者の環境では、この方法では平均3.14sだけかかりました。

▼[12] (section_2_4.ipynb)

```
%%timeit

df = pd.DataFrame({
    'A': [0.],
    'B': [0.],
    'C': [0.]
})

for i in range(10000):
    val1, val2, val3  = make_dummy_value()
    record = pd.DataFrame({'A': [val1], 'B': [val2], 'C': [val3]})
```

```
    df = pd.concat([df, record], axis=0)
```

▼実行結果

```
3.14 s ± 11.5 ms per loop (mean ± std. dev. of 7 runs, 1 loop
each)
```


上記の実装方法よりも、make_dummy_value関数からの値をlistに保存していき、ループ終了後にlistから新しいDataFrameを作成して、既存のDataFrameと連結する方が高速に動作します。この方法では筆者の環境では平均11.9msであり、前述の方法と比べて非常に高速に動作しています。

▼[13] (section_2_4.ipynb)

```
%%timeit

df = pd.DataFrame({
    'A': [0.],
    'B': [0.],
    'C': [0.]
})

val1_list = []
val2_list = []
val3_list = []
for i in range(10000):
    val1, val2, val3 = make_dummy_value()
    val1_list.append(val1)
    val2_list.append(val2)
    val3_list.append(val3)

df_new = pd.DataFrame({
    'A': val1_list,
    'B': val2_list,
    'C': val3_list
})
```

```

df = pd.concat([df, df_new], axis=0)
```

▼実行結果

```
11.9 ms ± 44.1 µs per loop (mean ± std. dev. of 7 runs, 100
loops each)
```

Pythonはforループを使わずに実装したほうが高速になるケースが多々あります。例えば、上述のmake_dummy_value関数のように新規追加する値をまとめて作成できる場合、一括で値を作成してそれをDataFrameにしたほうが高速です。筆者の環境では、以下の実装では568 µsとなりました。

▼[14] (section_2_4.ipynb)

```
%%timeit

df = pd.DataFrame({
    'A': [0.],
    'B': [0.],
    'C': [0.]
})

val1, val2, val3 = make_dummy_value(10000)
df_new = pd.DataFrame({
    'A': val1,
    'B': val2,
    'C': val3,
})

df = pd.concat([df, df_new], axis=0)
```

▼実行結果

```
568 µs ± 647 ns per loop (mean ± std. dev. of 7 runs, 1,000
loops each)
```

実装する内容によっては、どうしてもforループが必要になる場合もありますが、まずはforループを使わずに済む実装を検討することをおすすめします。forループを使わざるえない場合は、ループの外側でDataFrameを操作するのがよいでしょう。

MEMO

第3章

表形式データの値の操作

3.1

値の演算と代入

ファイルから表形式データをインポートしたあとで、表中の値を操作する場合があります。例えば、ヤードからメートル、キログラムからグラムへの換算など単位の変換が挙げられるでしょう。また、表中の一部を上書きするために値の代入を行うケースがあります。本節ではこれらのような表形式データ中の値を操作する方法を解説します。

値の演算

ここではsample_3_1.csvをインポートして、その値を操作します。sample_3_1.csvには、2010年1月1日から2020年12月31日まで、毎日2つの値が記録されています。引数index_colに0を指定しているため、先頭列「date」が行インデックスとして扱われています。出力した表形式データで「date」が一段ずれていることに注目してください。

▼[1] (section_3_1.ipynb)

```
import pandas as pd
import numpy as np

def load_3_1():
    df = pd.read_csv(
        'sample_3_1.csv',
        dtype={
            'val1': 'float64',
            'val2': 'float64'
        },
        index_col=0
    )
    return df

df = load_3_1()
df
```

▼実行結果

	val1	val2
date		
2010-01-01	148.083426	481.382983
2010-01-02	117.490787	466.259767
2010-01-03	147.009196	474.221712
2010-01-04	150.086981	493.239400
2010-01-05	162.703330	491.120699
...	...	...
2020-12-27	1029.031359	3521.016894
2020-12-28	1026.100656	3593.560824
2020-12-29	1002.146012	3424.869380
2020-12-30	1014.642041	3445.015116
2020-12-31	1027.480381	3493.546177

DataFrameの値を演算するには、演算する位置を行インデックスと列インデックスで指定し、複合代入演算子を用います。以下の例では、iat属性で行番号と列番号を指定して四則演算や剰余算などを行っています。2.1節で紹介したat属性で、行名と列名を指定することも可能です。

▼[2] (section_3_1.ipynb)

```
df.iat[0, 0] += 2.
df.iat[1, 0] -= 2.
df.iat[2, 0] *= 2.
df.iat[3, 0] /= 2.

df.iat[0, 1] %= 2.
df.iat[1, 1] //= 2.
df.iat[2, 1] **= 2.

df.head()
```

▼実行結果

	val1	val2
date		
2010-01-01	150.083426	1.382983
2010-01-02	115.490787	233.000000
2010-01-03	294.018392	224886.232291
2010-01-04	75.043491	493.239400
2010-01-05	162.703330	491.120699

DataFrameの範囲選択を行うことで、まとめて演算を行うことも可能です。以下の例では、列「val1」の値をすべて1,000で乗算し、列「val2」の部分を指定して1,000で除算しています。

▼[3] (section_3_1.ipynb)

```
df['val1'] *= 1000
df.iloc[1:4, 1] /= 1000

df.head()
```

▼実行結果

	val1	val2
date		
2010-01-01	150083.425892	1.382983
2010-01-02	115490.786953	0.233000
2010-01-03	294018.392446	224.886232
2010-01-04	75043.490626	0.493239
2010-01-05	162703.330189	491.120699

表中の値の演算を行う際には、forループなどで逐次的に演算するよりも、範囲選択で一括演算したほうが処理が高速です。比較のため、列「val1」を1行ずつforルー

プで除算してみると、筆者の環境では平均276msかかりました。

▼[4] (section_3_1.ipynb)

```
df = load_3_1()
```

▼[5] (section_3_1.ipynb)

```
%%timeit

for i in range(len(df)):
    df.iloc[i, 0] /= 1000
```

▼実行結果

```
276 ms ± 1.39 ms per loop (mean ± std. dev. of 7 runs, 1 loop
each)
```

一方で同じ処理を一括で行うと、処理にかかった時間は平均336 µsと短くなっていることがわかります。

▼[6] (section_3_1.ipynb)

```
df = load_3_1()
```

▼[7] (section_3_1.ipynb)

```
%%timeit

df.iloc[:, 0] /= 1000
```

▼実行結果

```
336 µs ± 722 ns per loop (mean ± std. dev. of 7 runs, 1,000 loops each)
```

値の代入

表中の値を上書きするには、代入演算子を用います。代入操作にも範囲選択を行うことが可能です。

▼[8] (section_3_1.ipynb)

```
df.iat[0, 0] = 0
df.iloc[1:4, 1] = 0

df.head()
```

▼実行結果

	val1	val2
date		
2010-01-01	0.0	481.382983
2010-01-02	0.0	0.000000
2010-01-03	0.0	0.000000
2010-01-04	0.0	0.000000
2010-01-05	0.0	491.120699

NumPy ndarrayを代入する際には、代入するndarrayの形状と代入される範囲の形状が一致している必要があります。以下の例では、3行2列のndarrayを表中の同形状の範囲に代入しています。

▼[9] (section_3_1.ipynb)

```
df.iloc[1:4, :] = np.array([
    [1, 2], [3, 4], [5, 6]
])

df.head()
```

▼実行結果

	val1	val2
date		
2010-01-01	0.0	481.382983
2010-01-02	1.0	2.000000
2010-01-03	3.0	4.000000
2010-01-04	5.0	6.000000
2010-01-05	0.0	491.120699

TrueとFalseの二値マスクを使って、ブーリアンインデクシングで値を一括代入することも可能です。

まず列「val1」が150未満の行をTrue、それ以外をFalseとする二値マスクを作成します。

▼[10] (section_3_1.ipynb)

```
df = load_3_1()
boolean_mask = df['val1'] < 150

boolean_mask
```

▼実行結果

```
date
2010-01-01 True
2010-01-02 True
2010-01-03 True
2010-01-04 False
2010-01-05 False
 ...
2020-12-27 False
2020-12-28 False
2020-12-29 False
2020-12-30 False
```

```
2020-12-31 False
Name: val1, Length: 4018, dtype: bool
```

maskメソッドは第一引数に二値マスク、第二引数に代入する値を指定すると、Trueの箇所にのみ値を代入したインスタンスを生成します。

ここでは二値マスクがTrueの箇所にのみ－1を代入してみましょう。

▼[11] (section_3_1.ipynb)

```
df_mask = df.mask(boolean_mask, -1)

df_mask
```

▼実行結果

	val1	val2
date		
2010-01-01	-1.000000	-1.000000
2010-01-02	-1.000000	-1.000000
2010-01-03	-1.000000	-1.000000
2010-01-04	150.086981	493.239400
2010-01-05	162.703330	491.120699
...	...	...
2020-12-27	1029.031359	3521.016894
2020-12-28	1026.100656	3593.560824
2020-12-29	1002.146012	3424.869380
2020-12-30	1014.642041	3445.015116
2020-12-31	1027.480381	3493.546177

maskメソッドで第二引数を省略すると、NaNが代入されたDataFrameが作成されます。

▼[12] (section_3_1.ipynb)

```
df_mask = df.mask(boolean_mask)

df_mask
```

▼実行結果

	val1	val2
date		
2010-01-01	NaN	NaN
2010-01-02	NaN	NaN
2010-01-03	NaN	NaN
2010-01-04	150.086981	493.239400
2010-01-05	162.703330	491.120699
...	...	...
2020-12-27	1029.031359	3521.016894
2020-12-28	1026.100656	3593.560824
2020-12-29	1002.146012	3424.869380
2020-12-30	1014.642041	3445.015116
2020-12-31	1027.480381	3493.546177

maskメソッドとは反対に、二値マスクがFalseの箇所だけ値を代入するには**whereメソッド**を使用します。二値マスクを否定演算してmaskメソッドを使用しても、同一の結果が得られます。

▼[13] (section_3_1.ipynb)

```
df_where = df.where(boolean_mask, -1)   # df.mask(~boolean_mask, -1)と同じ

df_where
```

▼実行結果

	val1	val2
date		
2010-01-01	148.083426	481.382983
2010-01-02	117.490787	466.259767
2010-01-03	147.009196	474.221712
2010-01-04	-1.000000	-1.000000
2010-01-05	-1.000000	-1.000000
...	...	...
2020-12-27	-1.000000	-1.000000
2020-12-28	-1.000000	-1.000000
2020-12-29	-1.000000	-1.000000
2020-12-30	-1.000000	-1.000000
2020-12-31	-1.000000	-1.000000

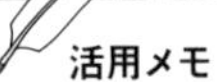

活用メモ

特徴量を作成する前に

演算結果で特徴量を作成する前に、まずは既存の列を可視化するほうがよいでしょう。最初は値を操作していない生データの理解を深めることが重要になります。

 演算結果の列の追加

2.4節で紹介した列の追加を応用して、演算結果を新しい列として表に追加することも可能です。既存の列と追加した列を合わせて、機械学習で用いる特徴量にするケースがよくあるでしょう。特徴量作成のノウハウは本書の対象外ですが、表形式データを演算して特徴量を作成する際によく使用されるpandasとNumPyの機能を紹介します。

2列の積を追加するには、DataFrameに存在していない新しい列名に既存の列同士の積を代入します。機械学習ではこのような2列の積は異なる因子の相乗効果を表現するために用いられ、**交互作用項**と呼ばれます。

▼[14] (section_3_1.ipynb)

```
df = load_3_1()

df['feat1'] = df['val1'] * df['val2']

df.head()
```

▼実行結果

	val1	val2	feat1
date			
2010-01-01	148.083426	481.382983	71284.841343
2010-01-02	117.490787	466.259767	54781.226971
2010-01-03	147.009196	474.221712	69714.952737
2010-01-04	150.086981	493.239400	74028.812646
2010-01-05	162.703330	491.120699	79906.973278

値の対数変換を行うことで、解析に都合のよい状態にデータの分布形状を変換できる場合があります。時系列解析においては、このような対数変換を行った系列データのことを**対数系列**と呼びます。対数変換を行うにはNumPyのlog関数を使用します。

▼[15] (section_3_1.ipynb)

```
df['feat2'] = np.log(df['val2'])

df.head()
```

▼実行結果

	val1	val2	feat1	feat2
date				
2010-01-01	148.083426	481.382983	71284.841343	6.176663
2010-01-02	117.490787	466.259767	54781.226971	6.144743
2010-01-03	147.009196	474.221712	69714.952737	6.161675
2010-01-04	150.086981	493.239400	74028.812646	6.200995
2010-01-05	162.703330	491.120699	79906.973278	6.196690

時系列データ解析において、過去の時刻の値を特徴量とする場合があります。このような特徴量を**ラグ特徴量**と呼ぶことがあります。DataFrameからラグ特徴量を作成するには、DataFrameの**shiftメソッド**で、行方向に値がずれた列を作成すると便利です。

sample_3_1.csvは日ごとの時系列データであるため、1行ずらしたものは1日前のラグ特徴量、2行ずらしたものは2日前のラグ特徴量となっています。前日の値が存在しない先頭行では、値は欠損値であるNaN (Not a Number) が格納されます。

▼[16] (section_3_1.ipynb)

```
df['feat3'] = df['val1'].shift(1)
df['feat4'] = df['val1'].shift(2)

df.head()
```

▼実行結果

	val1	val2	feat1	feat2	feat3	feat4
date						
2010-01-01	148.083426	481.382983	71284.841343	6.176663	NaN	NaN
2010-01-02	117.490787	466.259767	54781.226971	6.144743	148.083426	NaN
2010-01-03	147.009196	474.221712	69714.952737	6.161675	117.490787	148.083426
2010-01-04	150.086981	493.239400	74028.812646	6.200995	147.009196	117.490787
2010-01-05	162.703330	491.120699	79906.973278	6.196690	150.086981	147.009196

時系列データでは、前後での値の変動が意味を持つ場合があります。前後の差分で変動を表現したものは**差分系列**と呼ばれます。差分系列を作成するには、元データからshiftメソッドの結果を減算します。shiftメソッドの結果がNaNの箇所は、差分系列の結果も同じくNaNになっている点に注意してください。

▼[17] (section_3_1.ipynb)

```
df['feat5'] = df['val1'] - df['val1'].shift(1)

df.head()
```

▼実行結果

	val1	val2	feat1	feat2	feat3	feat4	feat5
date							
2010-01-01	148.083426	481.382983	71284.841343	6.176663	NaN	NaN	NaN
2010-01-02	117.490787	466.259767	54781.226971	6.144743	148.083426	NaN	-30.592639
2010-01-03	147.009196	474.221712	69714.952737	6.161675	117.490787	148.083426	29.518409
2010-01-04	150.086981	493.239400	74028.812646	6.200995	147.009196	117.490787	3.077785
2010-01-05	162.703330	491.120699	79906.973278	6.196690	150.086981	147.009196	12.616349

累積特徴量はデータの値を累積したものです。DataFrameの**cumsum**メソッドを使うことで簡単に累積特徴量を求めることができます。NumPyのcumsum関数を使っても同様の処理が可能です。

▼[18] (section_3_1.ipynb)

```
df['feat6'] = df['val2'].cumsum()

df.head()
```

▼実行結果

	val1	val2	feat1	feat2	feat3	feat4	feat5	feat6
date								
2010-01-01	148.083426	481.382983	71284.841343	6.176663	NaN	NaN	NaN	481.382983
2010-01-02	117.490787	466.259767	54781.226971	6.144743	148.083426	NaN	-30.592639	947.642751
2010-01-03	147.009196	474.221712	69714.952737	6.161675	117.490787	148.083426	29.518409	1421.864463
2010-01-04	150.086981	493.239400	74028.812646	6.200995	147.009196	117.490787	3.077785	1915.103863
2010-01-05	162.703330	491.120699	79906.973278	6.196690	150.086981	147.009196	12.616349	2406.224562

本節の最後に、**移動平均**を算出する方法を紹介します。時系列データにおいてノイズが大きい場合、近傍の時間範囲で平均化することでノイズの影響を除去した傾向を観察することができます。このような平滑化は移動平均と呼ばれます。

DataFrameは**rollingメソッド**によってRollingクラスのインスタンスを作成することができます。Rollingインスタンス自体は表形式データではないことに注意してください。Rollingインスタンスにmeanメソッドを使うことで、移動平均が行われた表形式データを得ることができます。

以下のサンプルコードでは、3日間の範囲で移動平均を算出しています。rollingメソッドは初期値では**後方移動平均**（現時刻から過去の平均）を行います。**中央移動平均**（現時刻を中心に過去から未来までの平均）を行う場合は、rollingメソッドの引数centerにcenter=Trueを指定してください。3日間の後方移動平均を使った場合、過去データが存在しない先頭2行は欠損値が格納されています。一方で中央移動平均の場合、先頭行と末尾行がそれぞれ欠損値となっています。

▼[19] (section_3_1.ipynb)

```
df = load_3_1()
df['smooth_val1'] = df['val1'].rolling(3).mean()
df['smooth_val2'] = df['val2'].rolling(3, center=True).mean()

df
```

▼実行結果

	val1	val2	smooth_val1	smooth_val2
date				
2010-01-01	148.083426	481.382983	NaN	NaN
2010-01-02	117.490787	466.259767	NaN	473.954821
2010-01-03	147.009196	474.221712	137.527803	477.906960
2010-01-04	150.086981	493.239400	138.195655	486.193937
2010-01-05	162.703330	491.120699	153.266503	491.101692
...	...	...	...	...
2020-12-27	1029.031359	3521.016894	1011.627288	3483.898095
2020-12-28	1026.100656	3593.560824	1019.780682	3513.149032
2020-12-29	1002.146012	3424.869380	1019.092676	3487.815107
2020-12-30	1014.642041	3445.015116	1014.296236	3454.476891
2020-12-31	1027.480381	3493.546177	1014.756145	NaN

3.2

自作関数を適用した操作

前節では表中の値を直接操作したり、簡単な操作で新しい列を作成する方法を紹介しましたが、より複雑な操作の場合は関数を自作するのがよいでしょう。DataFrameに適用する自作関数は、列ごとに独立に処理する場合と、複数列の値を組み合わせて処理を行う場合、それぞれが可能です。

各列に独立した関数を適用

本節ではdiamondsデータセットをサンプルに用います。diamondsデータセットは、ダイヤモンドの4C(重さ、カット、色、透明度)やサイズと価格についての表形式データです。カットはFairからIdealまでの5段階、色はJからDまでの7段階、透明度はI1からIFまでの8段階が存在します。

▼[1] (section_3_2.ipynb)

```
import pandas as pd
import numpy as np
import seaborn as sns

def load_diamonds():
    df = sns.load_dataset('diamonds')

    df = df.astype({
        'cut': 'category',
        'color': 'category',
        'clarity': 'category'
    })
    cut = ['Fair', 'Good', 'Very Good', 'Premium', 'Ideal']
    df['cut'] = df['cut'].cat.set_categories(cut, ordered=True)

    color = ['J', 'I', 'H', 'G', 'F', 'E', 'D']
    df['color'] = df['color'].cat.set_categories(color,
ordered=True)

```

```
    clarity = ['I1', 'SI2', 'SI1', 'VS2', 'VS1', 'VVS2', 'VVS1', 
'IF']
    df['clarity'] = df['clarity'].cat.set_categories(clarity, 
ordered=True)

    return df

df = load_diamonds()

df
```

▼実行結果

	carat	cut	color	clarity	depth	table	price	x	y	z
0	0.23	Ideal	E	SI2	61.5	55.0	326	3.95	3.98	2.43
1	0.21	Premium	E	SI1	59.8	61.0	326	3.89	3.84	2.31
2	0.23	Good	E	VS1	56.9	65.0	327	4.05	4.07	2.31
3	0.29	Premium	I	VS2	62.4	58.0	334	4.20	4.23	2.63
4	0.31	Good	J	SI2	63.3	58.0	335	4.34	4.35	2.75
...	...	...	...	...	...	...	...	...	...	...
53935	0.72	Ideal	D	SI1	60.8	57.0	2757	5.75	5.76	3.50
53936	0.72	Good	D	SI1	63.1	55.0	2757	5.69	5.75	3.61
53937	0.70	Very Good	D	SI1	62.8	60.0	2757	5.66	5.68	3.56
53938	0.86	Premium	H	SI2	61.0	58.0	2757	6.15	6.12	3.74
53939	0.75	Ideal	D	SI2	62.2	55.0	2757	5.83	5.87	3.64

▼[2] (section_3_2.ipynb)

```
df.info()
```

▼実行結果

```
<class 'pandas.core.frame.DataFrame'>
RangeIndex: 53940 entries, 0 to 53939
Data columns (total 10 columns):
# Column Non-Null Count Dtype
--- ------ -------------- -----
0 carat 53940 non-null float64
1 cut 53940 non-null category
2 color 53940 non-null category
3 clarity 53940 non-null category
4 depth 53940 non-null float64
5 table 53940 non-null float64
6 price 53940 non-null int64
7 x 53940 non-null float64
8 y 53940 non-null float64
9 z 53940 non-null float64
dtypes: category(3), float64(6), int64(1)
memory usage: 3.0 MB
```

DataFrameの複数列に対して、それぞれ独立に自作関数を適用するには**applymapメソッド**を使用します。applymapメソッドの引数に関数を与えると、各列に関数を作用させた結果を返します。

ダイヤモンドのサイズを表す列「x」「y」「z」は単位がmmです。サイズの単位をmmからcmに変換する処理を mm_to_cm 関数として定義し、「x」と「y」をapplymapメソッドを使って変換してみましょう。

▼[3] (section_3_2.ipynb)

```
def mm_to_cm(size):
    return size / 10.
```

▼[4] (section_3_2.ipynb)

```
df.loc[:, ['x', 'y']] = df.loc[:, ['x', 'y']].applymap(mm_to_cm)
df.head()
```

▼実行結果

	carat	cut	color	clarity	depth	table	price	x	y	z
0	0.23	Ideal	E	SI2	61.5	55.0	326	0.395	0.398	2.43
1	0.21	Premium	E	SI1	59.8	61.0	326	0.389	0.384	2.31
2	0.23	Good	E	VS1	56.9	65.0	327	0.405	0.407	2.31
3	0.29	Premium	I	VS2	62.4	58.0	334	0.420	0.423	2.63
4	0.31	Good	J	SI2	63.3	58.0	335	0.434	0.435	2.75

次は「z」列のみ変換を行いましょう。実はapplymapはDataFrameのメソッドであり、1列として選択したSeriesはapplaymapメソッドを持っていません。Seriesの場合は代わりにmapメソッドを使用します。

▼[5] (section_3_2.ipynb)

```
df.loc[:, 'z'] = df.loc[:, 'z'].map(mm_to_cm)    # df.loc[:, 'z'].
applymap はエラーになる

df.head()
```

▼実行結果

	carat	cut	color	clarity	depth	table	price	x	y	z
0	0.23	Ideal	E	SI2	61.5	55.0	326	0.395	0.398	0.243
1	0.21	Premium	E	SI1	59.8	61.0	326	0.389	0.384	0.231
2	0.23	Good	E	VS1	56.9	65.0	327	0.405	0.407	0.231
3	0.29	Premium	I	VS2	62.4	58.0	334	0.420	0.423	0.263
4	0.31	Good	J	SI2	63.3	58.0	335	0.434	0.435	0.275

ただし、このような単純な変換は、関数を使わずに直接更新できることを忘れないでください。

▼[6] (section_3_2.ipynb)

```
df = load_diamonds()
df[['x', 'y', 'z']] /= 10.

df.head()
```

▼実行結果

	carat	cut	color	clarity	depth	table	price	x	y	z
0	0.23	Ideal	E	SI2	61.5	55.0	326	0.395	0.398	0.243
1	0.21	Premium	E	SI1	59.8	61.0	326	0.389	0.384	0.231
2	0.23	Good	E	VS1	56.9	65.0	327	0.405	0.407	0.231
3	0.29	Premium	I	VS2	62.4	58.0	334	0.420	0.423	0.263
4	0.31	Good	J	SI2	63.3	58.0	335	0.434	0.435	0.275

活用メモ

lambda式の適用

applymapメソッド、mapメソッド、applyメソッドの引数はPythonのlambda式(無名関数)として定義することも可能です。一度きりの関数の場合はlambda式を検討してみるのもよいでしょう。

ただし、本節のmm_to_cmのような単純な変換の場合は関数を定義せず、直接更新することが可能なことも忘れないでください。

 複数列を使う関数を適用

次に、複数の列を組み合わせた複雑な処理に対応できるapplyメソッドについて説明を行います。

ある宝石商はダイヤモンドのカットと重さの組み合わせを使って「カット・重さ点数」を機械的に算出しているとします。重さを x としたとき、カットが「Premium」「Ideal」のときは点数を (x + 1.) ** 2 - 1. 、「Good」「Very Good」のときは 2. * x 、「Fair」のときは log(x + 1.) で算出します(あくまでpandasを学ぶ例題であり、実際のダイヤモンドの評価とは異なります)。

このカット・重さ点数を算出する関数を次の calc_point 関数として自作します。引数 record はDataFrameの一行に該当します。

▼[7] (section_3_2.ipynb)

```
def calc_point(record):
    if record['cut'] in ['Premium', 'Ideal']:
        point = (record['carat'] + 1.) ** 2 - 1.
    elif record['cut'] in ['Good', 'Very Good']:
        point = 2. * record['carat']
    else:   # 'Fair' の場合
        point = np.log(record['carat'] + 1.)

    return point
```

このように「cut」と「carat」という複数の列を組み合わせる関数の場合には、DataFrameのapplyメソッドを使って自作関数を適用します。ここではapplyメソッドを適用することで計算したカット・重さ点数を、新たな列「point」としてDataFrameに追加します。

▼[8] (section_3_2.ipynb)

```
df = load
df['point'] = df.apply(calc_point, axis=1)

df
```

▼実行結果

	carat	cut	color	clarity	depth	table	price	x	y	z	point
0	0.23	Ideal	E	SI2	61.5	55.0	326	0.395	0.398	0.243	0.5129
1	0.21	Premium	E	SI1	59.8	61.0	326	0.389	0.384	0.231	0.4641
2	0.23	Good	E	VS1	56.9	65.0	327	0.405	0.407	0.231	0.4600
3	0.29	Premium	I	VS2	62.4	58.0	334	0.420	0.423	0.263	0.6641
4	0.31	Good	J	SI2	63.3	58.0	335	0.434	0.435	0.275	0.6200

applyメソッドの注意点は、必ずしも処理速度が速くない点にあります。この注意点については次節で紹介を行います。

本節で紹介した実装の他に、ループ処理でDataFrameから1行ずつ選択して行ごとに自作関数を適用する方法が考えられます。この方法について次節のループ処理の節で取り上げます。

3.3

ループ処理への対応

まず強調しておきたい点は、可能な限りDataFrameのループ処理は避けたほうがよいということです。ループ処理によって処理速度が非常に遅くなるケースがありえます。しかし、複雑な表形式データに対して複雑な処理を行おうとすると、実務ではどうしてもループ処理を実装しなければならない場合もあるでしょう。本節では、そのようなループ処理を避けられない場合を想定して、DataFrameのループ処理を紹介します。

行方向のループ処理

本節でもdiamondsデータセットを使用します。

▼[1] (section_3_3.ipynb)

```
import pandas as pd
import numpy as np
import seaborn as sns

def load_diamonds():
    df = sns.load_dataset('diamonds')

    df = df.astype({
        'cut': 'category',
        'color': 'category',
        'clarity': 'category'
    })

    cut = ['Fair', 'Good', 'Very Good', 'Premium', 'Ideal']
    df['cut'] = df['cut'].cat.set_categories(cut, ordered=True)

    color = ['J', 'I', 'H', 'G', 'F', 'E', 'D']
    df['color'] = df['color'].cat.set_categories(color,
ordered=True)

    clarity = ['I1', 'SI2', 'SI1', 'VS2', 'VS1', 'VVS2', 'VVS1',
```

```
'IF']
    df['clarity'] = df['clarity'].cat.set_categories(clarity,
ordered=True)

    return df

df = load_diamonds()

df
```

▼実行結果

	carat	cut	color	clarity	depth	table	price	x	y	z
0	0.23	Ideal	E	SI2	61.5	55.0	326	3.95	3.98	2.43
1	0.21	Premium	E	SI1	59.8	61.0	326	3.89	3.84	2.31
2	0.23	Good	E	VS1	56.9	65.0	327	4.05	4.07	2.31
3	0.29	Premium	I	VS2	62.4	58.0	334	4.20	4.23	2.63
4	0.31	Good	J	SI2	63.3	58.0	335	4.34	4.35	2.75
...	...	...	...	...	...	...	...	...	...	...
53935	0.72	Ideal	D	SI1	60.8	57.0	2757	5.75	5.76	3.50
53936	0.72	Good	D	SI1	63.1	55.0	2757	5.69	5.75	3.61
53937	0.70	Very Good	D	SI1	62.8	60.0	2757	5.66	5.68	3.56
53938	0.86	Premium	H	SI2	61.0	58.0	2757	6.15	6.12	3.74
53939	0.75	Ideal	D	SI2	62.2	55.0	2757	5.83	5.87	3.64

DataFrameの行ごとにループ処理を行うには、**iterrowsメソッド**を使う方法と**itertuplesメソッド**を使う方法があります。

iterrowsメソッドを使うことで、各行の行名とSeriesを取り出すことが可能です。得られたSeriesは角括弧でSeriesのインデックス名（DataFrameの列名）を指定して部分選択することができます。インデックス名をlistで指定し、複数選択することも可能です。

▼[2] (section_3_3.ipynb)

```
for index, record in df.iterrows():
    print(f'index {index}:  price {record["price"]}')

    print(record[['carat', 'cut', 'color', 'clarity']], '\n')

    if index > 2:
        break
```

▼実行結果

```
index 0: price 326
carat 0.23
cut Ideal
color E
clarity SI2
Name: 0, dtype: object

index 1: price 326
carat 0.21
cut Premium
color E
clarity SI1
Name: 1, dtype: object

index 2: price 327
carat 0.23
cut Good
color E
clarity VS1
Name: 2, dtype: object

index 3: price 334
carat 0.29
cut Premium
```

```
color I
clarity VS2
Name: 3, dtype: object
```

itertuplesメソッドの場合は、レコードはnamedtuples形式で取り出されます。行名は Index 属性として格納されます。

▼[3] (section_3_3.ipynb)

```
for record in df.itertuples():
    print(f'index {record.Index}:  price {record.price}')

    print(record.carat, record.cut, record.color, record.clarity,
'\n')

    if record.Index > 2:
        break
```

▼実行結果

```
index 0: price 326
0.23 Ideal E SI2

index 1: price 326
0.21 Premium E SI1

index 2: price 327
0.23 Good E VS1

index 3: price 334
0.29 Premium I VS2
```

 行方向のループの処理時間

iterrorwsメソッドとitertuplesメソッドを比較すると、itertuplesメソッドのほうが高速に動作できるメリットがあります。筆者の環境で処理速度を比較すると、iterrowsメソッドでdiamondsデータセットをループするだけで平均1.41 [s] でしたが、itertuplesメソッドでは平均37.8 [ms] でした。一方でiterrowsメソッドではレコードをSeriesで扱うため、変数で要素を選択できるというメリットがあります。選択する列が固定の場合はitertuplesメソッドを、選択列がループ中に動的に変化する場合はiterrowsメソッドと使い分けるのがよいでしょう。

▼[4] (section_3_3.ipynb)

```
%%timeit

for _, _ in df.iterrows():
    pass
```

▼実行結果

```
1.41 s ± 6.28 ms per loop (mean ± std. dev. of 7 runs, 1 loop
each)
```

▼[5] (section_3_3.ipynb)

```
%%timeit

for _ in df.itertuples():
    pass
```

▼実行結果

```
37.8 ms ± 221 µs per loop (mean ± std. dev. of 7 runs, 10 loops
each)
```

DataFrameの行番号についてループ処理を実装し、1行ずつilocでレコードを選択すればよいと思う読者の方もいるかもしれません。しかし、この方法は非常に処理速度が遅くなるため、避けたほうがよいでしょう。

悪い実装例として、1行ずつilocで指定したところ、筆者の環境では平均4.8 [s]もかかりました。

1行ずつilocで選択する代わりに、iterrowsメソッドかitertuplesメソッドを使用するようにしてください。

▼[6] (section_3_3.ipynb)

```
%%timeit

for i in range(len(df)):
    df.iloc[i]
```

▼実行結果

```
4.8 s ± 7.03 ms per loop (mean ± std. dev. of 7 runs, 1 loop each)
```

列方向のループ処理

ここまで行方向のループについて紹介を行いました。使用する機会は少ないかもしれませんが、列方向にループを行う方法についても紹介します。

列方向のループにはitems**メソッド**を使用します。itemsメソッドによって列名と列ごとのSeriesを得ることが可能です。itemsメソッドを使う代わりに、DataFrameの行と列を転置してからiterrowsメソッドを使用しても同様の結果が得られます。

▼[7] (section_3_3.ipynb)

```
for label, content in df[['price', 'carat', 'cut', 'color', 'clarity']].items():
    print(f'label: {label}')
    print(f'{content[0]} {content[1]} {content[2]} {content[3]} ...\n')

# df[['price', 'carat', 'cut', 'color', 'clarity']].T.iterrows() でも同じ結果
```

▼実行結果

```
label: price
326 326 327 334 ...

label: carat
0.23 0.21 0.23 0.29 ...

label: cut
Ideal Premium Good Premium ...

label: color

E E E I ...

label: clarity
SI2 SI1 VS1 VS2 ...
```


自作関数に対する処理時間

さて、前節では、ある宝石商が計算しているカット・重さ点数を自作関数として実装し、applyメソッドでdiamondsデータセットに適用しました。同じ自作関数を今度はiterrowsメソッドで適用してみます。

▼[8] (section_3_3.ipynb)

```
def calc_point(record):
    if record['cut'] in ['Premium', 'Ideal']:
        point = (record['carat'] + 1.) ** 2. - 1.
    elif record['cut'] in ['Good', 'Very Good']:
        point = 2. * record['carat']
    else:   # 'Fair' の場合
        point = np.log(record['carat'] + 1.)

    return point
```

この例のように自作関数がSeriesでも動作できるよう実装されていた場合、iterrowsメソッドで取り出したレコードごとに自作関数を適用して対応する方法が可能です。ループ中は計算した行ごとのカット・重さ点数をlistに格納しておき、ループ終了後に新しい列として追加している点に注目してください。

▼[9] (section_3_3.ipynb)

```
df = load_diamonds()

points = []
for _, record in df.iterrows():
    point = calc_point(record)
    points.append(point)
df['point'] = points

df
```

▼実行結果

	carat	cut	color	clarity	depth	table	price	x	y	z	point
0	0.23	Ideal	E	SI2	61.5	55.0	326	3.95	3.98	2.43	0.5129
1	0.21	Premium	E	SI1	59.8	61.0	326	3.89	3.84	2.31	0.4641
2	0.23	Good	E	VS1	56.9	65.0	327	4.05	4.07	2.31	0.4600
3	0.29	Premium	I	VS2	62.4	58.0	334	4.20	4.23	2.63	0.6641
4	0.31	Good	J	SI2	63.3	58.0	335	4.34	4.35	2.75	0.6200
...	...	...	...	...	...	...	...	...	...	...	...
53935	0.72	Ideal	D	SI1	60.8	57.0	2757	5.75	5.76	3.50	1.9584
53936	0.72	Good	D	SI1	63.1	55.0	2757	5.69	5.75	3.61	1.4400
53937	0.70	Very Good	D	SI1	62.8	60.0	2757	5.66	5.68	3.56	1.4000
53938	0.86	Premium	H	SI2	61.0	58.0	2757	6.15	6.12	3.74	2.4596
53939	0.75	Ideal	D	SI2	62.2	55.0	2757	5.83	5.87	3.64	2.0625

itertuplesメソッドを使用してループ処理を行う場合は、自作関数をnamedtupleが動作できるように変更する必要があります。

▼[10] (section_3_3.ipynb)

```
def calc_point2(record):
    if record.cut in ['Premium', 'Ideal']:
        point = (record.carat + 1.) ** 2 - 1.
    elif record.cut in ['Good', 'Very Good']:
        point = 2. * record.carat
    else:
        point = np.log(record.carat + 1.)

    return point
```

▼[11] (section_3_3.ipynb)

```
df = load_diamonds()
points = []
for record in df.itertuples():
    point = calc_point2(record)
    points.append(point)
df['point'] = points

df
```

▼実行結果

	carat	cut	color	clarity	depth	table	price	x	y	z	point
0	0.23	Ideal	E	SI2	61.5	55.0	326	3.95	3.98	2.43	0.5129
1	0.21	Premium	E	SI1	59.8	61.0	326	3.89	3.84	2.31	0.4641
2	0.23	Good	E	VS1	56.9	65.0	327	4.05	4.07	2.31	0.4600
3	0.29	Premium	I	VS2	62.4	58.0	334	4.20	4.23	2.63	0.6641
4	0.31	Good	J	SI2	63.3	58.0	335	4.34	4.35	2.75	0.6200
...	...	...	...	...	...	...	...	...	...	...	...
53935	0.72	Ideal	D	SI1	60.8	57.0	2757	5.75	5.76	3.50	1.9584
53936	0.72	Good	D	SI1	63.1	55.0	2757	5.69	5.75	3.61	1.4400
53937	0.70	Very Good	D	SI1	62.8	60.0	2757	5.66	5.68	3.56	1.4000
53938	0.86	Premium	H	SI2	61.0	58.0	2757	6.15	6.12	3.74	2.4596
53939	0.75	Ideal	D	SI2	62.2	55.0	2757	5.83	5.87	3.64	2.0625

それでは自作関数をapplyメソッドで適用した場合、iterrowsメソッドのループで適用した場合、itertuplesメソッドのループで適用した場合など、それぞれの処理速度を計測して比較してみましょう。

筆者の環境では、applyメソッドでは処理時間は平均398 [ms]でした。iterrowsメソッドでは平均1.98 [s]、itertuplesメソッドでは平均58.5 [ms]だけ処理時間がかかりました。itertuplesメソッドを使った実装が最も処理時間が短い結果です。

前節の最後に述べたように、applyメソッドの処理速度は速いとはいえません。表形式データの大きさにもよりますが、applyメソッドを使用する場合は注意してください。

▼[12] (section_3_3.ipynb)

```
df = load_diamonds()
```

▼[13] (section_3_3.ipynb)

```
%%timeit

df['point'] = df.apply(calc_point, axis=1)
```

▼実行結果

```
398 ms ± 1.73 ms per loop (mean ± std. dev. of 7 runs, 1 loop
each)
```

▼[14] (section_3_3.ipynb)

```
df = load_diamonds()
```

▼[15] (section_3_3.ipynb)

```
%%timeit
points = []
for _, record in df.iterrows():
    point = calc_point(record)
    points.append(point)
df['point'] = points
```

▼実行結果

```
1.98 s ± 2.83 ms per loop (mean ± std. dev. of 7 runs, 1 loop
each)
```

▼[16] (section_3_3.ipynb)

```
df = load_diamonds()
```

▼[17] (section_3_3.ipynb)

```
%%timeit

points = []
for record in df.itertuples():
    point = calc_point2(record)
    points.append(point)
df['point'] = points
```

▼実行結果

```
58.5 ms ± 342 µs per loop (mean ± std. dev. of 7 runs, 10 loops
each)
```

ところで本節の冒頭で、DataFrameについてループ処理を実装すると処理速度が遅くなるため避けたほうがよいと述べたことを覚えているでしょうか。ところが、上記の実験ではapplyメソッドよりもitertuplesメソッドでループ処理を行ったほうが処理時間が短い結果でした。

この点について筆者の主張が矛盾していると感じる読者もいるかもしれません。強調したいのは、まずループ処理を使わない実装を検討し（applyメソッドも速くはないため避ける）、どうしてもループ処理を使わざる得ない場合にitertuplesメソッドやiterrowsメソッドを使うということです。

例えば、このカット・重さポイントを計算する例なら、ループ処理を使わない以下のような実装が考えられます。この実装では筆者の環境では処理時間は平均2.89 [ms]でした。itertuplesメソッドを使ったループ処理では平均58.5 [ms]でしたから、大きく高速化できています。

▼[18]（section_3_3.ipynb）

```
df = load_diamonds()
```

▼[19]（section_3_3.ipynb）

```
%%timeit

df['point'] = (df['carat'] + 1.) ** 2 - 1.  # まずPremium、Idealの点数で計算する

# Good、Very Goodの位置だけ点数を上書きする
good_verygood_mask = (df['cut'] == 'Good') | (df['cut'] == 'Very Good')
df.loc[good_verygood_mask, 'point'] = 2. * df['carat']

# Fairの位置だけ点数を上書きする
```

```
fair_mask = df['cut'] == 'Fair'
df.loc[fair_mask, 'point'] = np.log(df['carat'] + 1.)
```

▼実行結果

```
2.89 ms ± 31.6 µs per loop (mean ± std. dev. of 7 runs, 100
loops each)
```


実務においては敢えてループ処理を選ぶケースもあるかもしれません。ループ処理を行う場合と行わない場合、それぞれのメリットを考慮して実装方針を検討するのがよいでしょう。

MEMO

第4章

例外値への対応

4.1

欠損値の表現とその確認方法

表形式データにおいて欠損値とは、値が欠けている要素や無効な値が設定された要素を指します。例えば、データを記録した際に何らかの障害が発生して値が欠けたケースや、取得した値に信頼性がなかったため無効値にしたケースなどが考えられるでしょう。可視化を行う前に、欠損値の有無を把握しておくことも重要です。本節では、DataFrameで欠損値がどのように表現されるかを紹介し、表中の欠損値の有無を確認する方法を紹介します。

欠損値の表現

ここではサンプルとして、sample_4_1.csvファイルを扱います。sample_4_1.csvは、「A」から「E」までの5列で構成されています。「A」列には欠損値はありません。「B」列は2行目の値が欠けています。「C」列には欠損値を表す「NaN」や「NA」の文字列が記録されています。

NaNは、Not a Numberの略であり、値として使用できない非数であることを意味しています。「#N/A」は未定値を意味するNo Assignの略で、Microsoft Excelでもエラー値として使用されています。「D」列には欠損値を表す「null」や「NULL」が記録されています。

■表4.1.1　欠損値を含んだ表のサンプル

A	B	C	D	E
11	12	13	14	15
21		nan	null	NAN
31	32	NaN	NULL	na
41	42	NA	44	Null
51	52	N/A	54	55
61	62	#N/A	64	65
71	72	73	74	75

sample_4_1.csvをread_csv関数を使ってDataFrameにインポートしてみましょう。

▼[1] (section_4_1.ipynb)

```
import pandas as pd
import numpy as np

df = pd.read_csv('sample_4_1.csv')

df
```

▼実行結果

	A	B	C	D	E
0	11	12.0	13.0	14.0	15
1	21	NaN	NaN	NaN	NAN
2	31	32.0	NaN	NaN	na
3	41	42.0	NaN	44.0	Null
4	51	52.0	NaN	54.0	55
5	61	62.0	NaN	64.0	65
6	71	72.0	73.0	74.0	75

DataFrame中の欠損値は、pandasではNaNとして表現されます。インポートした結果、列「B」で欠損していた2行目(行番号「1」)や、列「C」「D」の欠損値が自動的にNaNになっていることがわかります。read_csv関数は、CSV中の「nan」「NaN」「NA」「N/A」「#N/A」「null」「NULL」をすべて欠損値として扱います。ただし「NAN」「na」「Null」は欠損値として扱われません。「E」列が欠損値を含んでいないことに注目してください。

インポートしたDataFrameの情報をinfoメソッドで確認してみます。

▼[2] (section_4_1.ipynb)

```
df.info()
```

▼実行結果

```
<class 'pandas.core.frame.DataFrame'>
RangeIndex: 7 entries, 0 to 6
Data columns (total 5 columns):
# Column Non-Null Count Dtype
--- ------ -------------- -----
0 A 7 non-null int64
1 B 6 non-null float64
2 C 2 non-null float64
3 D 5 non-null float64
4 E 7 non-null object
dtypes: float64(3), int64(1), object(1)
memory usage: 408.0+ bytes
```

「Non-Null Count」の項目で、各列の欠損値ではない要素の個数が確認できます。「A」列は欠損値ではない要素は7個ですが、「C」列は2個しかありません。上記で説明したとおり、「E」列はすべて欠損値ではありません。データ型に注目してみると、「A」列は整数型ですが、「B」「C」「D」は浮動小数点型となっています。この理由は、欠損値を含む列は自動的に浮動小数点型に変更されるためです。「NAN」「na」「Null」を含んでいる「E」列はobject型になっていることがわかります。

欠損値の位置と個数

欠損値の位置を確認するには、DataFrameの**isnaメソッド**を使用します。isnaメソッドは欠損値の位置はTrue、それ以外はFalseのDataFrameを返します。**isnullメソッド**はisnaメソッドの別名であり、isnullメソッドでもisnaメソッドと同じ結果が得られます。

▼[3] (section_4_1.ipynb)

```
df.isna()    # df.isnull()でも同一
```

▼実行結果

	A	B	C	D	E
0	False	False	False	False	False
1	False	True	True	True	False
2	False	False	True	True	False
3	False	False	True	False	False
4	False	False	True	False	False
5	False	False	True	False	False
6	False	False	False	False	False

列ごとの欠損値の個数を確認する場合は、isnaメソッドの結果に対し、sumメソッドで各列の合計をaxis=0でとります。

▼[4] (section_4_1.ipynb)

```
df.isna().sum(axis=0)
```

▼実行結果

```
0 0
1 1
2 5
3 2
4 0
dtype: int64
```

行ごとの欠損値の個数は、同様にしてaxis=1にすることで得られます。

▼[5] (section_4_1.ipynb)

```
df.isna().sum(axis=1)
```

▼実行結果

```
0 0
```

```
1 3
2 2
3 1
4 1
5 1
6 0
dtype: int6
```

 無効値から欠損値への置換

「NAN」「na」「Null」のように、無効値として表現したつもりの文字列がpandasでは無効値としてインポートできない場合があります。また、数値データにおいて、正常値が取りえるはずのない値を例外コードとすることで欠損値を表現するケースもあります。例えば正常値が0から1,023までの値を取りえる数値データにおいて、「−1」や「9999」などの数値を例外コードにするケースなどが考えられるでしょう。このように欠損値として意図していた値が有効値としてインポートされてしまった場合は、DataFrameのreplaceメソッドを使って、欠損値に置換することができます。

replaceメソッドは、第一引数に置換前の値、第二引数に置換後の値を指定します。ここでは「E」列の「NAN」を欠損値に置換します。置換後の値にはNumPyのnan（np.nan）を指定します。

▼[6]（section_4_1.ipynb）

```
df_replace = df.replace('NAN', np.nan)

df_replace
```

▼実行結果

	A	B	C	D	E
0	11	12.0	13.0	14.0	15
1	21	NaN	NaN	NaN	NaN
2	31	32.0	NaN	NaN	na
3	41	42.0	NaN	44.0	Null
4	51	52.0	NaN	54.0	55

5	61	62.0	NaN	64.0	65
6	71	72.0	73.0	74.0	75

複数の値を一度に置換するには、第一引数にdictを指定します。置換前の値と置換後の値のペアをdictのkeyとvalueとします。「NAN」と「na」をそれぞれ欠損値に置換します。

▼[7] (section_4_1.ipynb)

```
df_replace = df.replace({
    'NAN': np.nan,
    'na': np.nan
})

df_replace
```

▼実行結果

	A	B	C	D	E
0	11	12.0	13.0	14.0	15
1	21	NaN	NaN	NaN	NaN
2	31	32.0	NaN	NaN	NaN
3	41	42.0	NaN	44.0	Null
4	51	52.0	NaN	54.0	55
5	61	62.0	NaN	64.0	65
6	71	72.0	73.0	74.0	75

複数置換するもう1つの方法は、第一引数に置換前の値のlistを、第二引数に置換後の値のlistを指定する方法です。

▼[8] (section_4_1.ipynb)

```
df.replace(
    ['NAN', 'na'],
```

```
    [np.nan, np.nan]
)

df_replace
```

▼実行結果

	A	B	C	D	E
0	11	12.0	13.0	14.0	15
1	21	NaN	NaN	NaN	NaN
2	31	32.0	NaN	NaN	NaN
3	41	42.0	NaN	44.0	Null
4	51	52.0	NaN	54.0	55
5	61	62.0	NaN	64.0	65
6	71	72.0	73.0	74.0	75

replaceメソッドには正規表現を使用することも可能です。正規表現を使用する場合は、引数regexにTrueを指定します。正規表現そのものについての解説は他の書籍に譲りますが、ここでは正規表現を使って「NAN」「na」「Null」いずれでも例外値に置換を行っています。

▼[9] (section_4_1.ipynb)

```
df_replace = df.replace(r'NAN|na|Null', np.nan, regex=True)

df_replace
```

▼実行結果

	A	B	C	D	E
0	11	12.0	13.0	14.0	15
1	21	NaN	NaN	NaN	NaN
2	31	32.0	NaN	NaN	NaN
3	41	42.0	NaN	44.0	NaN

4	51	52.0	NaN	54.0	55
5	61	62.0	NaN	64.0	65
6	71	72.0	73.0	74.0	75

活用メモ

numpy.nanの別名

numpy.NaNやnumpy.NANはnumpy.nanの別名のため、同様に欠損値として扱われます。

欠損値の代入やインポート

作成したDataFrameにNoneやpandas.NA、numpy.nan、float('nan')を代入した場合は欠損値として扱われます。

▼[10] (section_4_1.ipynb)

```
df = pd.DataFrame({
    'A': [1, 2, 3, 4, 5, 6],
    'B': [7, 8, 9, 10, 11, 12]
})

df
```

▼実行結果

	A	B
0	1	7
1	2	8
2	3	9
3	4	10
4	5	11
5	6	12

▼[11] (section_4_1.ipynb)

```
df.info()
```

▼実行結果

```
<class 'pandas.core.frame.DataFrame'>
RangeIndex: 6 entries, 0 to 5
Data columns (total 2 columns):
# Column Non-Null Count Dtype
--- ------ -------------- -----
0 A 6 non-null int64
1 B 6 non-null int64
dtypes: int64(2)
memory usage: 224.0 bytes
```

▼[12] (section_4_1.ipynb)

```
df.loc[1, 'B'] = None
df.loc[2, 'B'] = np.nan
df.loc[3, 'B'] = pd.NA
df.loc[4, 'B'] = float('nan')

df
```

▼実行結果

	A	B
0	1	7.0
1	2	NaN
2	3	NaN
3	4	NaN
4	5	NaN
5	6	12.0

インポートの際と同様に、欠損値を代入した列のデータ型は自動的にfloat64型に変更される点に注意してください。そのため、欠損値はfloat64型のnumpy.nanとなっています。pandas.NA や float('nan') で代入した場合も同様です。

▼[13] (section_4_1.ipynb)

```
df.info()
```

▼実行結果

```
<class 'pandas.core.frame.DataFrame'>
RangeIndex: 6 entries, 0 to 5
Data columns (total 2 columns):
# Column Non-Null Count Dtype
--- ------ ------------- -----
0 A 6 non-null int64
1 B 2 non-null float64
dtypes: float64(1), int64(1)
memory usage: 224.0 bytes
```

▼[14] (section_4_1.ipynb)

```
print(np.isnan(df.loc[1, 'B']))
print(df.loc[1, 'B'].dtype)
```

▼実行結果

```
True
float64
```

DataFrameのデータ型をfloat32に変換すると、欠損値はfloat32型のnumpy.nanに変化します。

▼[15] (section_4_1.ipynb)

```
df_float32 = df.astype('float32')

df_float32.info()
```

▼実行結果

```
<class 'pandas.core.frame.DataFrame'>
RangeIndex: 6 entries, 0 to 5
Data columns (total 2 columns):
# Column Non-Null Count Dtype
--- ------ ------------- -----
0 A 6 non-null float32
1 B 2 non-null float32
dtypes: float32(2)
memory usage: 176.0 bytes
```

▼[16] (section_4_1.ipynb)

```
print(np.isnan(df_float32.loc[1, 'B']))
print(df_float32.loc[1, 'B'].dtype)
```

▼実行結果

```
True
float32
```

4.2

欠損値の除外・穴埋め・補間

本節では、表形式データ中に欠損値が存在していた場合の対処方法を紹介します。欠損値を対処する基本的な方法は、欠損値が存在する行を削除することです。もしデータについての知識があれば、知識を活用して欠損箇所を何らかの値で穴埋めする方法や、欠損箇所の周囲の値を使って補間する方法を試すこともできます。グラフの種類によっては、欠損値が含まれていてもグラフが作成できるものもあるため、絶対に除外しなければならないというものではありません。

欠損値の除外

ここでは、サンプルとしてsample_4_2.csvを使用します。sample_4_2.csvは、0から99までの等差数列である「lin_true」、その二乗値である「sq_true」、乱数である「rand_true」を含んでいます。「lin_true」「sq_true」「rand_true」に対して、何らかの障害によってそれぞれ値を取得できなかった列が「lin_missing」「sq_missing」「rand_missing」です。「lin_missing」は欠損箇所は連続しており、「sq_missing」「rand_missing」では欠損箇所は連続していません。

▼[1] (section_4_2.ipynb)

```
import pandas as pd

df = pd.read_csv('sample_4_2.csv')

df.head(20)
```

▼実行結果

	lin_true	lin_missing	sq_true	sq_missing	rand_true	rand_missing
0	0	NaN	0	0.0	38.737865	38.737865
1	1	1.0	1	NaN	57.131272	NaN
2	2	NaN	4	4.0	53.613001	53.613001
3	3	NaN	9	NaN	90.493436	NaN
4	4	4.0	16	16.0	48.937626	48.937626

5	5	NaN	25	NaN	45.613852	NaN
6	6	NaN	36	36.0	38.005001	38.005001
7	7	NaN	49	NaN	35.653608	NaN
8	8	8.0	64	64.0	48.625715	48.625715
9	9	NaN	81	NaN	61.316679	NaN
10	10	NaN	100	100.0	73.042120	73.042120
11	11	NaN	121	NaN	1.757543	NaN
12	12	NaN	144	144.0	48.258570	48.258570
13	13	13.0	169	NaN	72.182441	NaN
14	14	NaN	196	196.0	33.923785	33.923785

▼[2]（section_4_2.ipynb）

```
df.tail(15)
```

▼実行結果

	lin_true	lin_missing	sq_true	sq_missing	rand_true	rand_missing
85	85	NaN	7225	NaN	51.209643	NaN
86	86	NaN	7396	7396.0	57.236694	57.236694
87	87	NaN	7569	NaN	73.158807	NaN
88	88	88.0	7744	7744.0	72.156991	72.156991
89	89	NaN	7921	NaN	0.849695	NaN
90	90	NaN	8100	8100.0	58.575198	58.575198
91	91	NaN	8281	NaN	17.734244	NaN
92	92	NaN	8464	8464.0	77.664930	77.664930
93	93	NaN	8649	NaN	99.322155	NaN
94	94	NaN	8836	8836.0	88.752596	88.752596
95	95	NaN	9025	NaN	0.740275	NaN
96	96	NaN	9216	9216.0	95.785956	95.785956

97	97	NaN	9409	NaN	30.380541	NaN
98	98	NaN	9604	9604.0	39.600509	39.600509
99	99	NaN	9801	NaN	43.250918	NaN

ここからは欠損値を含む列のみを扱います。

▼[3] (section_4_2.ipynb)

```
df =  pd.read_csv('sample_4_2.csv', usecols=['lin_missing', 'sq_
missing', 'rand_missing'])

df
```

▼実行結果

	lin_missing	sq_missing	rand_missing
0	NaN	0.0	38.737865
1	1.0	NaN	NaN
2	NaN	4.0	53.613001
3	NaN	NaN	NaN
4	4.0	16.0	48.937626
...	...	...	...
95	NaN	NaN	NaN
96	NaN	9216.0	95.785956
97	NaN	NaN	NaN
98	NaN	9604.0	39.600509
99	NaN	NaN	NaN

▼[4] (section_4_2.ipynb)

```
df.info()
```

▼実行結果

```
<class 'pandas.core.frame.DataFrame'>
RangeIndex: 100 entries, 0 to 99
Data columns (total 3 columns):
# Column Non-Null Count Dtype
--- ------ -------------- -----
0 lin_missing 12 non-null float64
1 sq_missing 50 non-null float64
2 rand_missing 50 non-null float64
dtypes: float64(3)
memory usage: 2.5 KB
```

DataFrameの欠損値が含まれる行を除外するには**dropna**メソッドを使用します。

dropnaメソッドは引数howで条件を指定することが可能です。引数howに'any'を指定することで、1つでも欠損値を含む行が削除されます。引数howの標準値は'any'です。

▼[5] (section_4_2.ipynb)

```
df_drop = df.dropna() # df.dropna(how='any')と同じ

df_drop
```

▼実行結果

	lin_missing	sq_missing	rand_missing
4	4.0	16.0	48.937626
8	8.0	64.0	48.625715
26	26.0	676.0	43.908755
34	34.0	1156.0	21.945200

64	64.0	4096.0	19.866293
76	76.0	5776.0	89.793200
88	88.0	7744.0	72.156991

引数howに'all'を指定すると、行中の値すべてが欠損している行のみが除外されます。

▼[6] (section_4_2.ipynb)

```
df_drop = df.dropna(how='all')

df_drop.head(15)
```

▼実行結果

	lin_missing	sq_missing	rand_missing
0	NaN	0.0	38.737865
1	1.0	NaN	NaN
2	NaN	4.0	53.613001
4	4.0	16.0	48.937626
6	NaN	36.0	38.005001
8	8.0	64.0	48.625715
10	NaN	100.0	73.042120
12	NaN	144.0	48.258570
13	13.0	NaN	NaN
14	NaN	196.0	33.923785
16	NaN	256.0	43.221143
18	NaN	324.0	37.493778
19	19.0	NaN	NaN
20	NaN	400.0	18.216469
22	NaN	484.0	9.018631

dropnaの結果の行番号は、元の表形式データの行番号が引き継がれます。reset_indexメソッドを使って新たに行番号を振りなおすと扱いやすくなります。なお、pandas 2.0.0からはdropnaメソッドの引数にignore_indexが追加され、引数ignore_indexにTrueを指定することで行番号を振りなおすことができます。

▼[7] (section_4_2.ipynb)

```
df_drop = df.dropna(how='all').reset_index()

df_drop.head(15)
```

▼実行結果

	index	lin_missing	sq_missing	rand_missing
0	0	NaN	0.0	38.737865
1	1	1.0	NaN	NaN
2	2	NaN	4.0	53.613001
3	4	4.0	16.0	48.937626
4	6	NaN	36.0	38.005001
5	8	8.0	64.0	48.625715
6	10	NaN	100.0	73.042120
7	12	NaN	144.0	48.258570
8	13	13.0	NaN	NaN
9	14	NaN	196.0	33.923785
10	16	NaN	256.0	43.221143
11	18	NaN	324.0	37.493778
12	19	19.0	NaN	NaN
13	20	NaN	400.0	18.216469
14	22	NaN	484.0	9.018631

欠損値の穴埋め

除外以外の対処方法は、何らかの固定値で欠損を埋める方法や周囲の値で補間する方法です。これらの穴埋めや補間はデータによっては有効な場合もありますが、ときとして真の値とはかけ離れた値を代入することもありえます。穴埋めや補間を行う際には、データについて事前知識を持っている場合に限定するのがよいでしょう。

DataFrame中の欠損箇所を特定の値で穴埋めするには、fillnaメソッドを使用します。以下では欠損箇所に0を代入しています。

▼[8] (section_4_2.ipynb)

```
df_fill = df.fillna(0)

df_fill
```

▼実行結果

	lin_missing	sq_missing	rand_missing
0	0.0	0.0	38.737865
1	1.0	0.0	0.000000
2	0.0	4.0	53.613001
3	0.0	0.0	0.000000
4	4.0	16.0	48.937626
...	...	...	...
95	0.0	0.0	0.000000
96	0.0	9216.0	95.785956
97	0.0	0.0	0.000000
98	0.0	9604.0	39.600509
99	0.0	0.0	0.000000

列ごとに異なる値で穴埋めする場合は、dictで列ごとに値を指定します。

▼[9] (section_4_2.ipynb)

```
df_fill = df.fillna({
    'lin_missing': 99,
    'sq_missing': 9999,
    'rand_missing': -1
})

df_fill
```

▼実行結果

	lin_missing	sq_missing	rand_missing
0	99.0	0.0	38.737865
1	1.0	9999.0	-1.000000
2	99.0	4.0	53.613001
3	99.0	9999.0	-1.000000
4	4.0	16.0	48.937626
...	...	...	...
95	99.0	9999.0	-1.000000
96	99.0	9216.0	95.785956
97	99.0	9999.0	-1.000000
98	99.0	9604.0	39.600509
99	99.0	9999.0	-1.000000

次に、列ごとの平均値で穴埋めするために、まず各列の欠損値以外の平均値を算出してみましょう。DataFrameのmeanメソッドは、DataFrameに欠損値が含まれていた場合は欠損していない箇所で平均値を算出することが可能です。

▼[10] (section_4_2.ipynb)

```
df.mean()
```

▼実行結果

```
lin_missing 35.750000
sq_missing 3234.000000
rand_missing 48.363477
dtype: float64
```


fillnaメソッドにmeanメソッドの結果を渡すことで、各列の平均値で穴埋めを行うことができます。

▼[11] (section_4_2.ipynb)

```
df_fill = df.fillna(df.mean())

df_fill
```

▼実行結果

	lin_missing	sq_missing	rand_missing
0	35.75	0.0	38.737865
1	1.00	3234.0	48.363477
2	35.75	4.0	53.613001
3	35.75	3234.0	48.363477
4	4.00	16.0	48.937626
...	...	...	...
95	35.75	3234.0	48.363477
96	35.75	9216.0	95.785956
97	35.75	3234.0	48.363477
98	35.75	9604.0	39.600509
99	35.75	3234.0	48.363477

meanメソッドと同様に、medianメソッド(中央値)やminメソッド(最小値)、maxメソッド(最大値)などを使って欠損値を穴埋めすることもできます。

▼[12] (section_4_2.ipynb)

```
df_fill = df.fillna(df.median())

df_fill
```

▼実行結果

	lin_missing	sq_missing	rand_missing
0	30.0	0.0	38.737865
1	1.0	2402.0	48.384487
2	30.0	4.0	53.613001
3	30.0	2402.0	48.384487
4	4.0	16.0	48.937626
...	...	...	...
95	30.0	2402.0	48.384487
96	30.0	9216.0	95.785956
97	30.0	2402.0	48.384487
98	30.0	9604.0	39.600509
99	30.0	2402.0	48.384487

欠損値の補間

固定値で穴埋めするのではなく、周囲の値を使って欠損箇所を補間する場合はinterpolateメソッドを使用します。interpolateメソッドは引数methodに'linear'を指定することで線形補間を行います。引数limit_directionは補間を行う行の方向であり、'forward'を指定することで昇順に補間を行います。

サンプルでは列「lin_missing」は先頭行が欠損しているため、昇順方向では先頭行は補間できていません。末尾行の欠損は、最後の有効値で補外されています。

▼[13] (section_4_2.ipynb)

```
df_interpol = df.interpolate(method='linear', limit_direction='forward')

df_interpol
```

▼実行結果

	lin_missing	sq_missing	rand_missing
0	NaN	0.0	38.737865
1	1.0	2.0	46.175433
2	2.0	4.0	53.613001
3	3.0	10.0	51.275314
4	4.0	16.0	48.937626
...	...	...	...
95	88.0	9026.0	92.269276
96	88.0	9216.0	95.785956
97	88.0	9410.0	67.693232
98	88.0	9604.0	39.600509
99	88.0	9604.0	39.600509

引数limit_directionに'backward'を指定すると、降順方向に補間を行います。列「lin_missing」は今度は末尾行が補間されていません。

▼[14] (section_4_2.ipynb)

```
df_interpol = df.interpolate(method='linear', limit_
direction='backward')

df_interpol
```

▼実行結果

	lin_missing	sq_missing	rand_missing
0	1.0	0.0	38.737865
1	1.0	2.0	46.175433
2	2.0	4.0	53.613001
3	3.0	10.0	51.275314
4	4.0	16.0	48.937626
...	...	...	...
95	NaN	9026.0	92.269276
96	NaN	9216.0	95.785956
97	NaN	9410.0	67.693232
98	NaN	9604.0	39.600509
99	NaN	NaN	NaN

引数limit_directionに'both'を指定することで、昇順方向にも降順方向にも補外が行われます。

▼[15] (section_4_2.ipynb)

```
df_interpol = df.interpolate(method='linear', limit_
direction='both')

df_interpol
```

▼実行結果

	lin_missing	sq_missing	rand_missing
0	1.0	0.0	38.737865
1	1.0	2.0	46.175433
2	2.0	4.0	53.613001
3	3.0	10.0	51.275314
4	4.0	16.0	48.937626
...	...	...	...
95	88.0	9026.0	92.269276
96	88.0	9216.0	95.785956
97	88.0	9410.0	67.693232
98	88.0	9604.0	39.600509
99	88.0	9604.0	39.600509

補外を使わず補間のみにするには、引数limit_areaに'inside'を指定します。

▼[16] (section_4_2.ipynb)

```
df_interpol = df.interpolate(method='linear', limit_
direction='both', limit_area='inside')

df_interpol
```

▼実行結果

	lin_missing	sq_missing	rand_missing
0	NaN	0.0	38.737865
1	1.0	2.0	46.175433
2	2.0	4.0	53.613001
3	3.0	10.0	51.275314
4	4.0	16.0	48.937626
...	...	...	...
95	NaN	9026.0	92.269276
96	NaN	9216.0	95.785956
97	NaN	9410.0	67.693232
98	NaN	9604.0	39.600509
99	NaN	NaN	NaN

直前の有効値をコピーするには引数methodに'ffill'、直後の有効値をコピーするにはmethodに'bfill'を指定してください。

▼[17] (section_4_2.ipynb)

```
df_interpol = df.interpolate(method='ffill')  # ffilではlimit_direction にはbackwardやbothは指定できない

df_interpol
```

▼実行結果

	lin_missing	sq_missing	rand_missing
0	NaN	0.0	38.737865
1	1.0	0.0	38.737865
2	1.0	4.0	53.613001
3	1.0	4.0	53.613001
4	4.0	16.0	48.937626
...	...	...	...
95	88.0	8836.0	88.752596
96	88.0	9216.0	95.785956
97	88.0	9216.0	95.785956
98	88.0	9604.0	39.600509
99	88.0	9604.0	39.600509

▼[18] (section_4_2.ipynb)

```
df_interpol = df.interpolate(method='bfill')   # bfilではlimit_
directionにはforkwardやbothは指定できない

df_interpol
```

▼実行結果

	lin_missing	sq_missing	rand_missing
0	1.0	0.0	38.737865
1	1.0	4.0	53.613001
2	4.0	4.0	53.613001
3	4.0	16.0	48.937626
4	4.0	16.0	48.937626
...	...	...	...
95	NaN	9216.0	95.785956
96	NaN	9216.0	95.785956
97	NaN	9604.0	39.600509
98	NaN	9604.0	39.600509
99	NaN	NaN	NaN

引数methodには'spline'を指定することでスプライン補間が、'polynominal'を指定することで多項式近似補間が使用できます。これらを指定する場合は、合わせて引数'order'に次数を指定する必要があります。

▼[19] (section_4_2.ipynb)

```
df_interpol = df.interpolate(method='spline', order=2, limit_
direction='both')

df_interpol
```

▼実行結果

	lin_missing	sq_missing	rand_missing
0	-1.384309e-15	0.0	38.737865
1	1.000000e+00	1.0	48.815538
2	2.000000e+00	4.0	53.613001
3	3.000000e+00	9.0	53.153719
4	4.000000e+00	16.0	48.937626
...	...	...	...
95	9.500000e+01	9025.0	96.339804
96	9.600000e+01	9216.0	95.785956
97	9.700000e+01	9409.0	76.719060
98	9.800000e+01	9604.0	39.600509
99	9.900000e+01	9801.0	-15.599760

▼[20] (section_4_2.ipynb)

```
df_interpol = df.interpolate(method='polynomial', order=2, limit_
direction='both')

df_interpol
```

▼実行結果

	lin_missing	sq_missing	rand_missing
0	NaN	0.0	38.737865
1	1.0	1.0	48.804981
2	2.0	4.0	53.613001
3	3.0	9.0	53.161927
4	4.0	16.0	48.937626
...	...	...	...
95	NaN	9025.0	96.225349
96	NaN	9216.0	95.785956
97	NaN	9409.0	76.911009
98	NaN	9604.0	39.600509
99	NaN	NaN	NaN

4.3

重複行の削除

レコードが重複していないことが前提の表形式データでも、記録時のトラブルやヒューマンエラーによって重複した行が存在することがあります。また、複数の表形式データを結合した際にバグなどによって重複行が発生する場合もありえるでしょう。本節では重複行の確認方法と重複行を削除する方法について紹介します。重複行を含んだ状態で可視化を行うと、データ理解の妨げになる場合があります。

重複行の判定

最初に本節でサンプルとして扱う表形式データを作成します。「A」「B」「C」それぞれの列で重複した値が存在しています。また、行番号「4」から「6」ではすべての列の値が一致しています。

▼[1] (section_4_3.ipynb)

```
import pandas as pd

df = pd.DataFrame({
    'A': [10, 20, 20, 30, 40, 40, 40],
    'B': [100, 100, 200, 300, 300, 300, 300],
    'C': [1000, 1000, 1000, 2000, 3000, 3000, 3000]
})

df
```

▼実行結果

	A	B	C
0	10	100	1000
1	20	100	1000
2	20	200	1000
3	30	300	2000
4	40	300	3000
5	40	300	3000
6	40	300	3000

重複行を確認するには、DataFrameの**duplicatedメソッド**を使用します。duplicatedメソッドは重複した行にTrue、そうではない行にFalseのブール値を出力するメソッドです。標準ではすべての列の値が一致した行を重複行と見なします。引数keepに'first'を指定すると重複する行の中で先頭をFalseに、'last'を指定すると末尾行をFalseにします。省略時は'first'が適用されます。

▼[2] (section_4_3.ipynb)

```
df.duplicated()        # duplicated(keep='first')と同じ
```

▼実行結果

```
0 False
1 False
2 False
3 False
4 False
5 True
6 True
dtype: bool
```

▼[3] (section_4_3.ipynb)

```
df.duplicated(keep='last')
```

▼実行結果

```
0 False
1 False
2 False
3 False
4 True
5 True
6 False
dtype: bool
```

引数keepにFalseを指定すると、重複する行がすべてTrueとなります。なおkeep = Trueを指定することはできません。

▼[4] (section_4_3.ipynb)

```
df.duplicated(keep=False)
```

▼実行結果

```
0 False
1 False
2 False
3 False
4 True
5 True
6 True
dtype: bool
```


重複行の判定にすべての列の値を用いるのではなく、特定の列で判定することも可能です。重複判定に用いる列を指定するには、引数subsetに列名を指定します。引数subsetは引数keepと併用することが可能です。

▼[5] (section_4_3.ipynb)

```
df.duplicated(subset='A')
```

▼実行結果

```
0 False
1 False
2 True
3 False
4 False
5 True
6 True
dtype: bool
```

▼[6] (section_4_3.ipynb)

```
df.duplicated(subset='C', keep='last')
```

▼実行結果

```
0 True
1 True
2 False
3 False
4 True
5 True
6 False
dtype: bool
```

引数subsetは複数列の組み合わせで指定することもできます。指定した複数列の値がすべて一致した行がTrueとなります。複数列を指定する場合は列名のlistで指定します。

▼[7] (section_4_3.ipynb)

```
df.duplicated(subset=['A', 'B'], keep='last')
```

▼実行結果

```
0 False
1 False
2 False
3 False
4 True
5 True
6 False
dtype: bool
```

重複行の削除

重複行を削除するには、DataFrameの**drop_duplicates**メソッドを使用します。引数keepで重複行から残す行を指定します。省略時は'first'が適用されます。

▼[8] (section_4_3.ipynb)

```
df_drop = df.drop_duplicates()  # drop_duplicates(keep='first')と同じ

df_drop
```

▼実行結果

	A	B	C
0	10	100	1000
1	20	100	1000
2	20	200	1000
3	30	300	2000
4	40	300	3000

drop_duplicatesメソッドも引数subsetで重複判定に使用する列を指定可能です。引数subsetを指定しなかった場合、引数keepをどのように指定しても同じ結果の表が得られます（重複した行の先頭を残しても末尾を残しても同じです）。引数subsetで列を指定した場合、引数keepの指定によって結果が変わる場合があります。

例えば、以下の例では引数subsetに「A」列を指定しており、引数keepが'first'でも'last'でも「A」列の結果は同じです。一方で他の列は値が異なる可能性があり、'first'と'last'で「B」列の結果が変わっています。

▼[9] (section_4_3.ipynb)

```
df_drop = df.drop_duplicates(subset='A', keep='first')

df_drop
```

▼実行結果

	A	B	C
0	10	100	1000
1	20	100	1000
3	30	300	2000
4	40	300	3000

▼[10] (section_4_3.ipynb)

```
df_drop = df.drop_duplicates(subset='A', keep='last')

df_drop
```

▼実行結果

	A	B	C
0	10	100	1000
2	20	200	1000
3	30	300	2000
6	40	300	3000

drop_duplicatesメソッドもsubsetに複数列をlistで指定できます。

▼[11] (section_4_3.ipynb)

```
df_drop = df.drop_duplicates(subset=['B', 'C'], keep='last')

df_drop
```

▼実行結果

	A	B	C
1	20	100	1000
2	20	200	1000
3	30	300	2000
6	40	300	3000

drop_duplicatesメソッドもdropnaメソッドと同様に、結果の行番号は削除前の行番号を引き継ぎます。drop_duplicatesメソッドは引数ignore_indexにTrueを指定することで結果の行番号を振りなおすことが可能です。

▼[12] (section_4_3.ipynb)

```
df_drop = df.drop_duplicates(
    subset='A',
    keep='first',
    ignore_index=True
)

df_drop
```

▼実行結果

	A	B	C
0	10	100	1000
1	20	100	1000
2	30	300	2000
3	40	300	3000

MEMO

第5章

グラフ作成の基本

5.1

Plotlyのグラフを構成する要素

Plotlyを使ったグラフ作成の導入として、本章ではPlotlyのグラフの基本を説明します。まず本節でグラフを構成する各要素について解説します。

構成要素の作成

Plotlyのグラフは、Figure、Layout、Traceで構成されています。

- Figure：グラフの描画領域
- Layout：グラフの書式
- Trace ：グラフの実体

■図5.1.1　Plotlyでのグラフの構成

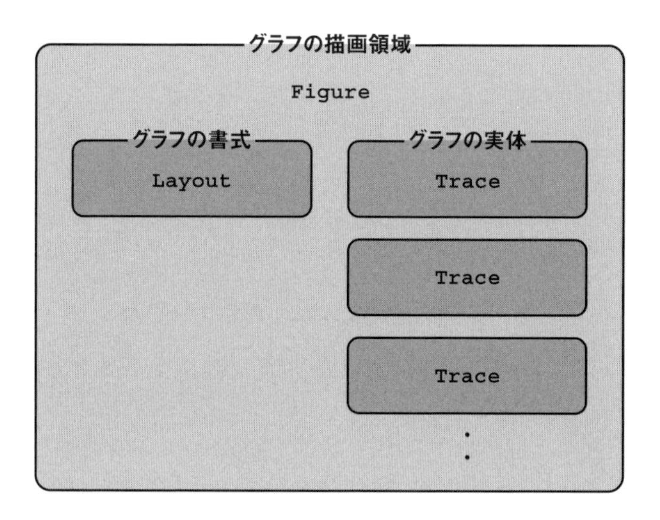

Figureはグラフの描画領域を司るもので、Figureクラスのインスタンスです。Figureインスタンスに LayoutとTraceのインスタンスを紐づけて1つのグラフとします。Layoutはグラフの書式を司り、1つのFigureに1つのLayoutが紐づきます。Traceはグラフの実体であり、例えば、散布図や棒グラフなど様々なグラフが対応し

ています。1つのFigureに複数のTraceを紐づけることができます。

まず空のFigureインスタンスを作成してみましょう。plotly.graph_objectsモジュールからFigureインスタンスを作成することができます。Visual Studio Codeでは、セルの最後にFigureインスタンスを記述することで表示を行うことができます。作成したFigureを表示してみると、いまだデータが何もない状態であることがわかります。表示されたFigureの書式はPlotlyの標準の書式設定になっています。

▼[1]（section_5_1.ipynb）

```
from plotly import graph_objects as go
import numpy as np

# Figureを作成
figure = go.Figure()

figure
```

▼実行結果

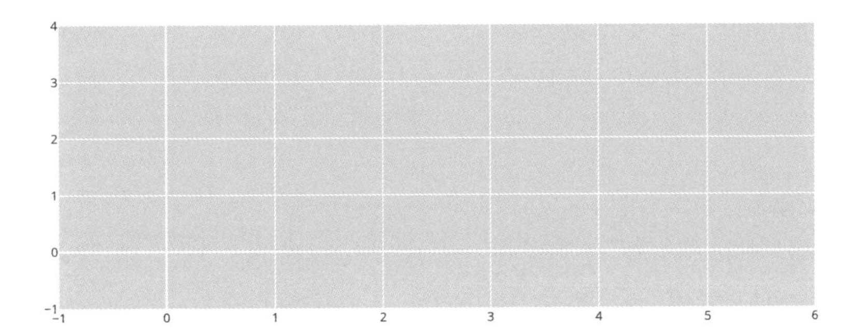

Layoutはグラフの書式設定に関する要素です。まず空のLayoutインスタンスを作成してみましょう。Layoutインスタンスは書式そのものであるため、Layoutインスタンス単体ではグラフとして成立はしません。

▼[2] (section_5_1.ipynb)

```
# Layoutを作成
layout = go.Layout()     # 空のLayout

layout
```

▼実行結果

```
Layout()
```

ここでは例として、作成済みのLayoutにupdateメソッドを使用してグラフタイトルを設定します。Layoutのupdateメソッドにdictを指定することで書式を変更することができます。dictのkeyに変更する対象を指定し、valueにはその書式を指定します。

▼[3] (section_5_1.ipynb)

```
# Layoutを更新
layout.update({
    'title': 'グラフタイトル'    # グラフタイトル
})

layout
```

▼実行結果

```
Layout({ 'title': {'text': 'グラフタイトル'} })
```

グラフタイトルを設定したLayoutインスタンスをFigureインスタンスに紐づけてみましょう。紐づけにはFigureのupdateメソッドを使用します。出力されたグラフを確認すると、グラフ上部に「グラフタイトル」の文字がタイトルとして追加されています。

▼[4] (section_5_1.ipynb)

```
# Figureを更新
figure.update(layout=layout)     # LayoutをI紐付けるようFigureを更新

figure
```

▼実行結果

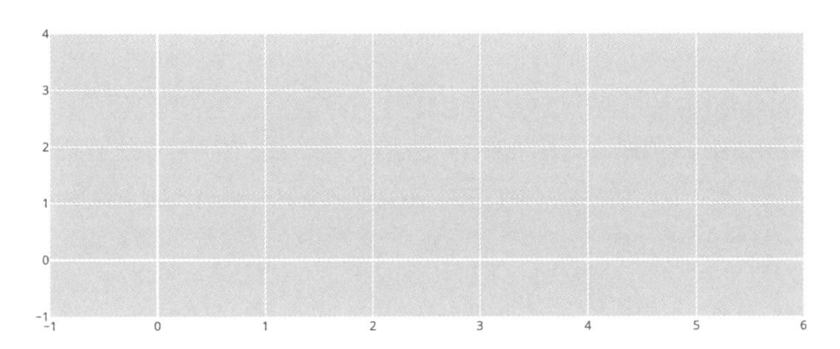

Traceインスタンスはグラフの実体に対応します。Figureインスタンスは複数のTraceインスタンスと紐づけることができるので、目的に応じて複数のTraceインスタンスを作成することになります。より正確には、Traceクラスを継承したサブクラスについてインスタンスを作成します。作成するグラフの種類によって指定するサブクラスは異なります。

ここでは折れ線グラフのTraceインスタンスを作成してみます。折れ線グラフのTraceインスタンスは、graph_objectsパッケージのScatterクラスから作成します。Traceインスタンスもそのままではグラフとして表示することはできません。

▼[5] (section_5_1.ipynb)

```
# Traceを作成
scatter_trace = go.Scatter(
    x = np.arange(50),
    y = np.random.rand(50)
)   # サンプルデータの折れ線グラフ

scatter_trace
```

▼実行結果

```
Scatter({
'x': array([ 0, 1, 2, 3, 4, 5, 6, 7, 8, 9, 10, 11, 12, 13, 14, 15, 16, 17,
 18, 19, 20, 21, 22, 23, 24, 25, 26, 27, 28, 29, 30, 31, 32, 33, 34, 35,
 36, 37, 38, 39, 40, 41, 42, 43, 44, 45, 46, 47, 48, 49]),
'y': array([0.70747108, 0.84353109, 0.01014134, 0.33150546,
0.05749753, 0.81777838,
 0.49998455, 0.67974386, 0.03299932, 0.67243334, 0.2874164 ,
0.57901163,
 0.73594332, 0.94603593, 0.32550731, 0.30080275, 0.6975421 ,
0.87929137,
 0.02980004, 0.47187315, 0.6081473 , 0.4559271 , 0.74511461,
0.30916353,

(省略)
```

構成要素の紐づけ

Layoutインスタンスと TraceインスタンスをFigureインスタンスに紐づけてみましょう。Traceインスタンスを紐づけるには、Figureのupdateメソッドで引数dataにTraceインスタンスを指定します。Traceが複数ある場合は、Traceのlistを引数dataに指定することもできます。改めてFigureインスタンスを表示すると、折れ線グラフが反映されていることがわかります。

▼[6] (section_5_1.ipynb)

```
# Figureを更新
figure.update(data=scatter_trace)    # Traceを紐付ける

figure
```

▼実行結果

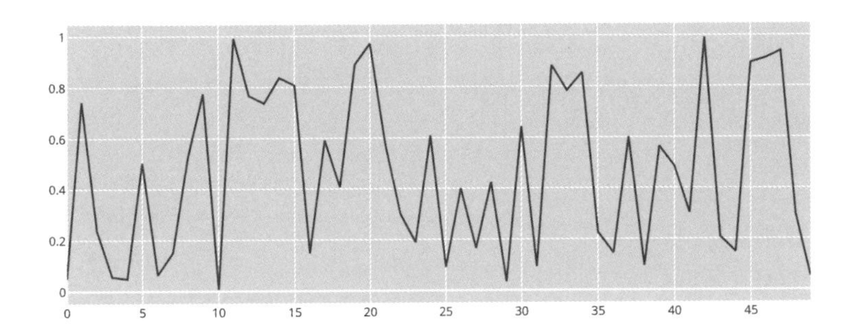

前述したとおり、Figureインスタンスには複数のTraceインスタンスを紐づけることができます。ここでは棒グラフのTraceインスタンスを作成し、Figureインスタンスに追加します。すでにTraceインスタンスが紐づけされたFigureインスタンスに追加するには、add_traceメソッドを使用します。

▼[7] (section_5_1.ipynb)

```
# Traceを作成
bar_trace = go.Bar(
    x = np.arange(50),
    y = np.random.rand(50)
)   # サンプルデータの棒グラフ

bar_trace
```

▼実行結果

```
Bar({
'x': array([ 0, 1, 2, 3, 4, 5, 6, 7, 8, 9, 10, 11, 12, 13, 14, 15,
16, 17,
 18, 19, 20, 21, 22, 23, 24, 25, 26, 27, 28, 29, 30, 31, 32, 33,
34, 35,
 36, 37, 38, 39, 40, 41, 42, 43, 44, 45, 46, 47, 48, 49]),
'y': array([0.87119305, 0.32682177, 0.36338247, 0.47955319,
0.60474967, 0.05060635,
 0.68521306, 0.95996908, 0.5110125 , 0.7297036 , 0.09423621,
0.9831362 ,
 0.3562317 , 0.49466128, 0.15221919, 0.02713218, 0.29136904,
0.98008415,
(省略)
```

▼[8] (section_5_1.ipynb)

```
# FigureにTraceを追加
figure.add_trace(bar_trace) # 棒グラフを追加

figure
```

▼実行結果

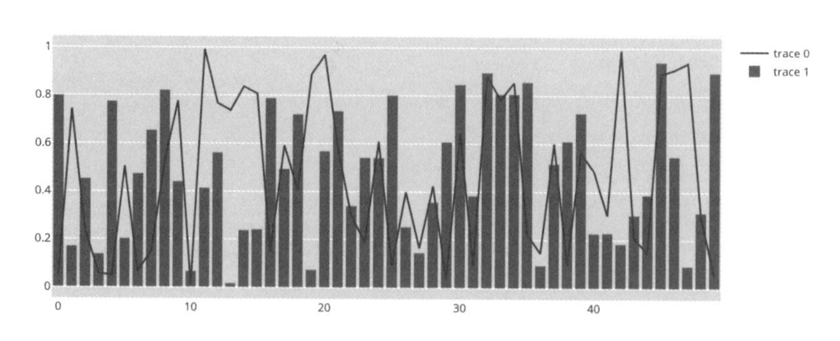

5.2

グラフを作成する方法の選択肢

Plotlyでグラフを作成するにはいくつかの方法があり、また対応しているデータ形式も複数存在します。本節ではそれらの方法を紹介していきます。

 グラフを作成する3つの要素

本節でグラフ化するサンプルデータとして、scikit-learnに付属しているIrisデータセットを扱います。Irisデータセットは、setosa（ヒオウギアヤメ）、versicolor（ブルーフラッグ種）、virginica（バージニカ種）というアヤメの萼（がく）と花弁の大きさに関するデータセットです。列「target」はラベルであり、名義データの変数です。それ以外の列はすべて連続数値データの変数となっています。

▼[1]（section_5_2.ipynb）

```
from plotly import graph_objects as go
from plotly import express as px
import pandas as pd
from sklearn import datasets

# Irisデータセットの DataFrameを読み込み
df_X, df_y = datasets.load_iris(return_X_y=True, as_frame=True)
df = pd.concat([df_X, df_y], axis=1)

df
```

▼実行結果

	sepal length (cm)	sepal width (cm)	petal length (cm)	petal width (cm)	target
0	5.1	3.5	1.4	0.2	0
1	4.9	3.0	1.4	0.2	0
2	4.7	3.2	1.3	0.2	0
3	4.6	3.1	1.5	0.2	0
4	5.0	3.6	1.4	0.2	0
...	...	...	...	...	...
145	6.7	3.0	5.2	2.3	2
146	6.3	2.5	5.0	1.9	2
147	6.5	3.0	5.2	2.0	2
148	6.2	3.4	5.4	2.3	2
149	5.9	3.0	5.1	1.8	2

Plotlyでグラフを作成する方法は3つあります。

・Graph Objects
・Plotly Express
・DataFrame　からの呼び出し

1つ目の方法は、5.1節で紹介したように**Graph Objects**（略称go）からFigure、Layout、Traceをそれぞれ作成して組み合わせる方法です。

ここでは横軸に萼（sepal）あるいは花弁（petal）の長さ、縦軸に萼あるいは花弁の幅をとって、長さと幅の散布図を表現しています。x軸で表現する変数は引数xに、y軸で表現する変数は引数yに指定しています。変数はNumPy ndarrayやpandas Seriesで指定することが可能です。2つのTraceのlistを作成し、Figureインスタンスを作成する際に渡しています。

散布図や折れ線グラフを作成するScatterクラスについては9.1節で紹介します。書式を司るLayoutクラスの詳細は6.1節と6.2節で取り上げます。

▼[2] (section_5_2.ipynb)

```
# Traceのlistを作成
traces = [
    go.Scatter(
        x=df['sepal length (cm)'],
        y=df['sepal width (cm)'],
        mode='markers',
        marker={
            'symbol': 'circle',
            'opacity': 0.5
        },
        name='sepal'
    ), # 萼(がく)の長さと幅の散布図
    go.Scatter(
        x=df['petal length (cm)'],
        y=df['petal width (cm)'],
        mode='markers',
        marker={
            'symbol': 'diamond',
            'opacity': 0.5
        },
        name='petal'
    )   # 花弁の長さと幅の散布図
]

# Layoutを作成
layout=go.Layout({
    'title': 'iris-dataset',
    'xaxis': {
        'title': 'length [cm]'
    },
    'yaxis': {
        'title': 'width [cm]'
    }
})
```

```
# Graph ObjectsからFigureを作成
figure = go.Figure(data=traces, layout=layout)

figure
```

▼実行結果

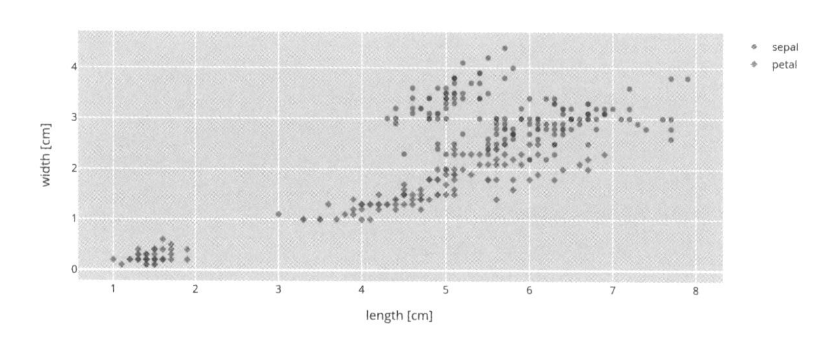

次に、Plotly Express（略称px）を使う方法があります。Plotly Expressは非常に簡単にグラフを作成できるというメリットがありますが、グラフの種類によってはGraph Objectsほど細かく設定できない場合もあります。また、Plotly Expressには対応していないグラフも存在します。Plotly Expressが対応しているグラフの種類は序章の表を御覧ください。

ここでは引数data_frameにIrisデータセットのDataFrameを指定し、引数xにグラフのx軸に使用する列名を、引数yにy軸に使用する列名を指定しています。

▼[3]（section_5_2.ipynb）

```
# Plotly ExpressからFigureを作成
figure = px.scatter(
    data_frame=df,
    x='sepal length (cm)',
    y='sepal width (cm)',
```

```
    title='iris-dataset'
)    # 萼(がく)の長さと幅の散布図

figure
```

▼実行結果

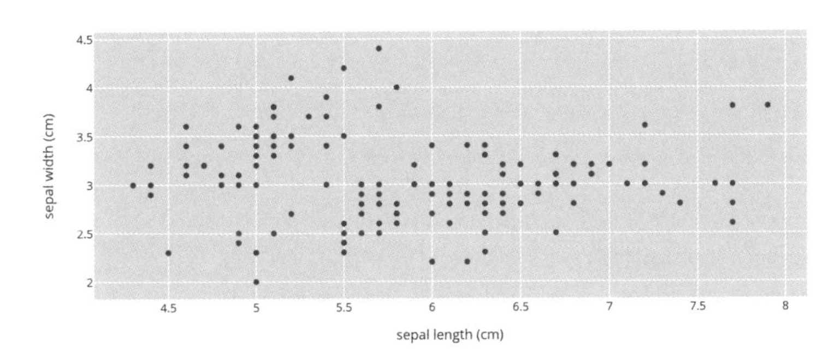

最後にDataFrameから呼び出す方法があります。DataFrameは標準ではmatplotlibでグラフを描画しますが、pandas.options.plotting.backend を'plotly'に指定することで、Plotlyのグラフを作成できるようになります。DataFrameから呼び出せるグラフは限られています。

▼[4] (section_5_2.ipynb)

```
pd.options.plotting.backend = 'plotly'   # pandasのグラフをPlotlyに変更

# DataFrameからFigureを作成
figure = df.plot.scatter(
    x='petal length (cm)',
    y='petal width (cm)'
)    # 花弁の長さと幅の散布図

figure
```

▼実行結果

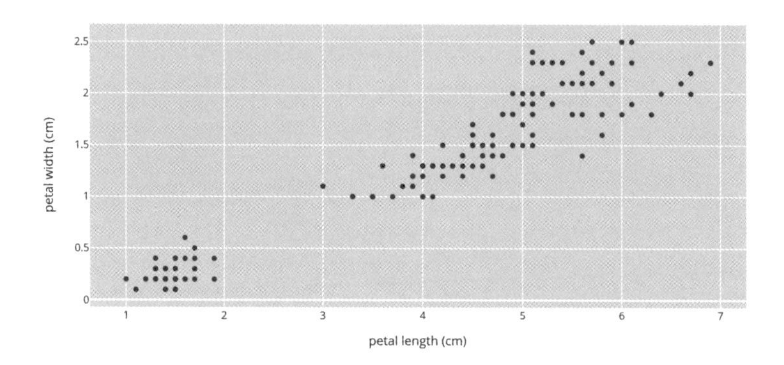

以上3つのグラフを作成する方法の中で、簡単にグラフ作成できるのはPlotly Expressです。グラフが対応しているなら、DataFrameから直接作成するのもよいでしょう。グラフの設定をより細かく指定する必要があるならGraph Objectsを使用します。またGraph Objectsは対応しているグラフの種類が多いという特徴もあります。状況に応じて作成方法を使い分けてください。

Plotly ExpressでのDataFrame以外からのグラフ作成

さきほどのPlotly Expressを使った例では、データを指定する際にDataFrameを使用しましたが、dict形式でデータを指定することも可能です。引数data_frameにdict形式のデータを指定し、引数xと引数yに使用するkeyを指定します。

▼[5] (section_5_2.ipynb)

```
# dictを作成
dict_data = {
    'sepal_length': df['sepal length (cm)'].values,
    'petal_length': df['petal length (cm)'].values
}

```

```
# dictを使ってFigureを作成
figure = px.scatter(
    data_frame=dict_data,
    x='sepal_length',
    y='petal_length',
    title='from dict'
)    # 萼(がく)の長さと花弁の長さの散布図

figure
```

▼実行結果

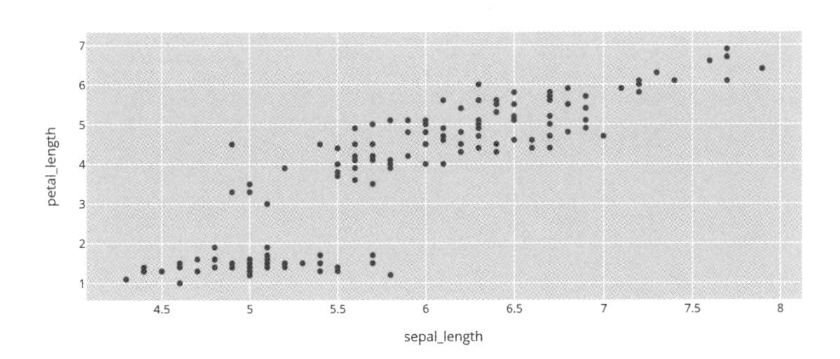

NumPy ndarrayやlist、tupleなど配列状のデータオブジェクトからグラフ作成する場合は、引数xと引数yに直接データを指定します。ただしx軸とy軸のラベルがないため、引数labelsでラベルを指定します。引数labelsの指定はdict形式にします。

▼[6] (section_5_2.ipynb)

```
# NumPy ndarrayを使ってFigureを作成
figure = px.scatter(
    x=df['sepal width (cm)'].values,
    y=df['petal width (cm)'].values,
    labels={
        'x': 'sepal width',
        'y': 'petal width'
```

```
    },
    title='from array'
)   # 萼(がく)の幅と花弁の幅の散布図

figure
```

▼実行結果

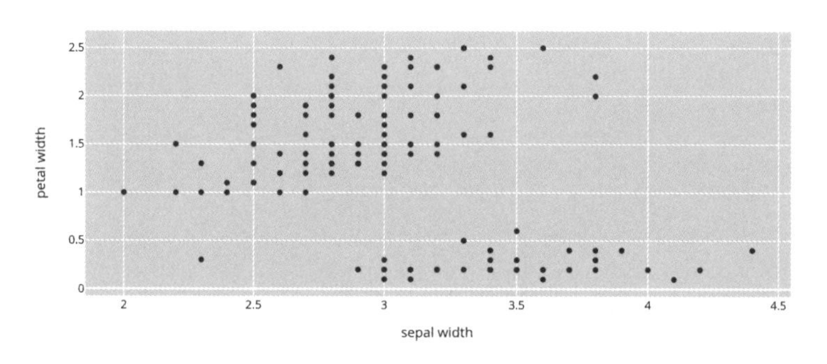

このようにPlotlyはpandas DataFrame以外のデータからでも、グラフを作成することが可能です。

第6章

グラフの書式設定

6.1

データインクレシオと書式テンプレート

本節ではデータインクレシオの概念を紹介し、その考え方を踏まえた上で書式テンプレートを使って簡単にグラフの書式を設定する方法を紹介します。

データインクレシオ

散布図、折れ線グラフ、棒グラフなどグラフの種類は多様であり、データによって適したグラフの種類は異なります。しかし、同一のデータとグラフ種類でも、書式によってグラフからの情報の読み取りやすさが変わります。グラフの書式とわかりやすさの関係の中に、データインクレシオという考え方があります [2]。

データインクレシオは以下のように、その値が高いほどグラフに不要な装飾がなく、データが持つ情報を読み取りやすいことを示す概念です。

$$\text{データインクレシオ} = \frac{\text{グラフ中でデータに使ったインク量}}{\text{グラフ全体のインク量}}$$

もちろんグラフを実際にプリントアウトしてインクの使用量を測るわけではありませんが「グラフ全体の中でデータのために使った色が多いほど不要な装飾がない」という考え方です。

さて、序章で述べたように、データの可視化には「アイデアの説明」「日々のデータビズ」「アイデアの創出」「視覚的発見」の4つがあり、本書が特にフォーカスするのは視覚的発見です。視覚的発見においてグラフを観察するのはグラフを作った本人ですが、その場合でもデータインクレシオは高いほうが視覚的発見の作業効率はよいといえます。ただしデータインクレシオを高くしようと書式設定にばかり時間をかけると本末転倒です。つまり、短い時間で効率的に見やすい書式設定にするような方法が望ましいといえます。

 Plotlyで使える書式テンプレート

Plotlyでは、Layoutインスタンスを作成する際に**書式テンプレート**を指定することが可能です。書式テンプレートはそれぞれ統一したテーマのグラフ書式を提供しており、書式テンプレートを指定することで簡単にグラフ全体の書式を設定することができます。そこで本書では、書式テンプレートを使うことにより、必要最低限の労力でデータインクレシオの高い書式設定にする方法を紹介します。

Plotlyで使用できる書式テンプレートの一覧は、plotly.io.templateから確認できます。

▼[1] (section_6_1.ipynb)

```
import sys
import os
import json
import pandas as pd
from sklearn.datasets import fetch_california_housing
import plotly.io as pio
from plotly import graph_objects as go
from plotly.graph_objs.layout import Template

templates_config = pio.templates     # 書式テンプレートの設定一覧を取得
templates_config
```

▼実行結果

```
Templates configuration
-----------------------
Default template: 'plotly'
Available templates:
['ggplot2', 'seaborn', 'simple_white', 'plotly',
'plotly_white', 'plotly_dark', 'presentation', 'xgridoff',
'ygridoff', 'gridon', 'none']
```

以降からPlotlyの提供する様々なテンプレートをグラフに適用し、データインクレシオの比較を行います。本節ではカリフォルニア住宅価格のデータであるCalifornia Housingデータセットを使用してグラフを作成します。まずはデータを読み込みましょう。

▼[2] (section_6_1.ipynb)

```
# California Housingデータセットの DataFrameを読み込み
df_X, df_y = fetch_california_housing(as_frame=True, return_X_
y=True)
df = pd.concat([df_X, df_y], axis=1)

df
```

▼実行結果

	MedInc	HouseAge	AveRooms	AveBedrms	Population	AveOccup	Latitude	Longitude	MedHouseVal
0	8.3252	41.0	6.984127	1.023810	322.0	2.555556	37.88	-122.23	4.526
1	8.3014	21.0	6.238137	0.971880	2401.0	2.109842	37.86	-122.22	3.585
2	7.2574	52.0	8.288136	1.073446	496.0	2.802260	37.85	-122.24	3.521
3	5.6431	52.0	5.817352	1.073059	558.0	2.547945	37.85	-122.25	3.413
4	3.8462	52.0	6.281853	1.081081	565.0	2.181467	37.85	-122.25	3.422
...	...	...	...	...	...	...	...	...	...
20635	1.5603	25.0	5.045455	1.133333	845.0	2.560606	39.48	-121.09	0.781
20636	2.5568	18.0	6.114035	1.315789	356.0	3.122807	39.49	-121.21	0.771
20637	1.7000	17.0	5.205543	1.120092	1007.0	2.325635	39.43	-121.22	0.923
20638	1.8672	18.0	5.329513	1.171920	741.0	2.123209	39.43	-121.32	0.847
20639	2.3886	16.0	5.254717	1.162264	1387.0	2.616981	39.37	-121.24	0.894

各テンプレートで使用する共通のTraceとして、散布図のTraceを作成します。

▼[3] (section_6_1.ipynb)

```
# 各テンプレートで共通使用するTraceを作成
trace = go.Scatter(
    x=df['MedInc'],
    y=df['MedHouseVal'],
    mode='markers'
)    # 所得の中央値と住宅価格の中央値の散布図

trace
```

▼実行結果

```
Scatter({
'mode': 'markers',
'x': array([8.3252, 8.3014, 7.2574, ..., 1.7 , 1.8672, 2.3886]),
'y': array([4.526, 3.585, 3.521, ..., 0.923, 0.847, 0.894])
})
```

以降から、それぞれの書式テンプレートを適用してFigureを作成します。

▼[4] (section_6_1.ipynb)

```
# ggplot2テンプレートを使用
figure = go.Figure(
    data=trace,
    layout = go.Layout(
        template=templates_config['ggplot2'], # template =
'ggplot2'でも可
        xaxis={'title': 'MedInc'},
        yaxis={'title': 'MedHouseVal'},
        title='ggplot2'
    )
)

figure
```

▼実行結果

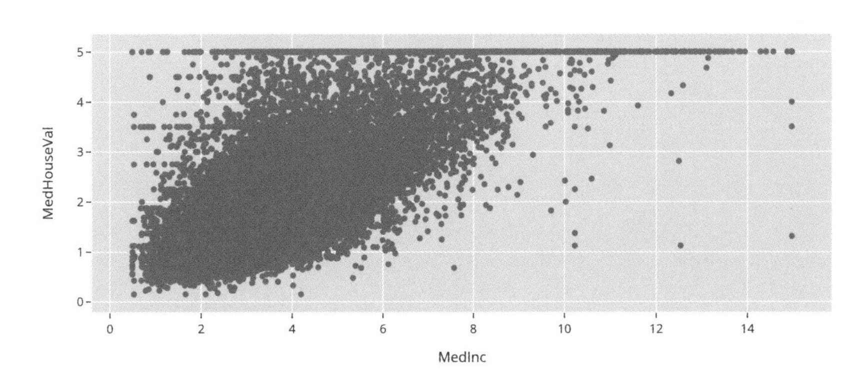

▼[5] (section_6_1.ipynb)

```
# seabornテンプレートを使用
figure = go.Figure(
    data=[trace],
    layout = go.Layout(
        template=templates_config['seaborn'], # template = 
'seaborn'でも可
        xaxis={'title': 'MedInc'},
        yaxis={'title': 'MedHouseVal'},
        title='seaborn'
    )
)

figure
```

▼実行結果

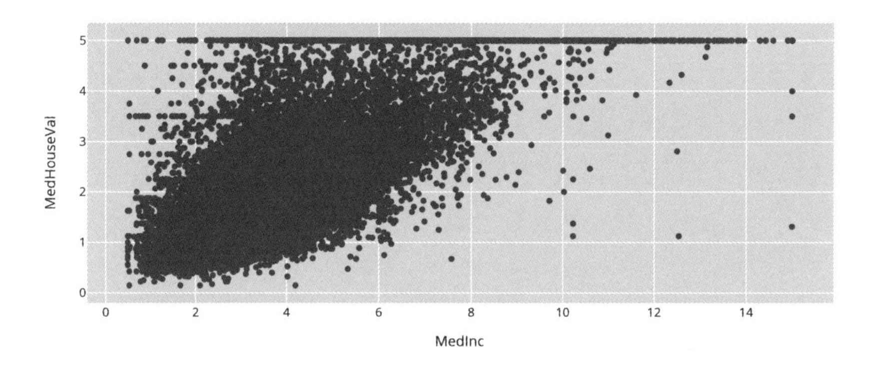

▼[6] (section_6_1.ipynb)

```
# simple_whiteテンプレートを使用
figure = go.Figure(
    data=[trace],
    layout = go.Layout(
        template=templates_config['simple_white'], # template = 
'simple_white'でも可
        xaxis={'title': 'MedInc'},
        yaxis={'title': 'MedHouseVal'},
        title='simple_white'
    )
)

figure
```

▼実行結果

simple_white

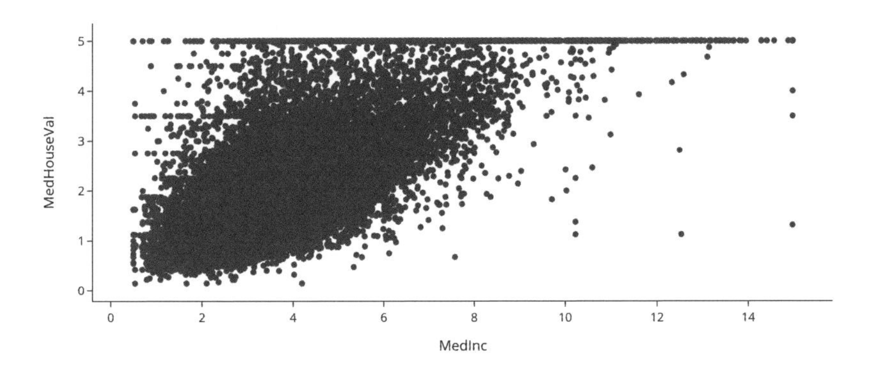

▼[7] (section_6_1.ipynb)

```
# plotly_whiteテンプレートを使用
figure = go.Figure(
    data=[trace],
    layout = go.Layout(
        template=templates_config['plotly_white'], # template = 
'plotly_white'でも可
        xaxis={'title': 'MedInc'},
        yaxis={'title': 'MedHouseVal'},
        title='plotly_white'
    )
)

figure
```

▼実行結果

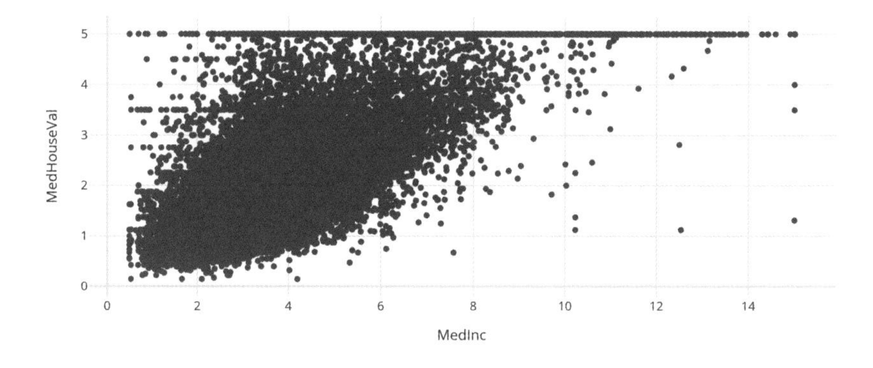

▼[8] (section_6_1.ipynb)

```
# plotly_darkテンプレートを使用
figure = go.Figure(
    data=[trace],
    layout = go.Layout(
        template=templates_config['plotly_dark'], # template = 
'plotly_dark'でも可
        xaxis={'title': 'MedInc'},
        yaxis={'title': 'MedHouseVal'},
        title='plotly_dark'
    )
)

figure
```

▼実行結果

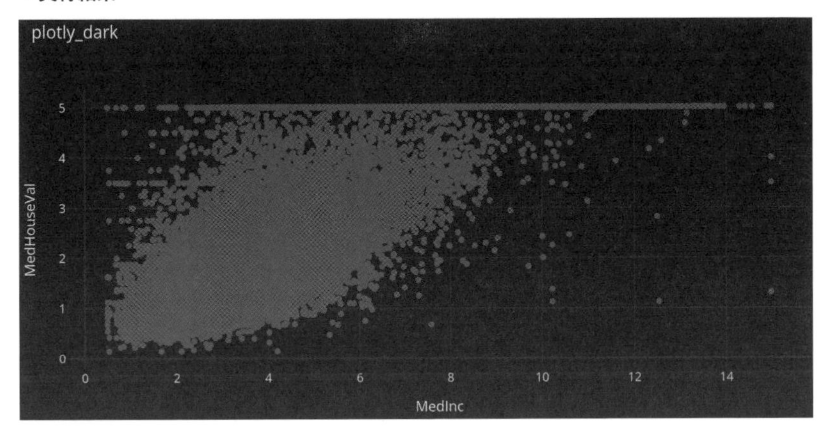

▼[9] (section_6_1.ipynb)

```
# presentationテンプレートを使用
figure = go.Figure(
    data=[trace],
    layout = go.Layout(
        template=templates_config['presentation'], # template = 
'presentation'でも可
        xaxis={'title': 'MedInc'},
        yaxis={'title': 'MedHouseVal'},
        title='presentation'
    )
)

figure
```

▼実行結果

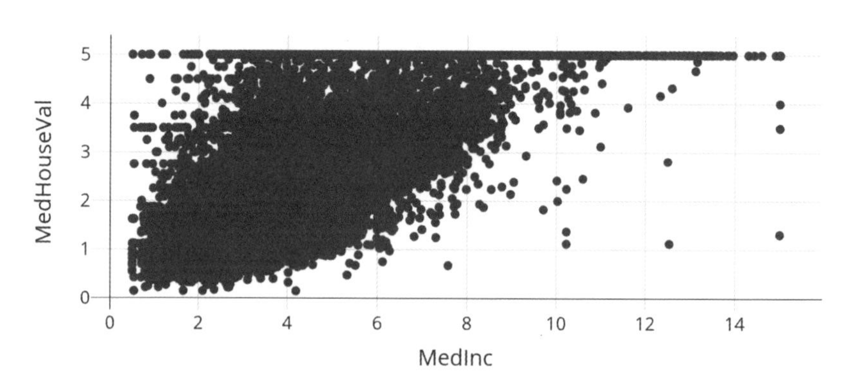

▼[10] (section_6_1.ipynb)

```
# xgridoffテンプレートを使用
figure = go.Figure(
    data=[trace],
    layout = go.Layout(
        template=templates_config['xgridoff'], # template = 
'xgridoff'でも可
        xaxis={'title': 'MedInc'},
        yaxis={'title': 'MedHouseVal'},
        title='xgridoff'
    )
)

figure
```

▼実行結果

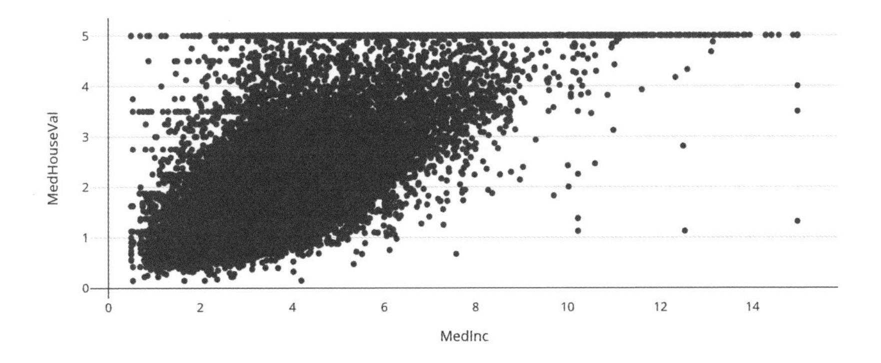

▼[11] (section_6_1.ipynb)

```
# ygridoffテンプレートを使用
figure = go.Figure(
    data=[trace],
    layout = go.Layout(
        template=templates_config['ygridoff'], # template = 
'ygridoff'でも可
        xaxis={'title': 'MedInc'},
        yaxis={'title': 'MedHouseVal'},
        title='ygridoff'
    )
)

figure
```

▼実行結果

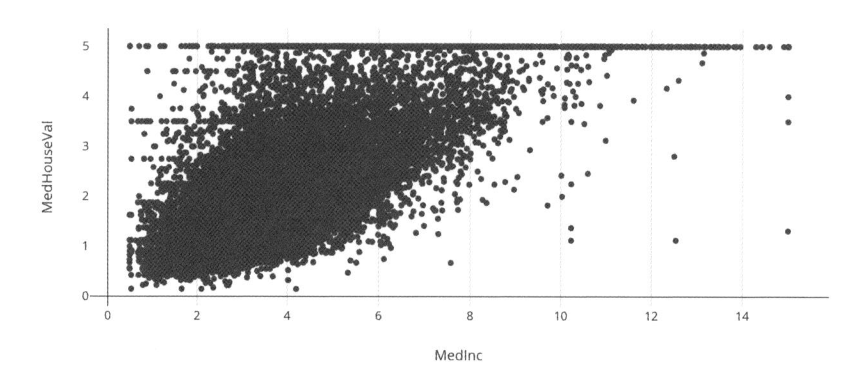

▼[12] (section_6_1.ipynb)

```
# gridonテンプレートを使用
figure = go.Figure(
    data=[trace],
    layout = go.Layout(
        template=templates_config['gridon'], # template = 'gridon'
でも可
        xaxis={'title': 'MedInc'},
        yaxis={'title': 'MedHouseVal'},
        title='gridon'
    )
)

figure
```

▼実行結果

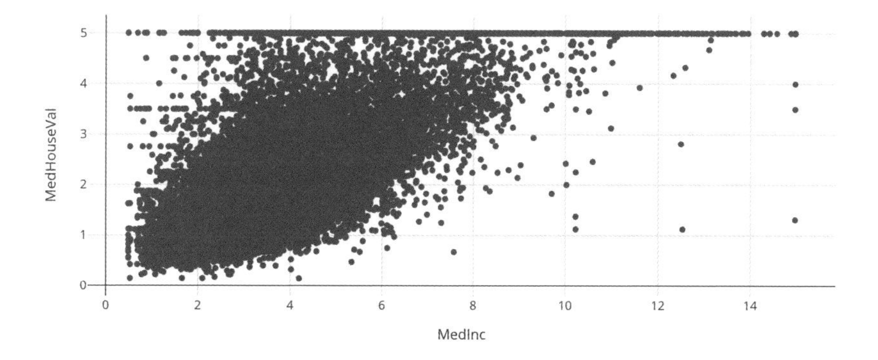

▼[13] (section_6_1.ipynb)

```
# noneテンプレートを使用
figure = go.Figure(
    data=[trace],
    layout = go.Layout(
        template=templates_config['none'], # template = 'none'でも可
        xaxis={'title': 'MedInc'},
        yaxis={'title': 'MedHouseVal'},
        title='none'
    )
)

figure
```

▼実行結果

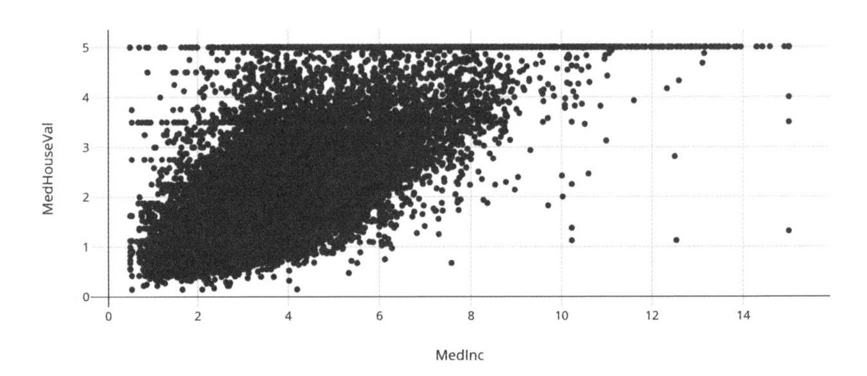

用意されているテンプレートの中では、背景に色が付いていることから「ggplot2」「seaborn」「plotly_dark」はデータインクレシオは高くなさそうです。「simple_white」や「xgridoff」がデータインクレシオが比較的高いといえます。グラフの書式を設定する際には、データインクレシオが高いテンプレートの中から好みのものを選んで設定するとよいでしょう。

書式テンプレートのカスタマイズ

Plotly標準の書式テンプレートから設定するだけでも効率的ですが、書式テンプレートをカスタマイズして保存することも可能です。以降からは独自テンプレートを作成する方法を紹介していきます。

書式テンプレートの実体は、Templateクラスのインスタンスです。一例としてsimple_whiteテンプレートのクラスを確認してみます。

▼[14] (section_6_1.ipynb)

```
# 書式テンプレートのクラスを確認
simple_white_template = templates_config['simple_white']

type(simple_white_template)
```

▼実行結果

```
plotly.graph_objs.layout._template.Template
```

また、それぞれの書式テンプレートの詳細は、Plotlyの内部でJSONファイルとして保存されています。筆者の環境ではsimple_whiteテンプレートのJSONファイルはPython3.9仮想環境内の以下場所に保存されていました。

▼[15] (section_6_1.ipynb)

```
# JSONファイルの保存場所を確認
mod = sys.modules.get('plotly')
json_path = os.path.join(os.path.dirname(mod.__file__), 'package_
data', 'templates', 'simple_white.json')

json_path
```

▼実行結果

```
'<Python環境>/python3.9/site-packages/plotly/package_data/
templates/simple_white.json'
```

上記場所のJSONファイルを直接開いて、中身を確認することもできます。

▼[16] (section_6_1.ipynb)

```
# JSONファイルの中身を表示
with open(json_path) as f:
    simple_white_dict = json.load(f)

simple_white_dict
```

▼実行結果

```
{'layout': {'autotypenumbers': 'strict',
'colorway': ['#1F77B4',
'#FF7F0E',
(省略)
```

また、読み込んだ書式テンプレートを別名でJSONファイルとしてコピーすることも可能です。ここではcopy_white.jsonという別名で保存します。

▼[17] (section_6_1.ipynb)

```
# simple_whiteテーマをJSONファイル形式で別名保存
with open('copy_white.json', 'w') as f:
    json.dump(simple_white_template.to_plotly_json(), f, indent=4)
```

このcopy_white.jsonをテキストエディターなどのJSONファイルを編集できるアプリケーションで開き、layout.yaxisの箇所を探してください。layout.yaxis.showgridとlayout.yaxis.showlineの設定を以下に変更してcustom_white.jsonの名前で保存してみましょう。y軸を非表示にし、その代わりにy軸グリッドを表示しています。

なお、編集済みのcustom_white.jsonもサンプルコードに含めていますので、そのまま使用することも可能です。

▼[変更前]

```
(省略)
        "yaxis": {
            "gridcolor": "rgb(232,232,232)",
            "linecolor": "rgb(36,36,36)",
            "showgrid": false,
            "showline": true,
(省略)
```

▼[変更後]

```
(省略)
        "yaxis": {
            "gridcolor": "rgb(232,232,232)",
            "linecolor": "rgb(36,36,36)",
            "showgrid": true,
            "showline": false,
(省略)
```

保存したcustom_white.jsonを読み込むことで、独自のテンプレートで書式設定することができます。

▼[18] (section_6_1.ipynb)

```
# 独自テンプレートを読み込み
with open('custom_white.json') as f:
    custom_white_dict = json.load(f)
    template = Template(custom_white_dict)

# Figureを作成
figure = go.Figure(
    data=trace,
    layout = go.Layout(
        template=template,
        xaxis={'title': 'MedInc'},
        yaxis={'title': 'MedHouseVal'},
        title='Custom template'
    )   # 独自テンプレートを適用したLayout
)

figure
```

▼実行結果

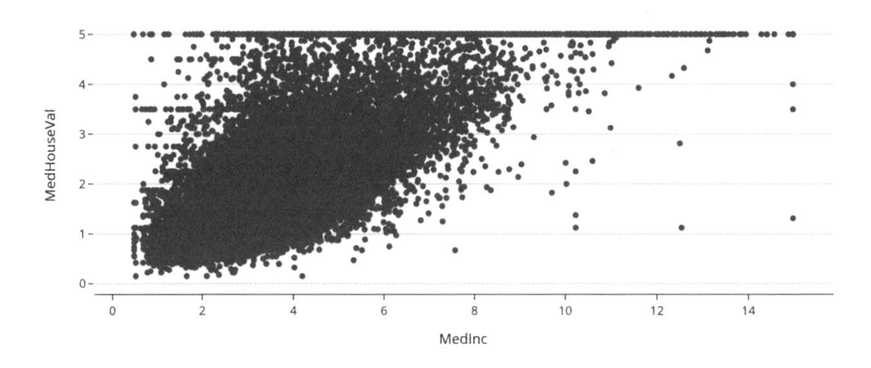

以上のようにPlotlyが用意している書式テンプレートの中から好みのものを選び、使いやすいよう修正してJSONファイルとして保存しておくことをおすすめします。自分だけの書式テンプレートを活用することで、少ない労力で視覚的発見を行いやすい書式環境を作ることができます。

本書の以降の節からは、保存したcustom_white.jsonを書式テンプレートとしてPlotlyの様々なグラフや機能を紹介していきます。独自の書式テンプレートを作成された読者の方は、custom_whiteの代わりにそのテンプレートを使用しても問題ありません。

6.2

書式の細部設定

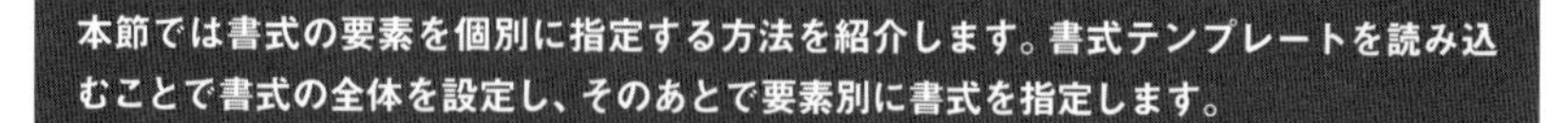

軸とグラフタイトルの設定

前節で紹介した書式テンプレートを活用することで、グラフを作成する度に書式をすべて設定しなくても情報を読み取りやすいグラフにすることができます。ただし、グラフタイトルや軸ラベルなど、グラフごとに個別に設定せざるを得ない要素も存在します。そこで本節では、最初に書式テンプレートを読み込んだあとで必要に応じて書式を変更する方法を紹介します。

本節で扱うサンプルデータは前節に引き続きCalifornia Housingデータセット（カリフォルニア住宅価格のデータ）です。変数「Population」は区画の人口を、「AveRooms」は世帯の平均部屋数、「AveBedrms」は世帯の平均寝室数を意味しています。ここでは、人口に対する平均部屋数と平均寝室数を散布図としてプロットしてみましょう。

グラフ作成はGraph Objects（略称go）の方式で作成します。平均部屋数と平均寝室数でScatterインスタンスを作成し、そのlistをFigureインスタンスを作成する際の引数として渡しています。また前節で作成したJSONファイルを読み込み、カスタムテンプレートとして引数layoutに指定しています。

▼[1]（section_6_2.ipynb）

```
import json
import pandas as pd
from sklearn.datasets import fetch_california_housing

from plotly import graph_objects as go
from plotly.graph_objs.layout import Template

# California HousingデータセットのDataFrameを読み込み
```

```
df_X, df_y = fetch_california_housing(as_frame=True, return_X_
y=True)
df = pd.concat([df_X, df_y], axis=1)

# Traceのlistを作成
traces = [
    go.Scatter(
        x=df['Population'],
        y=df['AveRooms'],
        mode='markers',
        name='rooms'
    ),  # 人口と平均部屋数の散布図
    go.Scatter(
        x=df['Population'],
        y=df['AveBedrms'],
        mode='markers',
        name='bedrooms'
    )   # 人口と平均寝室数の散布図
]

# 独自テンプレートの読み込み
with open('custom_white.json') as f:
    custom_white_dict = json.load(f)
    template = Template(custom_white_dict)

# Layoutの作成
layout=go.Layout(template=template)

# Figureの作成
figure = go.Figure(data=traces, layout=layout)

figure
```

▼実行結果

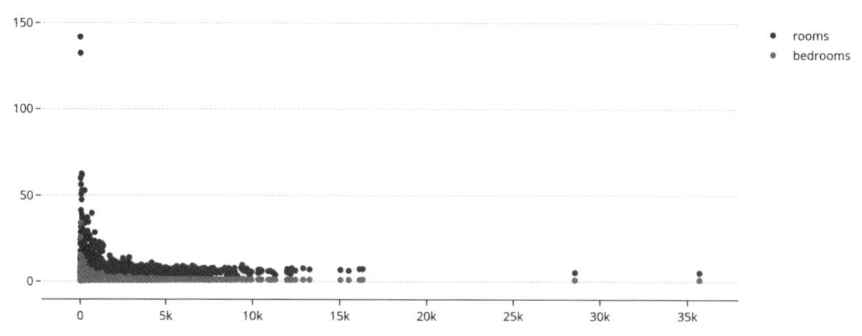

作成したグラフは、x軸y軸ともに未設定となっています。x軸のラベルと、目盛範囲と目盛り間隔を指定しましょう。書式を個別設定する方法の1つは、Figureインスタンスのupdate_layoutメソッドにdictを指定することです。ここではx軸を設定するために引数xaxisにdictを指定します。

▼[2] (section_6_2.ipynb)

```
# x軸についてLayoutを更新
figure.update_layout(
    xaxis={
        'title': 'Block group population',  # x軸ラベル
        'range': (0., 20000),               # 目盛り範囲
        'dtick': 2000                       # 目盛り間隔
    }   # {}でdictを指定
)

figure
```

▼実行結果

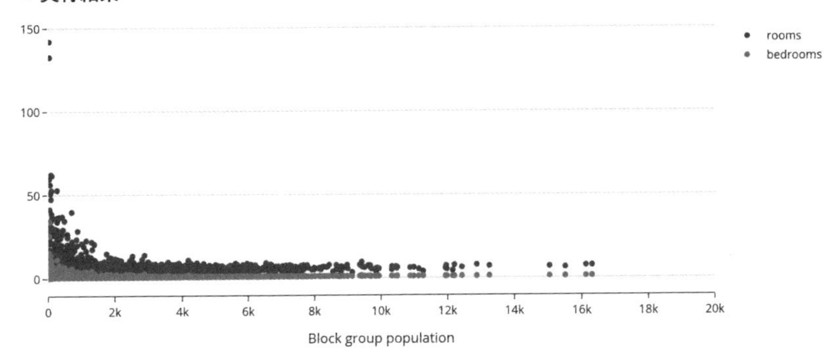

update_layoutメソッドに指定するdictは、dictクラスの初期化メソッドによって作成することも可能です。y軸はこちらの方法で指定してみます。なお、x軸の更新はFigureのupdate_xaxesメソッドで、y軸の更新はupdate_yaxesメソッドでそれぞれ行うことも可能です。

▼[3] (section_6_2.ipynb)

```
# y軸についてLayoutを更新
figure.update_layout(
    yaxis=dict(
        title='Average number of rooms',      # y軸ラベル
        range=(0., 150),                      # 目盛り範囲
        dtick=50                              # 目盛り間隔
    )   # dict()でdictを指定
)

figure
```

▼実行結果

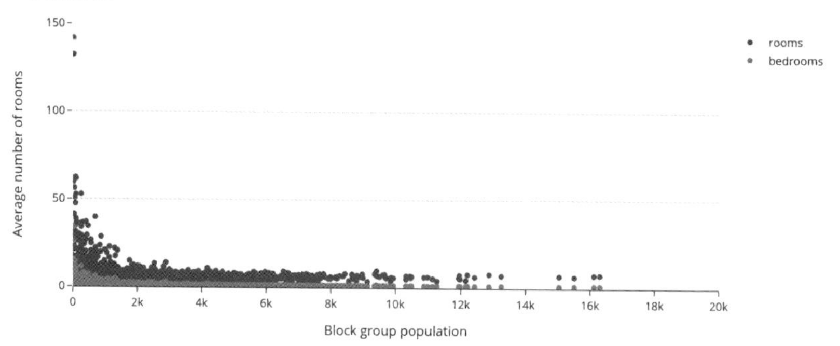

以上でx軸とy軸の設定ができたため、最後にタイトルを設定してみましょう。ここまではFigureのupdate_layoutメソッドを使用していましたが、updateメソッドで引数layoutに書式を設定する方法でもLayoutの更新が可能です。

▼[4] (section_6_2.ipynb)

```
# TitleについてLayoutを更新
figure.update(
    layout={
        'title':  'California housing'
    }
)

figure
```

▼実行結果

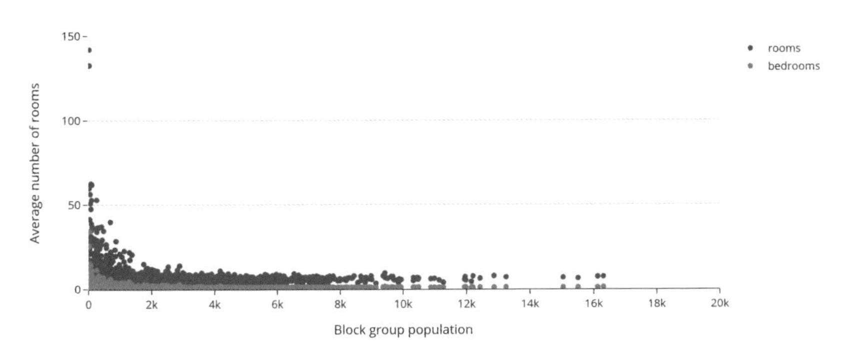

軸を対数表示にするには、typeをlogに指定します。対数表示にした場合は、目盛範囲は10のべき乗の指数で指定するので注意してください。例えば、rangeを(0, 5)で指定したなら、10の0乗から10の5乗までの範囲を意味します。

▼[5] (section_6_2.ipynb)

```
# x軸とy軸について更新
figure.update_layout(
    xaxis={
        'type': 'log',          # 対数表示
        'range': (0, 5),        # 目盛り範囲（対数）
        'dtick': 1              # 目盛り間隔（対数）
    },
    yaxis={
        'type': 'log',          # 対数表示
        'range': (0, 2),        # 目盛り範囲（対数）
        'dtick': 1              # 目盛り間隔（対数）
    }
)

figure
```

▼実行結果

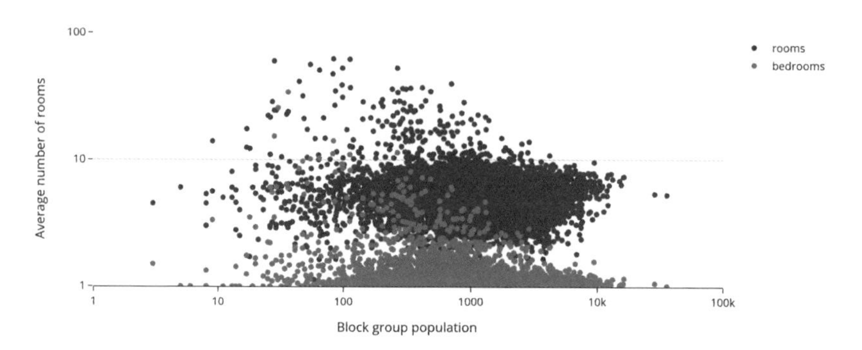

マーカーの設定

マーカー(=データ1点のプロット)の書式を変更するには、Layoutインスタンスではなく Traceインスタンスに手を加える必要があります。Figureインスタンスは、update_tracesメソッドでTraceインスタンスの設定を更新することができます。ただし、すべてのTrace(ここでは平均部屋数のScatterと平均寝室数のScatter)が更新されることに注意してください。

マーカーのシンボルを十字、マーカーサイズを4、透過率を0.8に設定します。

▼[6] (section_6_2.ipynb)

```
# マーカーについてTraceを更新
figure.update_traces(
    marker={
        'symbol': 'cross',  # 十字シンボル
        'size': 4           # シンボルサイズ
    },
    opacity=0.8             # 透過率
)

figure
```

▼実行結果

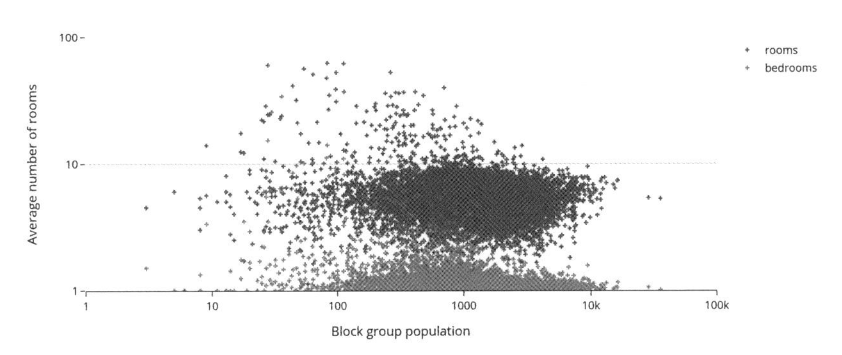

Figureインスタンスはその属性を直接変更することでも書式を更新することが可能です。ここではFigureインスタンスが持つTraceを直接書き換えることで、それぞれのScatterインスタンスで異なるマーカーを設定します。

▼[7] (section_6_2.ipynb)

```
# マーカーについてTraceを直接更新
figure.data[0].marker.symbol = 'square'
figure.data[0].marker.color = 'green'
figure.data[0].opacity = 0.4

figure.data[1].marker.symbol = 'diamond'
figure.data[1].marker.color = 'purple'
figure.data[1].opacity = 0.6

figure
```

▼実行結果

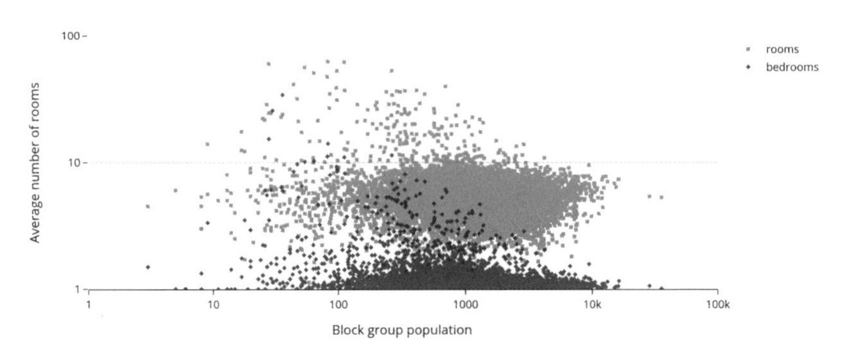

以上のように、書式テンプレートを読み込み、必要に応じてグラフタイトルや軸の設定を行うことで効率的に読み取りやすいグラフを作成することができます。最後に紹介したようにFigureインスタンスの属性を直接書き換えることでも書式の更新が可能です。

6.3

複数グラフの作図

本節では複数グラフを作図する方法と、複数グラフで軸を共有する方法について解説します。また、グラフが煩雑になるというデメリットがありますが、1つのグラフでY軸を左右2軸にする方法についても紹介します。

複数グラフの作成

前節までで紹介したように、1つのグラフで複数のプロットを行うにはFigureインスタンスに複数のTraceインスタンスを紐づけます。本節では異なる複数のグラフを持つFigureインスタンスを作成する**make_subplots関数**を紹介します。make_subplots関数の引数rowsと引数colsで、作成する行方向と列方向のグラフ個数を指定します。引数horizontal_spacingはグラフ間の横方向間隔に関係するもので、大きいほど間隔が離れます。それぞれのグラフにタイトルをつけるには、引数subplot_titlesでタイトルを指定しておく必要があります。

make_subplots関数でFigureインスタンスを作成したら、add_traceメソッドでTraceインスタンスをFigureインスタンスに紐づけていきます。紐づける際には、引数rowと引数colで、どの位置のグラフに対応したTraceかを指定します。

ここではCalifornia Housingデータセット（カリフォルニア住宅価格のデータ）から、「HouseAge（築年数）」に対する「AveRooms（平均部屋数）」と「AveBedrms（平均寝室数）」の散布図を左のグラフに、「Population（ブロック人口）」に対する「AveOccup（平均住宅占有率）」の散布図を右のグラフに、それぞれプロットしてみます。

▼[1]（section_6_3.ipynb）

```
import json
import pandas as pd
from sklearn.datasets import fetch_california_housing

from plotly import graph_objects as go
from plotly.subplots import make_subplots
from plotly.graph_objs.layout import Template
```

```

# California Housingデータセットのdataframeを読み込み
df_X, df_y = fetch_california_housing(as_frame=True, return_X_
y=True)
df = pd.concat([df_X, df_y], axis=1)

# 1行2列複数グラフのFigureを作成
figure = make_subplots(
    rows=1,      # 行数
    cols=2,      # 列数
    horizontal_spacing=0.2,      # 水平方向の間隔
    subplot_titles=['Age - Rooms', 'Population - Occupancy']     #
各グラフのタイトル
)

# 1行1列目にTraceを追加
figure.add_trace(
    go.Scatter(
        x=df['HouseAge'],
        y=df['AveRooms'],
        mode='markers',
        name='rooms'
    ),         # 築年数と平均部屋数の散布図
    row=1,  # 追加する行
    col=1   # 追加する列
)
figure.add_trace(
    go.Scatter(
        x=df['HouseAge'],
        y=df['AveBedrms'],
        mode='markers',
        name='bedrooms'
    ),         # 築年数と平均寝室数の散布図
    row=1,  # 追加する行
    col=1   # 追加する列
```

```
)

# 1行2列目にTraceを追加
figure.add_trace(
    go.Scatter(
        x=df['Population'],
        y=df['AveOccup'],
        mode='markers',
        name='occupancy'
    ),        # 人口と平均住宅占有率の散布図
    row=1,  # 追加する行
    col=2   # 追加する列
)

figure
```


▼実行結果

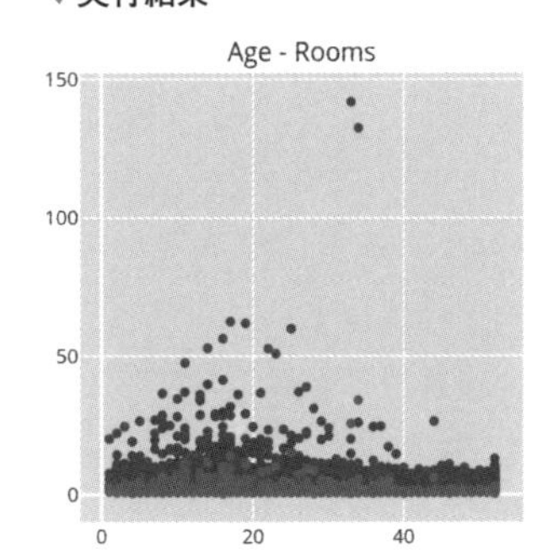

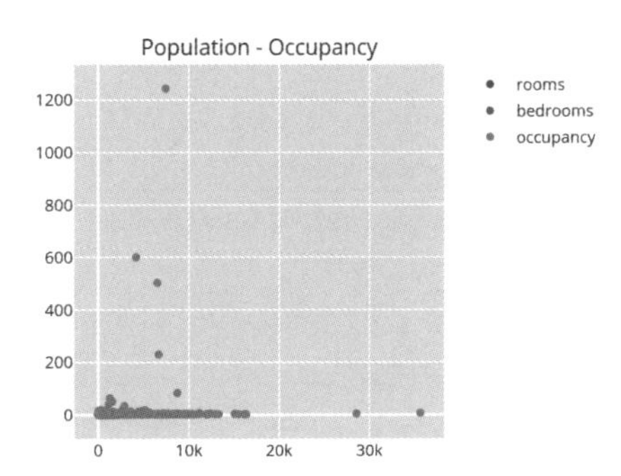

複数グラフ全体の書式を変更するには、update_layoutメソッドでLayoutインスタンスを指定します。ここでは前節と同じように、カスタムしたJSONファイルをテンプレートにして書式設定します。

グラフの軸を個別に書式設定するには、いくつかの方法があります。1つは**update_xaxesメソッド**や**update_yaxesメソッド**で書式を指定する方法です。この場合は引数rowや引数colでグラフ位置を指定します。もう1つの方法は、update_ layoutメソッドで軸の名前をxaxis2やyaxis2など、番号をつけてグラフ位置を指定する方法です。

1行1列目はupdate_xaxesメソッドとupdate_yaxesメソッドを使って、1行2列目はupdate_layoutメソッドを使って書式設定してみます。

▼[2] (section_6_3.ipynb)

```
# 独自テンプレートを読み込み
with open('custom_white.json') as f:
    custom_white_dict = json.load(f)
    template = Template(custom_white_dict)

# Layoutを作成
layout = go.Layout(template=template, title='California Housing')

# Layoutを更新
figure.update_layout(layout)

# 1行1列目のLayoutを更新
figure.update_xaxes(
    title={'text': 'House Age'},     # タイトル
    row=1,                           # 更新する行
    col=1                            # 更新する列
)   # x軸の書式更新
figure.update_yaxes(
    title={'text': 'Number of Rooms'},  # タイトル
    type='log',                         # 対数表示
    row=1,                              # 更新する行
    col=1                               # 更新する列
)   # y軸の書式更新

# 1行2列目のLayoutを更新
figure.update_layout(
    xaxis2={
```

```
        'title': 'Population',  # タイトル
        'type': 'log'           # 対数表示
    },  # x軸
    yaxis2={
        'title': 'Occupancy',   # タイトル
        'type': 'log'           # 対数表示
    }   # y軸
)

# FigureのTraceを更新
figure.update_traces(
    marker={'size': 4},         # マーカーサイズ
    opacity=0.8                 # 透過率
)

figure
```


▼実行結果

California Housing

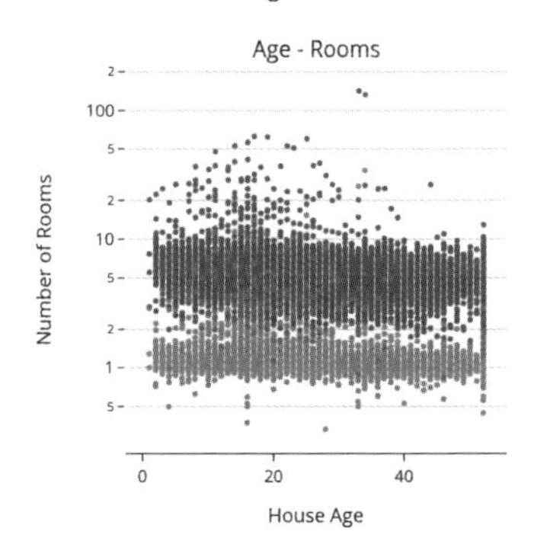

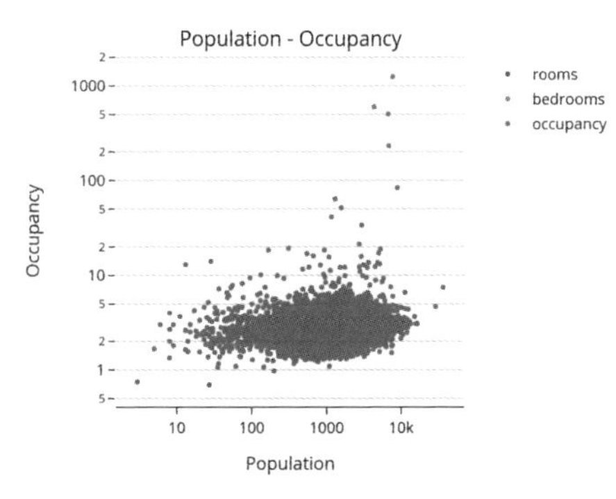

軸の共有

make_subplots関数で引数shared_xaxesと引数shared_yaxesをTrueに指定することで、軸を共有することができます。ここでは「HouseAge」と「Populatio」をX軸に、「AveRooms」と「AveOccup」をY軸にして、2行2列の軸を共有する複数グラ

フを作成してみます。引数subplot_titlesでグラフタイトルを指定する際は、1行1列目、1行2列目、2行1列目、2行2列の順番にします。

▼[3] (section_6_3.ipynb)

```
# 2行2列複数グラフのTraceを作成
figure = make_subplots(
    rows=2,                           # 行数
    cols=2,                           # 列数
    horizontal_spacing=0.05,          # 水平方向の間隔
    vertical_spacing=0.15,            # 垂直方向の間隔
    shared_xaxes=True,                # x軸の共有
    shared_yaxes=True,                # y軸の共有
    subplot_titles=[
        'Age - Rooms', 'Population - Rooms',
        'Age - Occupancy', 'Population - Occupancy'
    ]   # グラフタイトル
)

# 1行1列目にTraceを追加
figure.add_trace(
    go.Scatter(
        x=df['HouseAge'],
        y=df['AveRooms'],
        mode='markers',
        name='rooms'
    ),        # 築年数と平均部屋数の散布図
    row=1,  # 追加する行
    col=1   # 追加する列
)

# 2行1列目にTraceを追加
figure.add_trace(
    go.Scatter(
        x=df['HouseAge'],
```

```
        y=df['AveOccup'],
        mode='markers',
        name='occupancy'
    ),       # 築年数と平均住宅占有率の散布図
    row=2,  # 追加する行
    col=1   # 追加する列
)

# 1行2列目にTraceを追加
figure.add_trace(
    go.Scatter(
        x=df['Population'],
        y=df['AveRooms'],
        mode='markers',
        name='rooms'
    ),       # 人口と平均部屋数の散布図
    row=1,  # 追加する行
    col=2   # 追加する列
)

# 2行2列目にTraceを追加
figure.add_trace(
    go.Scatter(
        x=df['Population'],
        y=df['AveOccup'],
        mode='markers',
        name='occupancy'
    ),       # 人口と平均住宅占有率の散布図
    row=2,  # 追加する行
    col=2   # 追加する列
)

figure
```

▼実行結果

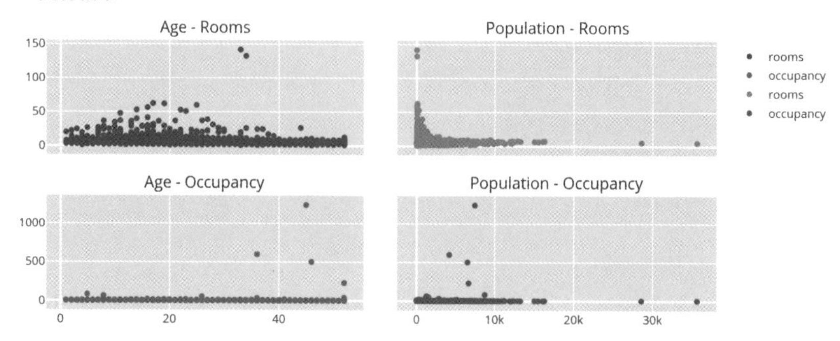

このグラフにも書式テンプレートを適用してみましょう。そして軸ラベルと対数表示の設定も行います。軸を共有していても、軸ラベルや対数軸設定はそれぞれ設定する必要がある点に注意してください。

▼[4] (section_6_3.ipynb)

```
# Lyaoutの更新
figure.update_layout(
    go.Layout(template=template, title='California Housing')
)

# 1行1列目のLayout更新
figure.update_yaxes(
    title={'text': 'Number of Rooms'},
    type='log',
    row=1,
    col=1
)   # y軸の書式更新

# 1行2列目の書式設定
figure.update_xaxes(
    type='log',
    row=1,
    col=2
)   # x軸の書式更新
```

```
figure.update_yaxes(
    type='log',
    row=1,
    col=2
)   # y軸の書式更新

# 2行1列目の書式設定
figure.update_xaxes(
    title={'text': 'House Age'},
    row=2,
    col=1
)   # x軸の書式更新
figure.update_yaxes(
    title={'text': 'Occupancy'},
    type='log',
    row=2,
    col=1
)   # y軸の書式降臨

# 2行2列目の書式設定
figure.update_xaxes(
    title={'text': 'Population'},
    type='log',
    row=2,
    col=2
)   # x軸の書式更新
figure.update_yaxes(
    type='log',
    row=2,
    col=2
)   # y軸の書式更新

# Traceの更新
figure.update_traces(
    marker={'size': 4},
```

```
    opacity=0.8
)

figure
```

▼実行結果

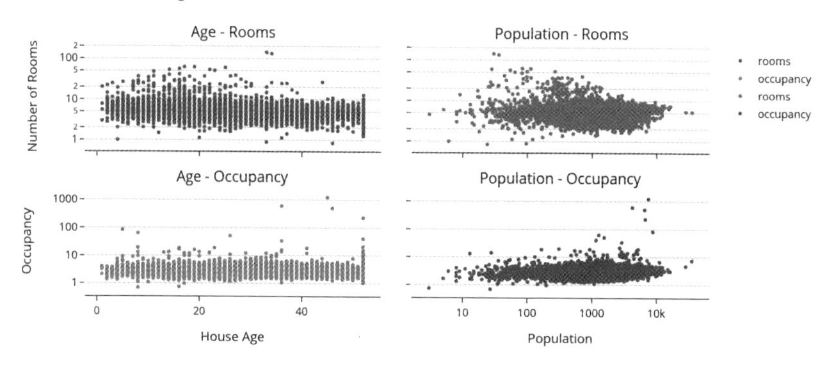

2軸グラフ

本節の最後に、1つのグラフで左右にy軸を持たせる方法を紹介します。この方法は**2軸プロット**や**2軸グラフ**などと呼ばれ、共通のx軸に対して単位が異なる2つのデータや、値のスケールが大きく異なる2つのデータを1つのグラフにまとめる際などによく使われています。ただし、2つのプロットのどちらが左側でどちらが右側なのか、グラフの読み手には即座にはわかりにくいというデメリットがあります。参考文献の[6]では、2軸プロットはできるだけ使わない方がよいと記しています。

日々のデータビズなど、グラフの読み手がいる場合には、2軸グラフは避けたほうがよいでしょう。視覚的発見では、読み手は自分自身のためプロットに対応するy軸は自明ですが、グラフが煩雑になるため思い切って複数グラフにすることも検討してください。

Plotlyで2軸プロットを行うには、Traceインスタンスを作成する際に引数yaxisを指定します。左側のy軸を使用するTraceにはy1を、右側のy軸を使用するTraceにはy2を指定します。またupdate_layoutメソッドで、左側がy軸であるyaxis1と右側がy軸であるyaxis2をそれぞれ設定することも必要です。

▼[5] (section_6_3.ipynb)

```
# Traceの作成
traces = [
    go.Scatter(
        x=df['HouseAge'],     # 築年数
        y=df['AveRooms'],     # 平均部屋数
        mode='markers',
        name='rooms',
        yaxis='y1'            # 第一y軸を使用
    ),
    go.Scatter(
        x=df['HouseAge'],
        y=df['AveOccup'],     # 平均住宅占有率
        mode='markers',
        name='occupancy',
        yaxis='y2'            # 第二y軸を使用
    )
]

# Layoutの作成
layout = go.Layout(
    template=template,
    title='California Housing',       # グラフタイトル
    xaxis={'title': 'House Age'},     # x軸ラベル
    yaxis1={
        'title': 'Number of Rooms',       # 第一y軸ラベル
        'side': 'left',                   # 軸位置(グラフ左)
        'showgrid': False                 # グリッド非表示
    },
    yaxis2={
        'title': 'Population',  # 第二y軸ラベル
```

```
        'side': 'right',          # 軸位置(グラフ右)
        'showgrid': False,        # グリッド非表示
        'overlaying': 'y'         # 異なるy軸で重ね合わせて表示
    },
    legend={
        'xanchor': 'left',   # 凡例xアンカー(左)
        'yanchor': 'top',    # 凡例yアンカー(上)
        'x': 0.01,           # 凡例x位置
        'y': 0.99            # 凡例y位置
    }
)

# Figureの作成
figure = go.Figure(traces, layout)

figure
```

▼実行結果

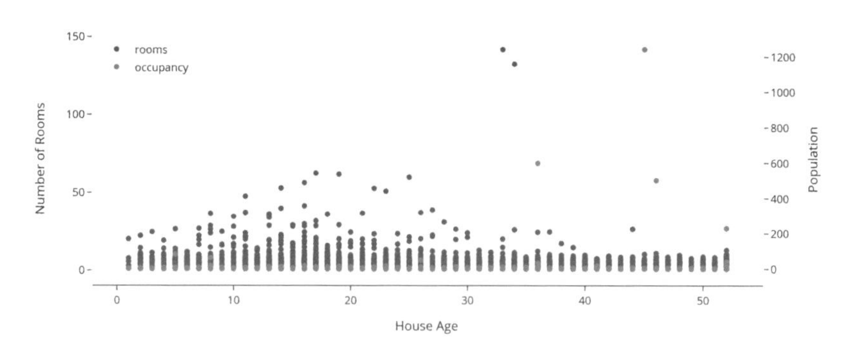

第7章

インタラクティブなグラフの作成

7.1

インタラクティブなグラフの設定

Plotlyの特徴の1つが、インタラクティブな機能を持ったグラフを標準で作成できることです。本節ではPlotly標準のインタラクティブ機能と、追加で設定できるインタラクティブ機能について紹介します。

 標準インタラクティブ機能

Plotlyで作図したグラフは標準で、ホバー機能やズーム機能などのインタラクティブ機能を備えています。8章以降ではインタラクティブ機能を活用した様々なグラフを紹介していきます。

まずは特別な設定をせずに、Plotlyの散布図を作図してみましょう。本章で扱うデータはDiabetesデータセットです。年齢、性別、BMI指数などから、糖尿病患者の1年後の疾患進行度合いを予測するデータセットとなっています。

▼[1] (section_7_1.ipynb)

```
import json
import pandas as pd
from sklearn.datasets import load_diabetes

from plotly import graph_objects as go
from plotly import express as px
from plotly.graph_objs.layout import Template

# DiabetesデータセットのDataFrameを読み込み
df_X, df_y = load_diabetes(return_X_y=True, as_frame=True,
scaled=False)
df = pd.concat([df_X, df_y], axis=1)

df
```

▼実行結果

	age	sex	bmi	bp	s1	s2	s3	s4	s5	s6	target
0	59.0	2.0	32.1	101.00	157.0	93.2	38.0	4.00	4.8598	87.0	151.0
1	48.0	1.0	21.6	87.00	183.0	103.2	70.0	3.00	3.8918	69.0	75.0
2	72.0	2.0	30.5	93.00	156.0	93.6	41.0	4.00	4.6728	85.0	141.0
3	24.0	1.0	25.3	84.00	198.0	131.4	40.0	5.00	4.8903	89.0	206.0
4	50.0	1.0	23.0	101.00	192.0	125.4	52.0	4.00	4.2905	80.0	135.0
...	...	...	...	...	...	...	...	...	...	...	...
437	60.0	2.0	28.2	112.00	185.0	113.8	42.0	4.00	4.9836	93.0	178.0
438	47.0	2.0	24.9	75.00	225.0	166.0	42.0	5.00	4.4427	102.0	104.0
439	60.0	2.0	24.9	99.67	162.0	106.6	43.0	3.77	4.1271	95.0	132.0
440	36.0	1.0	30.0	95.00	201.0	125.2	42.0	4.79	5.1299	85.0	220.0
441	36.0	1.0	19.6	71.00	250.0	133.2	97.0	3.00	4.5951	92.0	57.0

変数「age」は患者の年齢を、変数「bmi」はBMI肥満指数を表しています。年齢とBMI肥満指数の関係を散布図で見てみます。

▼[2] (section_7_1.ipynb)

```
# 独自テンプレートを読み込み
with open('custom_white.json') as f:
    custom_white_dict = json.load(f)
    template = Template(custom_white_dict)

# Traceを作成
trace = go.Scatter(
    x=df['age'],
    y=df['bmi'],
    mode='markers',
    name='BMI'
)   # 年齢とBMIの散布図

# Layoutを作成
layout=go.Layout(
    template=template,
    title='Diabetes dataset',
    xaxis={'title': 'age'},
    yaxis={'title': 'bmi'}
```

```
)

# Figureを作成
figure = go.Figure(trace, layout)

figure
```

▼実行結果

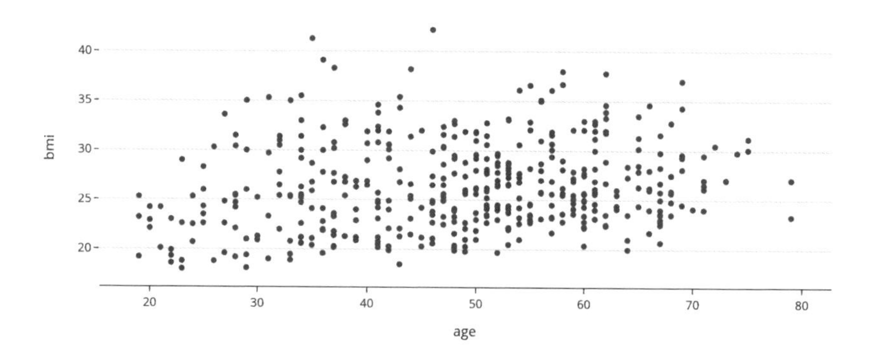

マーカーにカーソルを近づけると、その値が表示されるホバー機能が働きます。ホバー機能は、グラフから正確な値を読み取る際に有効です。

■図7.1.1 ホバー機能の例

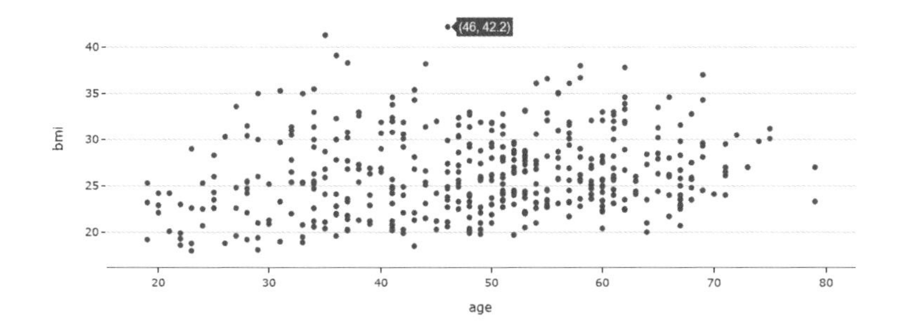

グラフ右上には、次のようなインタラクティブ機能に関するメニューが表示されています。

■図7.1.2 インタラクティブ機能のメニュー

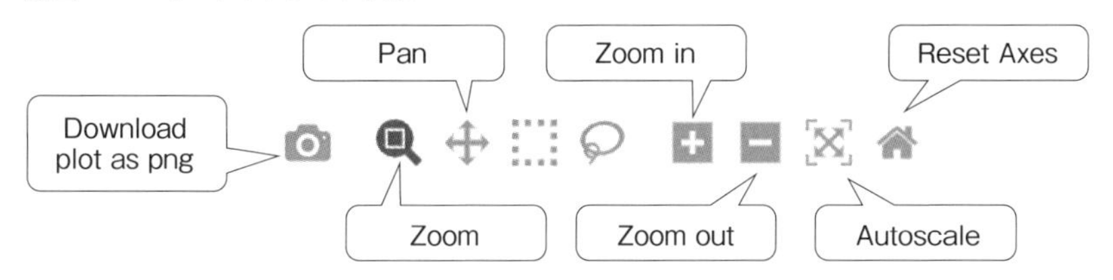

Zoomボタンを選択してからグラフ中をドラッグすると、その範囲を拡大することができます。

■図7.1.3　拡大中の様子

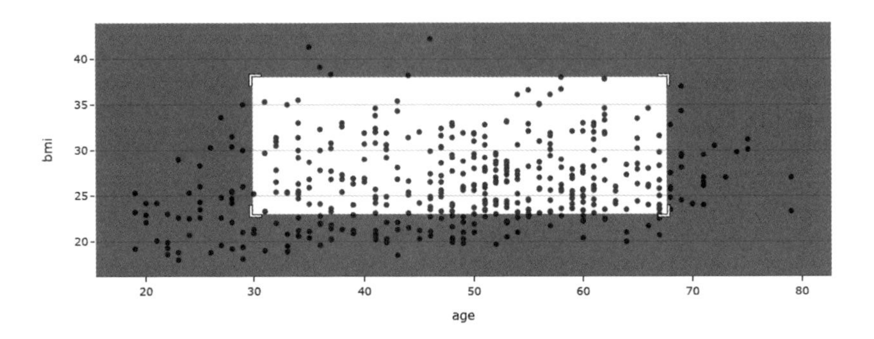

■図7.1.4　拡大後のグラフ

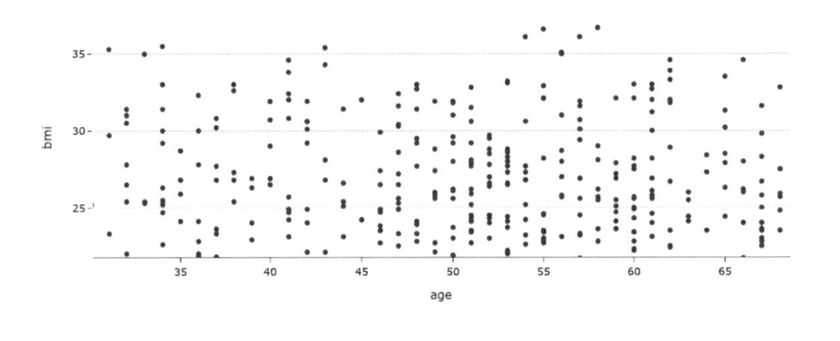

拡大したグラフはメニューの「AutoScale」ボタン、または「Reset Axes」ボタンを押すことで、元の状態に戻すことができます。

他にも、メニューから「Zoom in」ボタンによる拡大、「Zoom out」ボタンによる縮小、「Pan」ボタンによる水平移動などの機能が使用できます。左にある「Download plot as png」ボタンをクリックすると、現在のグラフの状態をPNG画像として保存することができます。

 ホバー表示のカスタマイズ

ホバー機能で表示する情報は、Traceの引数hoverinfoで変更することができます。例えば、x軸の値とy軸の値、プロット名をホバー表示するには'x+y+name'を指定します。グラフに使用したデータ以外をホバー機能で表示するには、引数hovertextにデータ個数と同じだけの配列数のデータを渡し、hoverinfoに'text'の文字を含むようにします。例えば、以下のサンプルコードでは、x軸の値、y軸の値、データインデックス番号、プロット名を表示しています。

▼[3] (section_7_1.ipynb)

```
# Traceを作成
trace = go.Scatter(
    x=df['age'],
    y=df['bmi'],
    mode='markers',
    name='BMI',
    hovertext=df.index,          # ホバーテキストに行番号を使用
    hoverinfo='x+y+text+name'    # ホバー表示はx座標、y座標、ホバーテキスト
(行番号)、Trace名
)

figure = go.Figure(trace, layout)
figure
```

▼実行結果

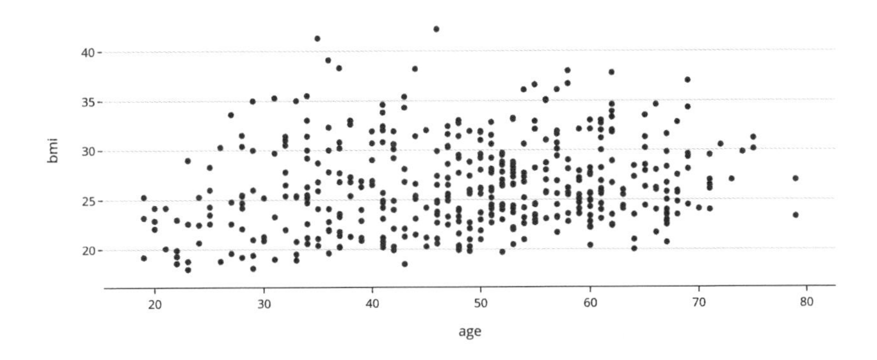

■図7.1.5　ホバー表示のカスタマイズ

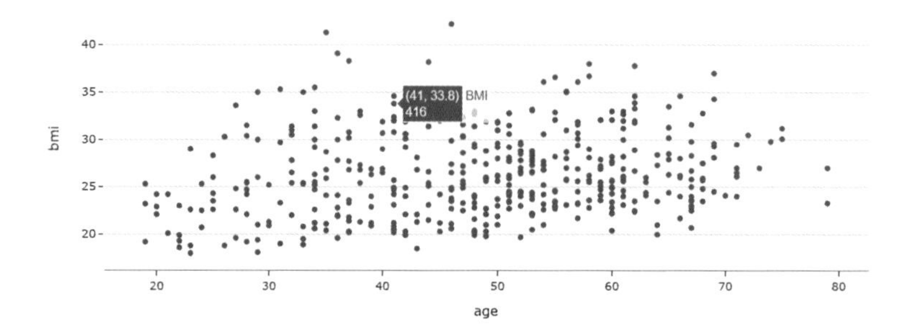

hovertextで表示できる値は1つでしたが、複数の値を表示するには引数customdataと引数hovertemplateを活用します。hovertemplateでは、%{変数名}の書式で変数を指定します。例えば、X軸の値は%{x}、i番目のcustomdataを指定するには %{customdata[i]} となります。

ここでは年齢とBMI肥満指数の散布図において、選択したプロットのS1、S2、S3の値を表示することにします。変数「S1」は総コレステロール値、「S2」は低比重リポタンパク質、「S3」は高比重リポタンパク質を意味しています。hovertemplateで改行を意味する文字列は
です。

▼[4] (section_7_1.ipynb)

```
# Traceを作成
trace = go.Scatter(
    x=df['age'],
    y=df['bmi'],
    mode='markers',
    name='BMI',
    customdata=df[['s1', 's2', 's3']],  # ホバー表示に使うデータ(列「s1」
「s2」「s3」)
    hovertemplate='[%{x}, %{y}]<br>s1: %{customdata[0]}<br>s2:
%{customdata[1]}<br>s3: %{customdata[2]}'
)

# Figureを作成
figure = go.Figure(trace, layout)

figure
```

▼実行結果

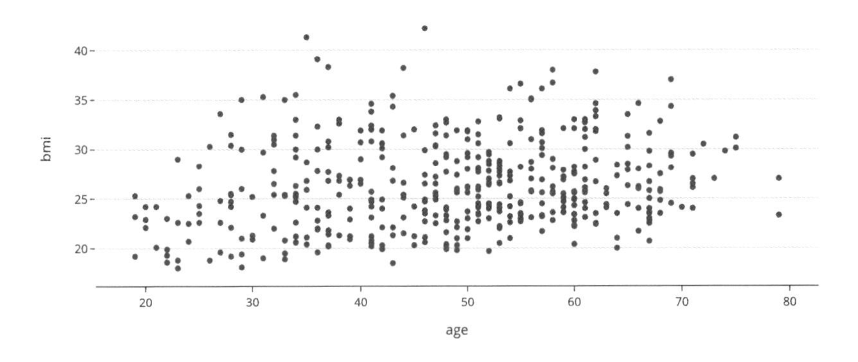

■図7.1.6　複数の値のホバー表示

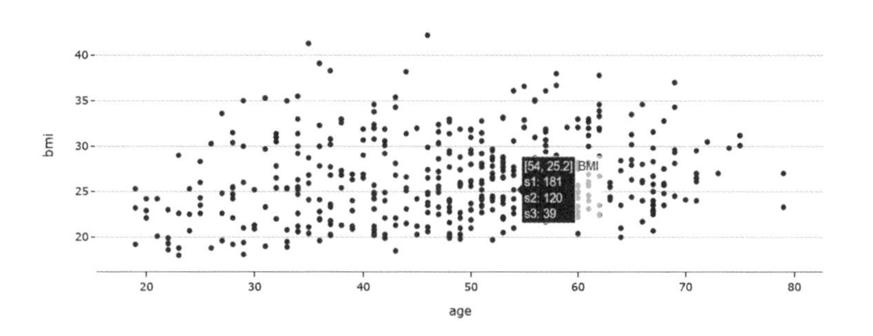

Plotly Expressの場合は、さらにホバー機能を簡単にカスタマイズできます。Plotly Expressのscatter関数にDataFrameを指定し、引数hover_dataにホバー機能で表示する列名をlist形式で指定します。

ここでは患者のS4、S5、S6の値を表示します。変数「S4」は総コレステロール値と高比重リポタンパク質の比率、「S5」は中性脂肪値の対数表示、「S6」は血糖値を示しています。

▼[5] (section_7_1.ipynb)

```
# Plotly ExpressでFigureを作成
figure = px.scatter(
    df,
    x='age',
    y='bmi',
    hover_data=['s4', 's5', 's6']
)

# Layoutを更新
figure.update_layout(layout)

figure
```

▼実行結果

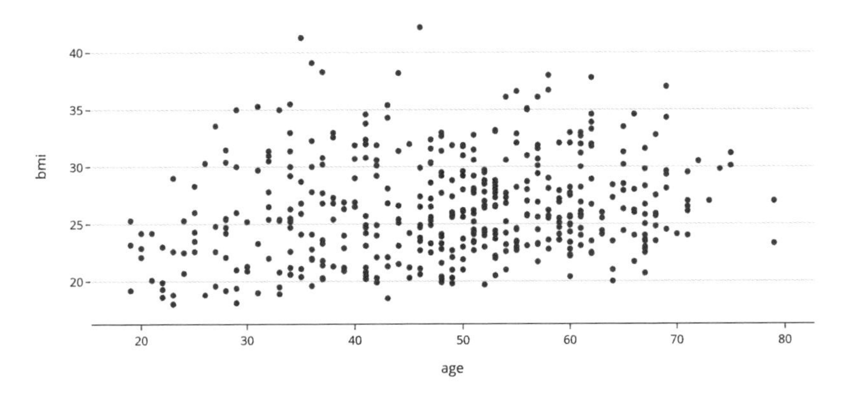

■図7.1.7　Ploty Expressを使ったホバー表示

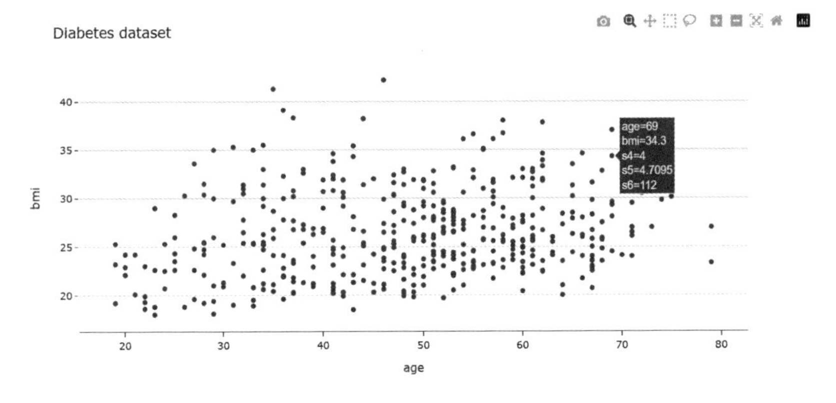

レンジスライダー

簡単に追加できるインタラクティブ機能として**レンジスライダー**があります。レンジスライダーは、グラフを俯瞰した全体像と拡大した部分を合わせて確認できる機能です。

ここでは、年齢とBMI指数の散布図にレンジスライダー機能を追加してみます。レンジスライダーを追加するには、Layoutインスタンスのxaxis_rangeslider属性について'visible'をTrueに設定します。レンジスライダーを追加すると、グラフ下部は常に全体が表示され、その中で範囲を選択すると、グラフ上部には、その選択範囲が拡大表示されます。下部の選択部分はドラッグで左右にスライドさせることが可能で、スライドに連動して上部の表示内容が変化します。

▼[6] (section_7_1.ipynb)

```
# Layoutを更新
figure.update_layout(
    xaxis={
        'rangeslider': {
            'visible': True        # x軸にレンジスライダーを表示
        }
    }
)
figure
```

▼実行結果

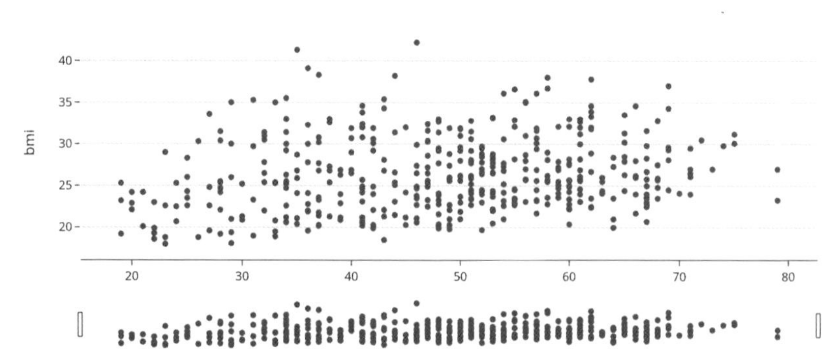

■図7.1.8　rangesliderを使った拡大

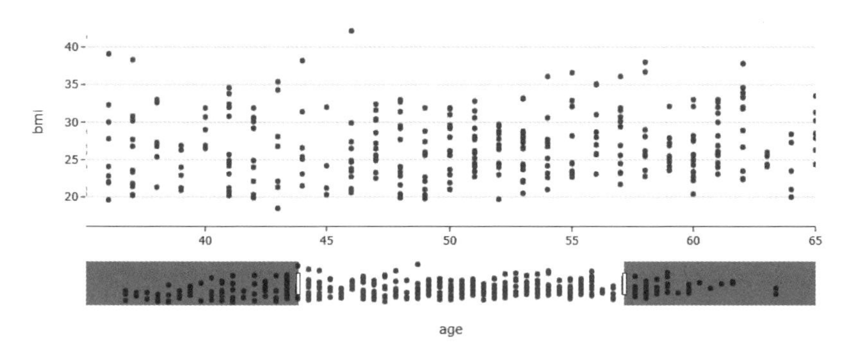

レンジスライダーは、特に時系列データを表現する際に有効です。

7.2

アニメーショングラフ

Plotlyではアニメーションするグラフを簡単に作図することができます。アニメーショングラフを作図するには、Plotly Expressを使用する方法とGraph Objectsを使用する方法があります。本節ではそれぞれの方法を紹介します。

 Plotly Expressのアニメーショングラフ

アニメーショングラフは、あらかじめ設定した複数枚のグラフを切り替えて表示するグラフです。パラパラマンガをイメージするとわかりやすいでしょう。グラフ一枚をアニメーション・フレーム、またはフレームと呼びます。Plotlyの特徴はフレーム単体でもインタラクティブな機能を持っており、アニメーション再生が停止されている状態でもインタラクティブな操作ができます。

本節では、以下のアニメーショングラフを紹介します。

・連続再生するアニメーショングラフ
・スライダーによってフレームを操作できるアニメーショングラフ
・ドロップダウンによってフレームを指定できるアニメーショングラフ

Plotlyでは、Plotly Expressでアニメーショングラフを作図する方法とGraph Objectsで作図する方法があります。前者が圧倒的に簡単なため、可能であればPlotly Expressでアニメーショングラフを作ることをおすすめします。Plotly Expressでは対応していないグラフは、Graph Objectsから作成する必要があります。また、Graph Objectsの方が細かな設定ができます。

ここではDiabetesデータセットの変数「age」(年齢)を加工して、世代である「generation」の変数を作成します。20歳未満・20歳以上40歳未満・40歳以上60歳未満・60歳以上の4つの世代に患者を分類し、アニメーションするヒストグラムを作成します。

▼[1] (section_7_2.ipynb)

```
import json
import pandas as pd
from sklearn.datasets import load_diabetes

from plotly import graph_objects as go
from plotly import express as px
from plotly.graph_objs.layout import Template

# DiabetesデータセットのDataFrameを読み込み
df_X, df_y = load_diabetes(return_X_y=True, as_frame=True,
scaled=False)
df = pd.concat([df_X, df_y], axis=1)

df
```

▼実行結果

	age	sex	bmi	bp	s1	s2	s3	s4	s5	s6	target
0	59.0	2.0	32.1	101.00	157.0	93.2	38.0	4.00	4.8598	87.0	151.0
1	48.0	1.0	21.6	87.00	183.0	103.2	70.0	3.00	3.8918	69.0	75.0
2	72.0	2.0	30.5	93.00	156.0	93.6	41.0	4.00	4.6728	85.0	141.0
3	24.0	1.0	25.3	84.00	198.0	131.4	40.0	5.00	4.8903	89.0	206.0
4	50.0	1.0	23.0	101.00	192.0	125.4	52.0	4.00	4.2905	80.0	135.0
...	...	...	...	...	...	...	...	...	...	...	...
437	60.0	2.0	28.2	112.00	185.0	113.8	42.0	4.00	4.9836	93.0	178.0
438	47.0	2.0	24.9	75.00	225.0	166.0	42.0	5.00	4.4427	102.0	104.0
439	60.0	2.0	24.9	99.67	162.0	106.6	43.0	3.77	4.1271	95.0	132.0
440	36.0	1.0	30.0	95.00	201.0	125.2	42.0	4.79	5.1299	85.0	220.0
441	36.0	1.0	19.6	71.00	250.0	133.2	97.0	3.00	4.5951	92.0	57.0

年齢から世代に変換する自作関数age_to_genを定義し、mapメソッドによって新しい列「generation」を追加します。自作関数を表形式データに適用する方法は3.2節で解説しています。

▼[2]（section_7_2.ipynb）

```
def age_to_gen(age:int) -> str:
    """年齢を世代に変換する

    Args:
        age (int): 年齢

    Returns:
        str: 世代を表す文字列
    """
    if age < 20:
        gen = 'under20' # 20歳未満
    elif age < 40:
        gen = 'under40' # 20歳以上40歳未満
    elif age < 60:
        gen = 'under60' # 40歳以上60歳未満
    else:
        gen = 'over60'  # 60歳以上
    return gen

# 列「age」から変換した年代で列「generation」を追加
df['generation'] = df['age'].map(age_to_gen)
df = df.sort_values('age')  # 列「age」で昇順ソート

df
```

▼実行結果

	age	sex	bmi	bp	s1	s2	s3	s4	s5	s6	target	generation
26	19.0	1.0	19.2	87.00	124.0	54.0	57.0	2.00	4.1744	90.0	137.0	under20
374	19.0	1.0	23.2	75.00	143.0	70.4	52.0	3.00	4.6347	72.0	140.0	under20
344	19.0	1.0	25.3	83.00	225.0	156.6	46.0	5.00	4.7185	84.0	200.0	under20
79	20.0	1.0	22.9	87.00	191.0	128.2	53.0	4.00	3.8918	85.0	113.0	under40
226	20.0	2.0	22.1	87.00	171.0	99.6	58.0	3.00	4.2047	78.0	77.0	under40
...	...	...	...	...	...	...	...	...	...	...	...	...
211	74.0	1.0	29.8	101.00	171.0	104.8	50.0	3.00	4.3944	86.0	70.0	over60
311	75.0	1.0	30.1	78.00	222.0	154.2	44.0	5.05	4.7791	97.0	180.0	over60
321	75.0	1.0	31.2	117.67	229.0	138.8	29.0	7.90	5.7236	106.0	230.0	over60
402	79.0	2.0	23.3	88.00	186.0	128.4	33.0	6.00	4.8122	102.0	168.0	over60
204	79.0	2.0	27.0	103.00	169.0	110.8	37.0	5.00	4.6634	110.0	277.0	over60

Plotly Expressでアニメーショングラフを作図する方法は、引数animation_frameにフレームを示す列名を指定することです。ここではヒストグラムの対象に列「bmi」を、フレームの対象に列「generation」を指定しています。各フレームでヒストグラムのビンが揃っていないため、update_tracesメソッドでビンの設定を行っています。また、x軸とy軸の軸範囲をupdate_laytoutメソッドで設定しています。

▼[3] (section_7_2.ipynb)

```
# Plotly ExpressからヒストグラムのFigureを作成
figure = px.histogram(
    df,
    x='bmi',                          # 分布を表示する変数
    animation_frame='generation'      # アニメーションに使用する変数
)   # BMIのヒストグラム

# Traceの更新
figure.update_traces({
    'xbins': {
        'start': 10.,    # スタート位置10
        'size': 2.       # ビン幅2
    }   # ヒストグラムのビン
})
```

```

# 独自テンプレートの読み込み
with open('custom_white.json') as f:
    custom_white_dict = json.load(f)
    template = Template(custom_white_dict)

# Layoutの作成と更新
layout = go.Layout(
    template=template,
    title='Diabetes dataset',    # グラフタイトル
    xaxis={
        'range': [10, 50]        # x軸範囲
    },
    yaxis={
        'range': [0, 50]         # y軸範囲
    }
)
figure.update_layout(layout)

figure
```

▼実行結果

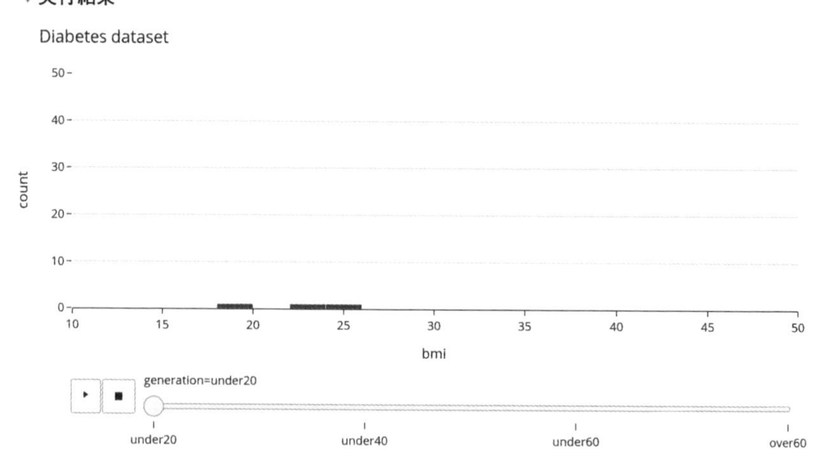

作図したグラフの下部に、再生と停止ボタン、スライダーが追加されています。再生ボタンをクリックすることでフレームが自動で切り替わり、停止ボタンで止めることができます。また、スライダーをドラッグすることで任意のフレームに移動することができます。

■図7.2.1　アニメーションの様子

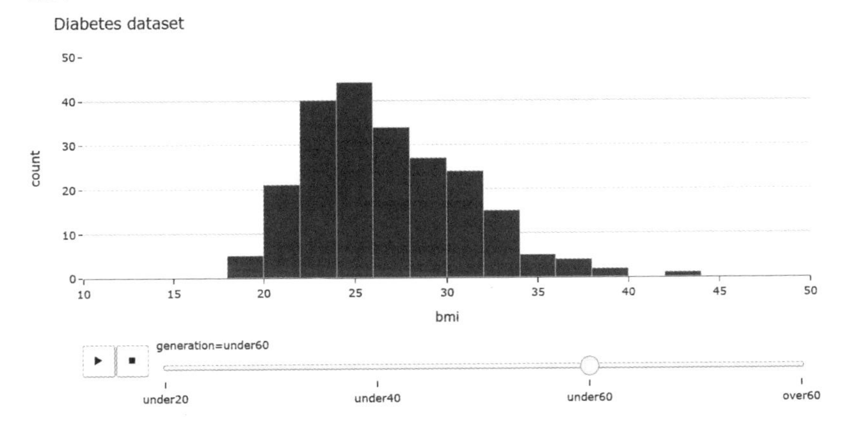

Plotly Expressのアニメーショングラフは再生・停止ボタン、スライダーを備えていますが、layoutからupdatemenusを削除することでスライダーのみにすることもできます。

▼[4] (section_7_2.ipynb)

```
# スライダー左のボタンを消去
figure['layout'].pop('updatemenus')

figure
```

▼実行結果

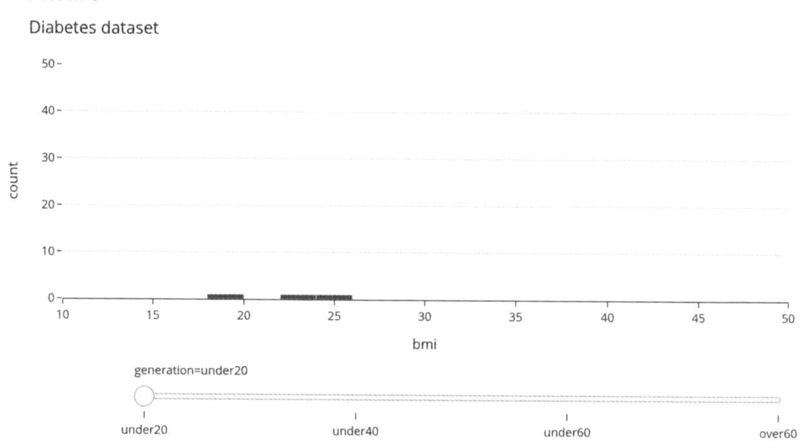

Graph Objectsのアニメーショングラフ

以上のようにPlotly Expressを使うと簡単にアニメーショングラフを作成できますが、細かな調整をするならGraph Objectsで作成します。Graph Objectsでアニメーショングラフを作成するには、FigureインスタンスやTraceインスタンス、Layoutインスタンスの他に**Frameインスタンス**が必要になります。正確にはFrameインスタンスのlistであり、文字どおりアニメーションに使用する複数のフレームを格納したものです。

まず、Frameインスタンスのlistを作成してみましょう。Frameクラスの初期化メソッドに、各フレームで表示するTraceインスタンスを渡します。またFrameインスタンスごとにLayoutインスタンスを持つこともできます。ここでは、各フレームのLayoutで異なるグラフタイトルを設定しています。

▼[5] (section_7_2.ipynb)

```
generations = {
    'under20': '~ 19 years old',
    'under40': '20 ~ 39 years old',
    'under60': '40 ~ 59 years old',
    'over60': '60 years old ~'
```

```
}

# Frameのlistを作成
frames = []
for key, value in generations.items():
    # Frameに追加するTraceの作成
    trace = go.Histogram(
        x=df[df['generation'] == key]['bmi'],
        xbins={
            'start': 10.,
            'size': 2.
        }
    )   # 世代別のBMIのヒストグラム

    # Frameの作成
    frame = go.Frame(
        data=trace,
        name=key,
        layout={'title': value}
    )

    frames.append(frame)    # Frameを追加

frames
```

▼実行結果

```
[Frame({
'data': [{'type': 'histogram', 'x': array([19.2, 23.2, 25.3]),
'xbins': {'size': 2.0, 'start': 10.0}}],
'layout': {'title': {'text': '~ 19 years old'}},
'name': 'under20'
}),
Frame({
'data': [{'type': 'histogram',
```

```
 'x': array([22.9, 22.1, 24.2, 20.1, 24.2, 18.6, 23. , 19.9, 19.3,
22.6, 18. , 18.8,
(省略)
```

作成したFrameインスタンスのlistを使って、再生・一時停止ボタンのあるアニメーショングラフを作図してみます。再生ボタンと一時停止ボタンであるbutton_menuは、Layoutインスタンスのupdatemenusに指定します。

▼[6] (section_7_2.ipynb)

```
# 再生ボタン
play_button = {
    'args': [
        None,
        {'fromcurrent': True}     # 現在位置から再生再開する
    ],
    'label': 'Play',
    'method': 'animate'
}

# 一時停止ボタン
pause_button = {
    'args': [
        [None],
        {'mode': 'immediate'}    # 停止するために必要
    ],
    'label': 'Pause',
    'method': 'animate'
}

# ボタンメニュー
button_menu = {
    'buttons': [play_button, pause_button],
    'direction': 'left',     # 2つのボタンを並べる方向
    'xanchor': 'left',       # xアンカー位置(左)
```

```
    'yanchor': 'top',          # yアンカー位置(上)
    'x': -0.1,                 # x位置
    'y': -0.15,                # y位置
    'type': 'buttons'
}

# Layoutの作成
layout = go.Layout(
    template=template,
    xaxis={
        'title': 'BMI',
        'range': [10, 50]
    },
    yaxis={
        'title': 'count',
        'range': [0, 50]
    },
    updatemenus=[button_menu],
)

# Figureの作成
figure = go.Figure(
    data=frames[0]['data'],        # 最初に表示するグラフ
    frames=frames,
    layout=layout
)

figure
```

▼実行結果

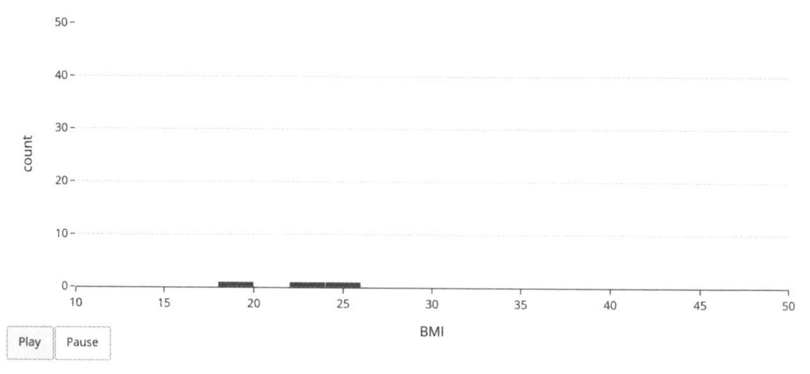

Playボタンをクリックすると再生が開始され、Pauseボタンをクリックすると一時停止し、再びPlayボタンをクリックすると再開します。

図7.2.2 Graph Objectsで作成したアニメーショングラフ

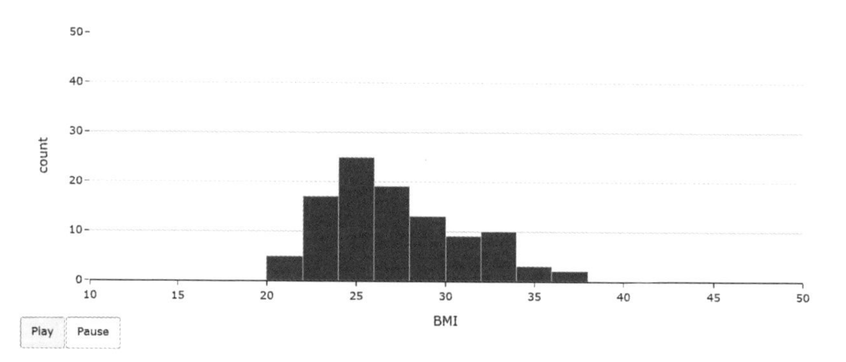

Graph Objectsでのスライダーとドロップダウン

フレームと連動したスライダーを表示するには、さらにLayoutインスタンスにslidersを設定する必要があります。slidersの内部のstepsに、各フレームの詳細情報を設定します。

▼[7]（section_7_2.ipynb）

```
# スライダーに表示するラベル
labels = ['<20', '<40', '<60', '>=60']

# ステップを作成
steps = []
for generation, label in zip(generations.keys(), labels):
    steps.append({
        'args': [
            [generation],
        ],
        'label': label,
        'method': 'animate'
    })

# スライダーを作成
sliders = [{
    'len': 0.95,     # スライダー長さ
    'x': 0.05,       # スライダー左位置
    'steps': steps   #
}]

# Layoutを更新
layout.update(
    sliders=sliders
)

# Figureを作成
figure = go.Figure(
```

```
    data=frames[0]['data'],        # 最初に表示するグラフ
    frames=frames,
    layout=layout
)

figure
```

▼実行結果

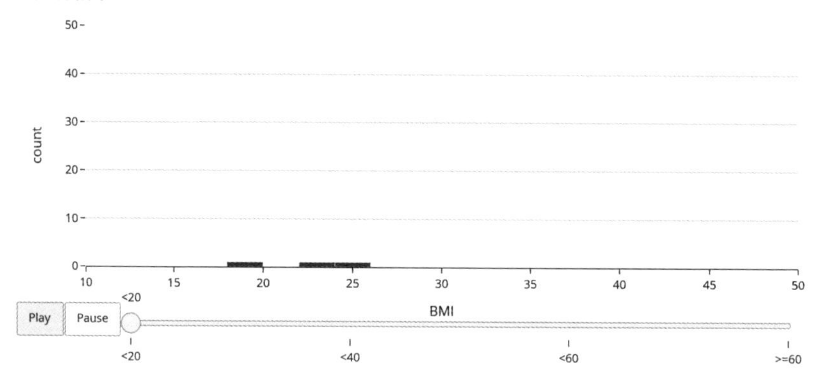

ドロップダウンによってフレームを選択することもできます。再生・一時停止ボタンを設定する代わりに、Layoutインスタンスのupdatemenusにドロップダウンボタンの設定を指定するだけです。

▼[8] (section_7_2.ipynb)

```
# ドロップダウンの作成
dropdowns = []
for generation, label in zip(generations.keys(), labels):
    dropdowns.append({
        'args': [[generation]],
        'label': label,
        'method': 'animate',
    })

# ドロップダウンメニューの作成
dropdown_menu = {
```

```
    'type': 'dropdown',
    'buttons': dropdowns,
    'x': 1.0,    # x位置
    'y': 1.2     # y位置
}

# Layoutの作成
layout = go.Layout(
    template=template,
    xaxis={
        'title': 'BMI',
        'range': [10, 50]
    },
    yaxis={
        'title': 'count',
        'range': [0, 50]
    },
    updatemenus=[dropdown_menu],
)

# Figureの作成
figure = go.Figure(data=frames[0]['data'], layout=layout,
frames=frames)

figure
```

▼実行結果

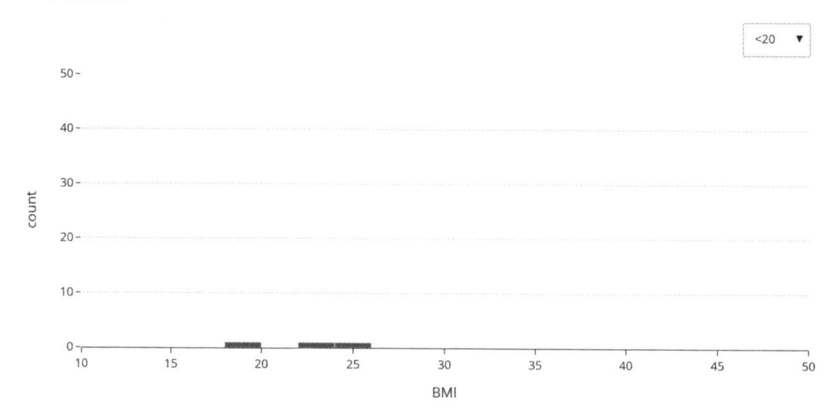

この例ではグラフ右上にドロップダウンボタンを設定しました。ドロップダウンからフレームを選択できることがわかります。

■図7.2.3　ドロップダウンからのフレーム選択

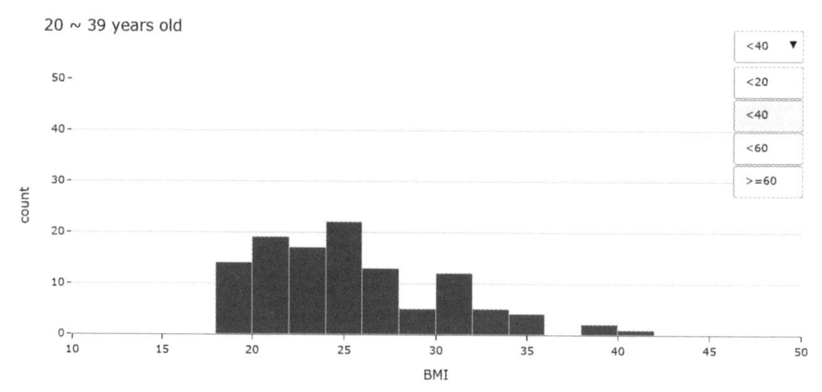

7.3

高度なインタラクティブ機能のためのコールバック関数

本節では、グラフのインタラクティブ機能を強化する自作のコールバック関数について解説します。

 コールバック関数のためのFigureWidget

Plotlyで作図したグラフは標準でインタラクティブ機能を持っていますが、自作の**コールバック関数**を設定することで、さらに機能を追加することができます。コールバック関数とは、引数として他の関数に渡されて処理が実行される関数のことを指します。Plotlyのグラフにおいては、グラフに対するユーザーアクションのイベントを引き金として自作コールバック関数を呼び出すことができます。

Plotlyで自作コールバック関数を設定できるイベントと、その対象のメソッドは以下のようになっています。

■表7.3.1　コールバック関数を設定できるイベント

イベント	コールバック関数を設定可能なメソッド
グラフの要素をクリックしたとき	on_click
複数要素を選択したとき	on_selection
選択を解除したとき	on_deselect
マウスカーソルを要素に合ったとき	on_hover
マウスカーソルが要素から外れたとき	on_unhover
グラフの要素が変更されたとき	on_change

本節でもDiabetesデータセットを題材にします。

▼[1] (section_7_3.ipynb)

```
import json
import pandas as pd
import numpy as np
from typing import Union
from sklearn.datasets import load_diabetes
```

```
from plotly import graph_objects as go
from plotly.subplots import make_subplots
from plotly.graph_objs.layout import Template
from plotly import callbacks

# DiabetesデータセットのDataFrameを読み込み
df_X, df_y = load_diabetes(return_X_y=True, as_frame=True,
scaled=False)
df = pd.concat([df_X, df_y], axis=1)

df
```

▼実行結果

	age	sex	bmi	bp	s1	s2	s3	s4	s5	s6	target
0	59.0	2.0	32.1	101.00	157.0	93.2	38.0	4.00	4.8598	87.0	151.0
1	48.0	1.0	21.6	87.00	183.0	103.2	70.0	3.00	3.8918	69.0	75.0
2	72.0	2.0	30.5	93.00	156.0	93.6	41.0	4.00	4.6728	85.0	141.0
3	24.0	1.0	25.3	84.00	198.0	131.4	40.0	5.00	4.8903	89.0	206.0
4	50.0	1.0	23.0	101.00	192.0	125.4	52.0	4.00	4.2905	80.0	135.0
...	...	...	...	...	...	...	...	...	...	...	...
437	60.0	2.0	28.2	112.00	185.0	113.8	42.0	4.00	4.9836	93.0	178.0
438	47.0	2.0	24.9	75.00	225.0	166.0	42.0	5.00	4.4427	102.0	104.0
439	60.0	2.0	24.9	99.67	162.0	106.6	43.0	3.77	4.1271	95.0	132.0
440	36.0	1.0	30.0	95.00	201.0	125.2	42.0	4.79	5.1299	85.0	220.0
441	36.0	1.0	19.6	71.00	250.0	133.2	97.0	3.00	4.5951	92.0	57.0

自作コールバック関数を設定するためには、Figureを**FigureWidgetインスタンス**として作成する必要があります。FigureWidgetインスタンスもFigureインスタンスと同様に、Layoutインスタンスや複数のTraceインスタンスを紐づけることができます。

以下のサンプルコードでは、まずFigureWidgetインスタンスを使って散布図グラフを作図しています。この時点ではインタラクティブ機能の追加は行っていないため、Figureのグラフと機能は同じです。

▼[2] (section_7_3.ipynb)

```
# 独自テンプレートを読み込み
with open('custom_white.json') as f:
    custom_white_dict = json.load(f)
    template = Template(custom_white_dict)

# Traceを作成
trace = go.Scatter(x=df['age'], y=df['target'], mode='markers')

# Layoutを作成
layout = go.Layout(
    template=template,
    title='Diabetes dataset',
    xaxis={'title': 'age'},
    yaxis={'title': 'disease progression'}
)

# FigureWidgetを作成
widget = go.FigureWidget(trace, layout)

widget
```

▼実行結果

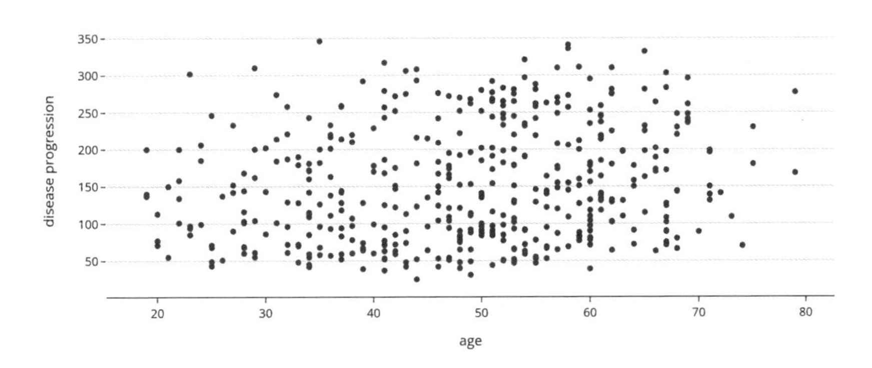

マーカークリックと連動するコールバック関数

ここからインタラクティブ機能の追加を行っていきます。散布図内のマーカーをクリックすると、クリックしたマーカーの色と大きさが変化し、Ctrl キーを押しながらクリックするとリセットされる機能を作成してみましょう。

まずは自作コールバック関数を定義します。対象イベントはクリックのため、作成するコールバック関数はon_clickメソッドに渡されることになります。on_clickメソッドに渡すコールバック関数の引数は、trace、points、selectorの3つで構成する必要があります。引数traceはイベント対象のTraceインスタンスであり、引数pointsはイベント対象のポイント（この例ではクリックされたマーカー）についての情報を持っています。引数selectorはユーザー操作に関連しており、Ctrl キーやSHIFTキー、ALTキーが押されていたかの情報を持っています。

以下の自作コールバック関数click_funcionでは、Ctrl キーが押されていた場合はマーカーの標準サイズと標準色のlistを作成し、押されていない場合はクリックされたマーカーのみサイズと色を変更したlistを作成します。なお、marker.sizeやmarker.colorがtupleのときはlistに変換していますが、単一の値だった場合はその値を並べたlistを作成します。更新する際は、with句でbatch_updateによって更新しています。色やサイズなど複数要素を一度に更新する際には、このbatch_updateを用います。

▼[3]（section_7_3.ipynb）

```
default_size = 6
default_color = '#1F77B4'
changed_color = '#ff7f0e'

def click_funcion(trace:go.Trace, points:callbacks.Points,
selector:callbacks.InputDeviceState)->None:
    """マーカーがクリックされた際のコールバック関数

    Args:
        trace (go.Trace): 対象のTrace
        points (callbacks.Points): プロットされたポイント
```

```
        selector (callbacks.InputDeviceState): セレクター
    """
    N = len(trace.x)     # データ個数

    if selector.ctrl == True:
        # CTRLキーありでクリックされた場合
        size = [default_size] * N
        color = [default_color] * N
    else:
        if hasattr(trace.marker.size, '__iter__') == False:
            # marker.sizeがtupleではない場合listを作成
            size = [trace.marker.size] * N
            color = [trace.marker.color] * N
        else:
            size = list(trace.marker.size)  # tupleからlistに変換
            color = list(trace.marker.color)

        point_index = points.point_inds[0]  # クリックされたインデック
ス

        size[point_index] = default_size * 3    # マーカーサイズを3倍
に変更
        color[point_index] = changed_color      # マーカー色を変更

    # マーカーの更新
    with widget.batch_update():
        trace.marker.color = color
        trace.marker.size = size
```

Traceインスタンスのon_clickメソッドに自作コールバック関数を設定することで、要素をクリックすると追加機能が実行されるようになりました。散布図中のマーカーをクリックするとマーカーのサイズが3倍になり、色がオレンジ色に変更されます。Ctrlキーを押しながらクリックすると初期状態にリセットされます。

▼[4]

```
# コールバック関数を設定
widget.data[0].on_click(click_funcion)

widget
```

▼実行結果

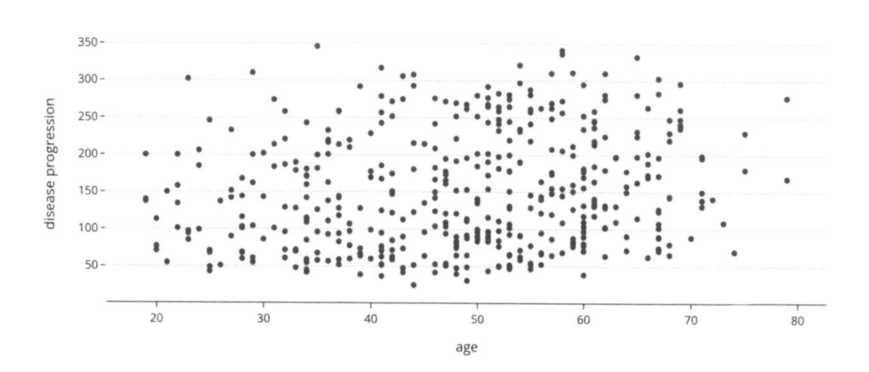

■図7.3.1　コールバック関数によるマーカーサイズと色の更新

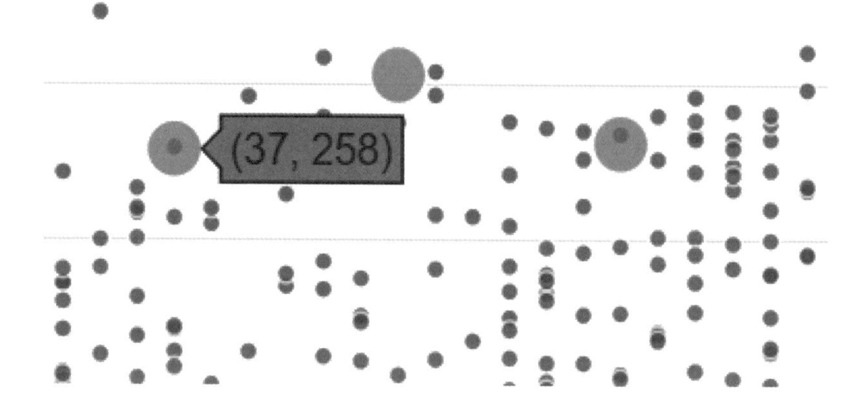

複数マーカー選択と連動するコールバック関数

コールバック関数を使うことで、複数要素を選択した際の処理を行うことも可能になります。要素の選択にはグラフ右上のインタラクティブ・メニューからBox Select機能またはLasso Select機能を使います。

以下のコールバック関数select_funcionでは、選択した範囲のxとyの平均をそれぞれグラフ中にテキストとして描画しています。select_funcion関数はon_selectionメソッドの引数にします。テキストの描画にはAnnotationクラスを使用してします。

コールバック関数deselect_functionはon_deselectメソッドの引数として設定し、選択が解除された際にテキストをリセットさせます。ポイントをダブルクリックすることで選択を解除できます。on_deselectメソッドに設定するコールバック関数は、引数はtraceとpointsだけになることに注意してください。

▼[5] (section_7_3.ipynb)

```
# FigureWidgetを作成
widget = go.FigureWidget(trace, layout)

def select_funcion(trace:go.Trace, points:callbacks.Points, 
selector:Union[callbacks.BoxSelector, callbacks.LassoSelector]) -> 
None:
    """マーカーが範囲選択された際のコールバック関数

    Args:
        trace (go.Trace): 対象のTrace
        points (callbacks.Points): 選択されたポイント
        selector (Union[callbacks.BoxSelector, callbacks.
LassoSelector]): セレクター
    """
    # アノテーションの作成
    annotation = go.layout.Annotation(
        x=np.min(points.xs),     # x位置は選択範囲の最小箇所
        y=np.max(points.ys),     # y位置は選択範囲の最大箇所
        text=f'selection mean<br>x:{np.mean(points.
```

```
xs):.2f}<br>y:{np.mean(points.ys):.2f}',
        showarrow=True            # 選択範囲とアノテーションをつなぐ線を表示
    )

    # FigureWidgetのLayoutを更新
    widget.update_layout(annotations=[annotation])

def deselect_function(trace:go.Trace, points:callbacks.Points)-
>None:
    """選択解除された際のコールバック関数

    Args:
        trace (go.Trace): 対象のTrace
        points (callbacks.Points): ポイント
    """
    # Annotationの作成
    annotation = go.layout.Annotation(text='', showarrow=False)

    widget.update_layout(annotations=[annotation])

# 選択時の動作を設定
widget.data[0].on_selection(select_funcion)

# 選択解除の動作を設定
widget.data[0].on_deselect(deselect_function)

widget
```

▼実行結果

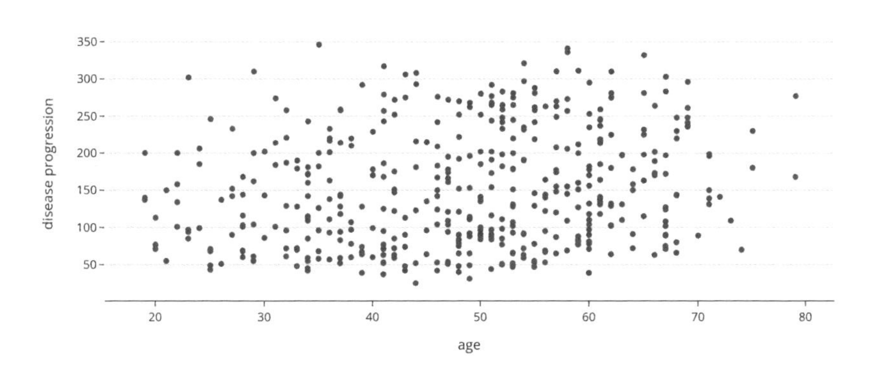

■図7.3.2 範囲選択に関するコールバック関数

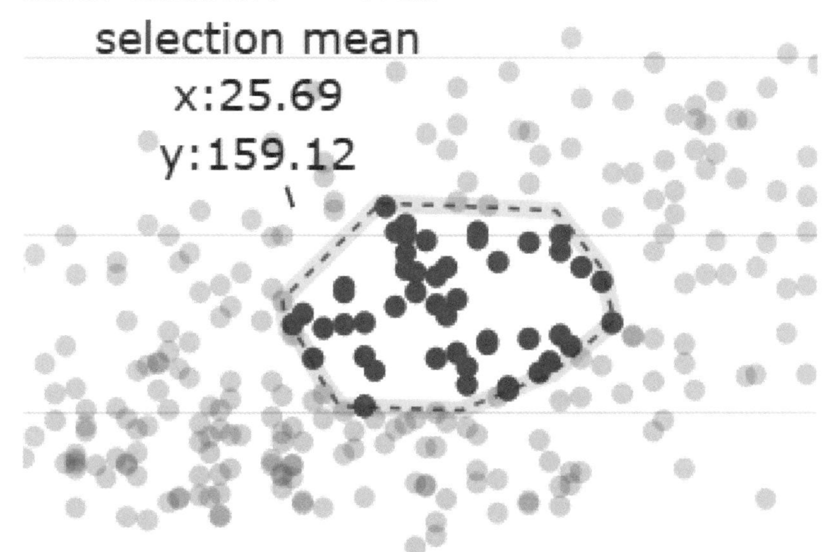

複数グラフでインタラクティブ機能を追加するには、少し工夫が必要です。まずmake_subplots関数で複数グラフのFigureインスタンスを作成し、それをFigureWidgetクラスでラッピングします。

以下のサンプルコードでは、第一グラフ（左）では年齢に対する疾患進行度の散布図を、第二グラフ（右）ではBMI指数に対する低密度リポタンパク質、高密度リポタンパク質の散布図を作図しています。この時点ではいまだ追加のインタラクティブ機能はありません。

▼[6]（section_7_3.ipynb）

```
# 1行2列のFigureWidgetを作成
widget = go.FigureWidget(make_subplots(rows=1, cols=2))

# 1行1列目にTraceを追加
widget.add_trace(
    go.Scatter(x=df['age'], y=df['target'], mode='markers',
name='disease progression'),
    row=1,
    col=1
)

# 1行2列目にTraceを追加
widget.add_trace(
    go.Scatter(x=df['bmi'], y=df['s2'], mode='markers', name='low-
density lipoproteins'),
    row=1,
    col=2
)
widget.add_trace(
    go.Scatter(x=df['bmi'], y=df['s3'], mode='markers', name='high-
density lipoproteins'),
    row=1,
    col=2
)

# Layoutを作成
layout = go.Layout(
    template=template,
```

```
    title='Diabetes dataset',
    xaxis={'title': 'age'},
    yaxis={'title': 'disease progression'},
    xaxis2={'title': 'BMI'},
    yaxis2={'title': 'lipoproteins'}
)

widget.update_layout(layout)

widget
```

▼実行結果

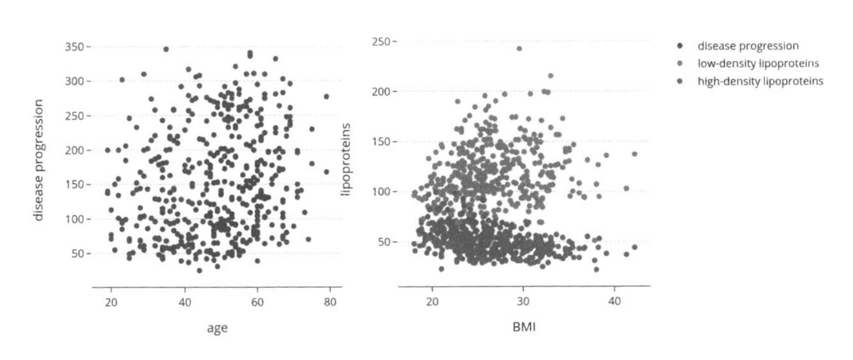

自作したコールバック関数hover_functionは、on_hoverメソッドに渡し、第1グラフでマウスカーソルが触れたマーカーのインデックスについて、第1グラフおよび第2グラフのマーカーサイズを大きくします。変数marker_sizesの配列形状が3 × Nなのは、第1グラフと第2グラフを合わせて3つのTraceインスタンスが存在しているためです。

マウスカーソルが外れた際の処理も必要です。コールバック関数unhover_functionは、on_unhoverメソッドに渡し、マウスカーソルが外れたときにマーカーサイズを標準にリセットする処理を行います。

関数update_sizesは、hover_functionとunhover_functionの両者で使用しており、3つのTraceインスタンスそれぞれに対して、マーカーサイズの更新を行います。

▼[7] (section_7_3.ipynb)

```
default_size = 6

def update_sizes(fig, sizes):
    traces = fig.data
    with fig.batch_update():
        for trace, size in zip(traces, sizes):
            trace.marker.size = size

def focus_point(trace, points, selector):
    N = len(trace.x)
    marker_sizes = np.full([3, N], fill_value=default_size)

    if points.point_inds != []:
        index = points.point_inds[0]
        marker_sizes[:, index] *= 3

    update_sizes(figure, marker_sizes)

def reset_points(trace, points, selector):
    N = len(trace.x)
    marker_sizes = np.full([3, N], fill_value=default_size)
    update_sizes(figure, marker_sizes)
```

▼[8] (section_7_3.ipynb)

```
widget.data[0].on_hover(hover_function)
widget.data[0].on_unhover(unhover_function)

widget
```

▼実行結果

Diabetes dataset

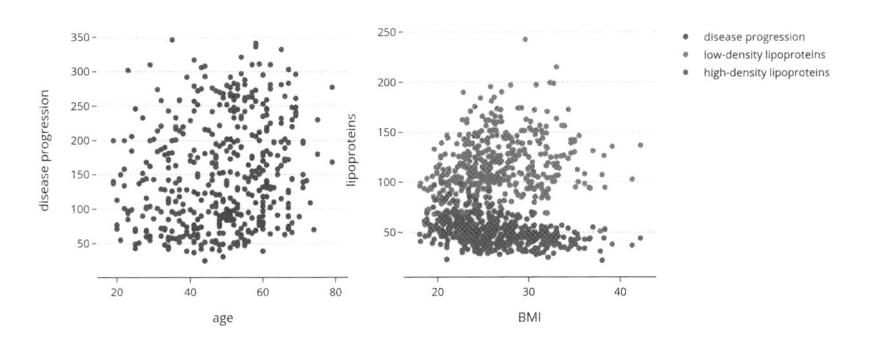

■図7.3.3　複数グラフに連動するコールバック関数

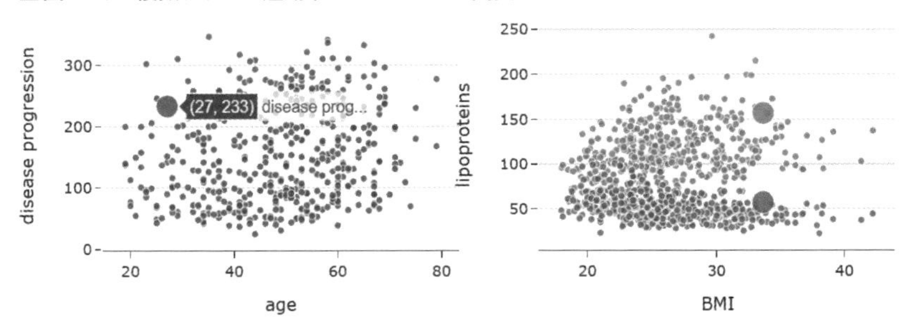

このように自作のコールバック関数を活用することで、ユーザーアクションに応じた高度なインタラクティブ機能をグラフに追加することができるようになります。

MEMO

第8章

変数内の値を比較するグラフ

8.1

棒グラフとヒートマップ

本節では、Plotlyで棒グラフとヒートマップを作図する方法を紹介します。棒グラフは、質的変数に対する量的変数の値を表現するグラフです。棒の長さによって量的変数の大きさを比較します。2つの質的変数に対する量的変数には、ヒートマップを用いることでデータの全体像が把握できます。

棒グラフの基本

本節では各国の平均余命と医療費を扱ったHealthexpデータセットを用います。データは1970年から2020年までのカナダやドイツ、フランス、イギリス、日本、アメリカなどの平均余命と、医療費が米ドルで記されています。データの読み込みにはSeabornに付属の関数を用いますが、グラフの作図はPlotlyを使用します。

▼[1] (section_8_1.ipynb)

```
import json
import pandas as pd
import seaborn as sns

from plotly import graph_objects as go
from plotly import express as px
from plotly.graph_objs.layout import Template

# HealthexpデータセットのDataFrameを読み込み
df = sns.load_dataset('healthexp')

df
```

▼実行結果

	Year	Country	Spending_USD	Life_Expectancy
0	1970	Germany	252.311	70.6
1	1970	France	192.143	72.2
2	1970	Great Britain	123.993	71.9
3	1970	Japan	150.437	72.0
4	1970	USA	326.961	70.9
...	...	...	...	...
269	2020	Germany	6938.983	81.1
270	2020	France	5468.418	82.3
271	2020	Great Britain	5018.700	80.4
272	2020	Japan	4665.641	84.7
273	2020	USA	11859.179	77.0

各国のデータを取得するために、DataFrameのgroupbyメソッドに変数「Year」を指定して、DataFrameGroupByインスタンスを作成します。groupbyメソッドについては、2.2節を参照してください。ここでは例として1990年のグループを確認します。

▼[2] (section_8_1.ipynb)

```
# 変数「Year」で分割したGroupを作成
gb = df.groupby('Year')

# 例えば、1990年のグループ
df_subset = gb.get_group(1990)

df_subset
```

▼実行結果

	Year	Country	Spending_USD	Life_Expectancy
89	1990	Canada	1699.774	77.3
90	1990	Germany	1724.332	77.3
91	1990	France	1459.110	77.0
92	1990	Great Britain	782.612	75.7
93	1990	Japan	1088.959	78.9
94	1990	USA	2684.984	75.3

2018年、2019年、2020年の各国の医療費について**棒グラフ**を作成してみることにします。

5章の5.1節で説明したように、Graph Objectsでグラフを作成するには、Traceインスタンスと Layoutインスタンスを作成し、Figureインスタンスに渡す必要があります。棒グラフのTraceは**Barクラス**で作成します。なお、引数orientationの初期値は'v'で、縦棒グラフとなります。

■表8.1.1　Barの主要な引数

引数名	説明
x	x軸に使用する変数（横棒グラフにおける棒の高さ）
y	y軸に使用する変数（縦棒グラフにおける棒の高さ）
orientation	'v'：縦棒グラフ（標準） 'h'：横棒グラフ
name	Traceの名前

ここでは2018年から2020年の各国の医療費について棒グラフを作成するために、x軸に変数「Country」を指定し、y軸には変数「Spending_USD」を指定してBarインスタンスを作成します。作成した3つのBarインスタンスをlistに追加していきます。

▼[3]（section_8_1.ipynb）

```
# Traceのlistを作成
traces = []
for year in [2018, 2019, 2020]:
    df_subset = gb.get_group(year)

```

```
    trace = go.Bar(
        x=df_subset['Country'],          # x軸の変数
        y=df_subset['Spending_USD'],     # y軸の変数
        name=year                        # Trace名
    )   # 国別の医療費の棒グラフ
    traces.append(trace)

traces
```

▼実行結果

```
[Bar({
 'name': '2018',
 'x': array(['Canada', 'Germany', 'France', 'Great Britain',
'Japan', 'USA'],
 dtype=object),
 'y': array([ 5308.356, 6281.84 , 5099.306, 4189.708, 4554.276,
10451.386])
}),
Bar({
 'name': '2019',
 'x': array(['Canada', 'Germany', 'France', 'Great Britain',
'Japan', 'USA'],
 dtype=object),
 'y': array([ 5189.721, 6407.928, 5167.839, 4385.463, 4610.794,
10855.517])
}),
Bar({
 'name': '2020',
 'x': array(['Canada', 'Germany', 'France', 'Great Britain',
'Japan', 'USA'],
 dtype=object),
 'y': array([ 5828.324, 6938.983, 5468.418, 5018.7 , 4665.641,
11859.179])
})]
```

次に、グラフの書式を担うLayoutインスタンスを作成します。6章の6.1節で紹介したように、JSONに保存した独自テンプレートを読み込んでLayoutインスタンスを作成しています。最後にTraceインスタンスとLayoutインスタンスを指定して、Figureインスタンスを作成することで棒グラフを作図することができます。

この棒グラフからは、2018年から2020にかけて各国で医療費が増加傾向にあることが見てとれます。

▼[4] (section_8_1.ipynb)

```
# 独自テンプレートを読み込み
with open('custom_white.json') as f:
    custom_white_dict = json.load(f)
    template = Template(custom_white_dict)

# Layoutを作成
layout = go.Layout(
    template=template,                       # グラフテンプレート
    title={'text': 'Healthexp dataset'},     # グラフタイトル
    xaxis={'title': 'Country'},              # x軸ラベル
    yaxis={'title': 'Spending USD [$]'}      # y軸ラベル
)

# Figureを作成
figure = go.Figure(data=traces, layout=layout)

figure
```

▼実行結果

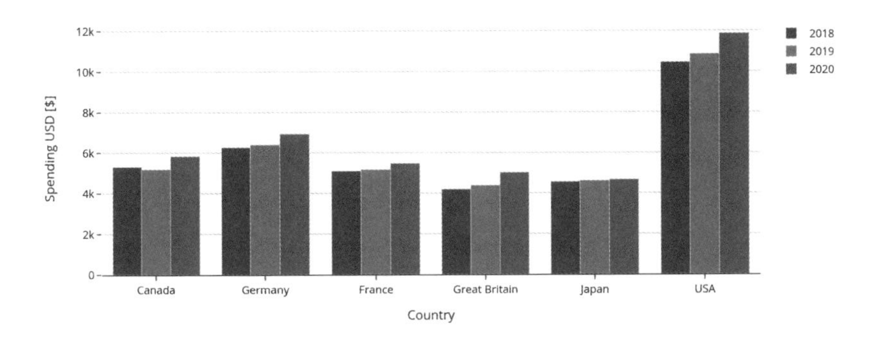

Plotlyで作図した棒グラフは、標準で拡大機能やホバー機能を備えているため、注目した要素の情報をインタラクティブに取得することができます。

■図8.1.1　拡大中の棒グラフ

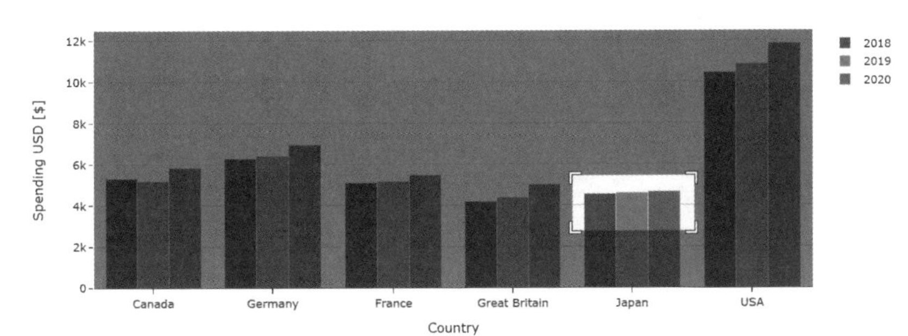

■図8.1.2　拡大後の棒グラフ

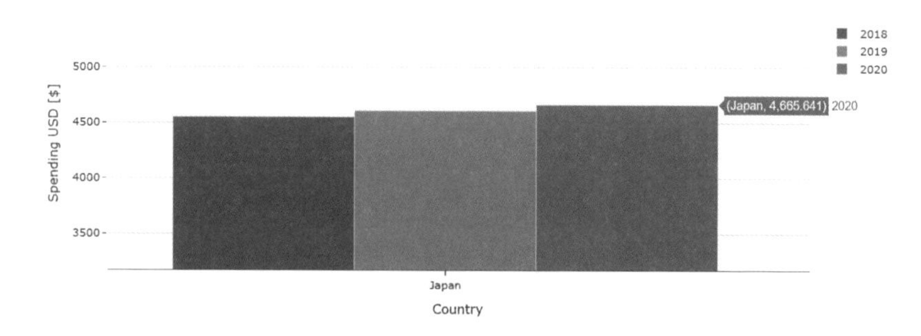

積み上げ棒グラフと横棒グラフ

積み上げ棒グラフにするには、Layoutの引数barmodeに'stack'を指定します。ここでは新たなLayoutとFigureを作成していますが、作成済みのFigureに対してupdate_layoutメソッドでbarmodeを指定することで積み上げ棒グラフにすることもできます。

それでは2018年から2020年までの累計の医療費を積み上げ棒グラフで作図してみましょう。

▼[5] (section_8_1.ipynb)

```
# 積み上げ棒グラフのLayoutを作成
# 作成済みのFigureで figure.update_layout(barmode='stack') でも可能
layout = go.Layout(
    template=template,
    title={'text': 'Healthexp dataset'},
    xaxis={'title': 'Country'},
    yaxis={'title': 'Spending USD [$]'},
    barmode='stack'       # 棒グラフ種類(積み上げ棒グラフ)
)

# Figureを作成
figure = go.Figure(data=traces, layout=layout)
```

```
figure
```

▼実行結果

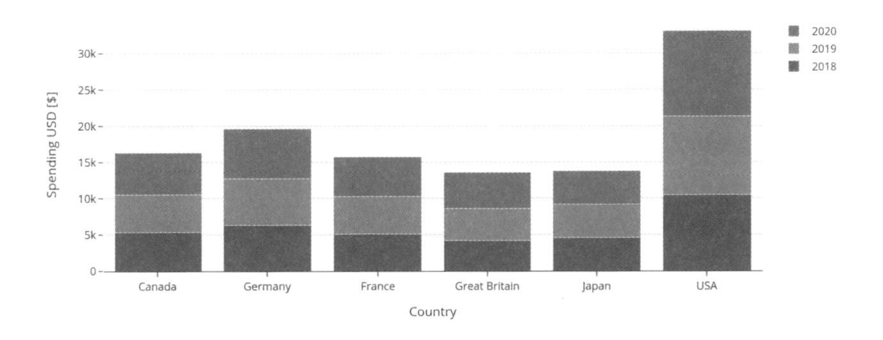

棒グラフのx軸は名義データや順序データなどの質的データの変数ですが、文字数が長いと縦棒グラフでは可読性が低くなる場合があります。そのようなケースでは横棒グラフの使用が有効です。Barインスタンスを作成する際に引数orientationに'h'を指定することで横棒グラフにすることができます。

ここでは1980年、2000年、2020年の平均余命について、横棒グラフのBarインスタンスを作成しています。

上記の縦棒グラフを作成した際とは異なり、x軸が変数「Life_Expectancy」、y軸が変数「Country」であることに注意してください。

さらに、ホバーテキストに医療費を表示するようhovertemplateを使用してみます。ホバー機能については7章の7.1節を参照してください。

縦棒グラフと同様に、TraceインスタンスとLayoutインスタンスを指定してFigureインスタンスを作成します。ここではy軸の順序を逆順にするようautorangeに'reversed'を指定しています。各国の平均余命はそれぞれ伸びていますが、2020年では特に日本が突出していることが見てとれます。

▼[6] (section_8_1.ipynb)

```
# Traceのlistを作成
traces = []
for year in [1980, 2000, 2020]:
    df_subset = gb.get_group(year)

    trace = go.Bar(
        x=df_subset['Life_Expectancy'],
        y=df_subset['Country'],
        customdata=df_subset['Spending_USD'],    # ホバー表示用の変
数
        hovertemplate='Life expectancy: %{x}<br>Spending:
$%{customdata}',
        name=year,
        orientation='h'                          # 棒グラフ方向(横
棒グラフ)
    )   # 国別の平均余命の棒グラフ
    traces.append(trace)

# Layoutを作成作成
layout = go.Layout(
    template=template,
    title={'text': 'Healthexp dataset'},
    xaxis={'title': 'Life expectancy'},
    yaxis={
        'title': 'Country',
        'autorange': 'reversed'  # y軸の順序を反転
    }
)

# Figureを作成
figure = go.Figure(traces, layout)

figure
```

▼実行結果

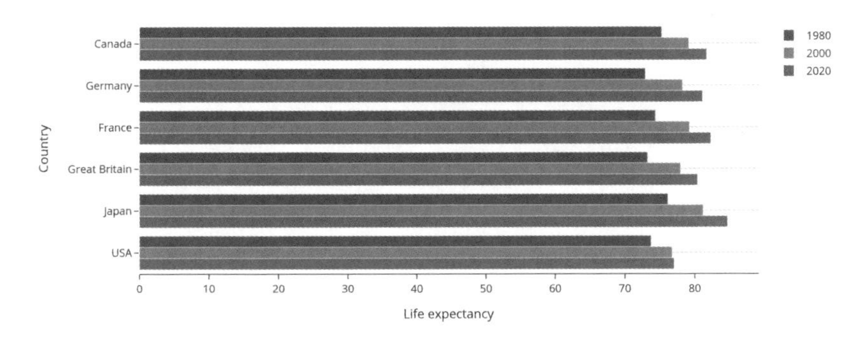

ホバーテキストを設定したことで、マウスカーソルを合わせたデータの平均余命の具体的な値と、医療費が表示されるようになりました。

■図8.1.3 ホバー機能による平均余命と医療費の表示

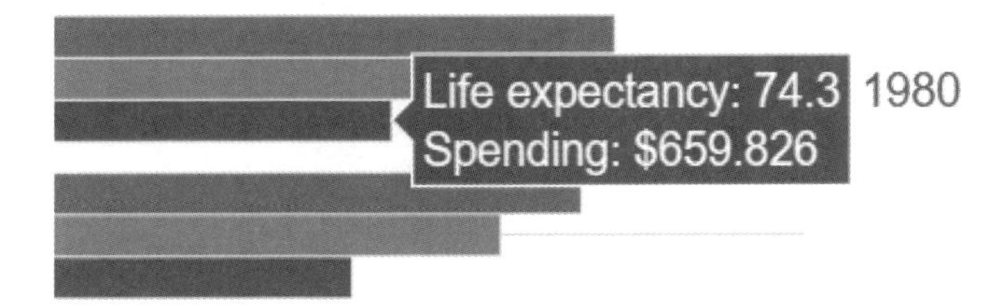

Plotly ExpressやDataFrameからの棒グラフ

Plotly Expressから棒グラフを作成することもできます。Plotly Expressのbar関数を使用することで、棒グラフのFigureが取得できます。引数templateや引数colorなどを使うことで、書式を調整することができます。

10年間隔での各国の医療費を棒グラフで表現してみましょう。DataFrameのqueryメソッドを使って、10で割り切れる西暦のデータのみを使用しています。

▼[7] (section_8_1.ipynb)

```
# Plotly Expressから棒グラフのFigureを作成(標準で積み上げ棒グラフ)
figure = px.bar(
    df.query('Year%10==0'),      # 10年単位で選択
    x='Year',
    y='Spending_USD',
    color='Country',
    template=template,
    title='Healthexp dataset'
)   # 国別の医療費の積み上げ棒グラフ

figure
```

▼実行結果

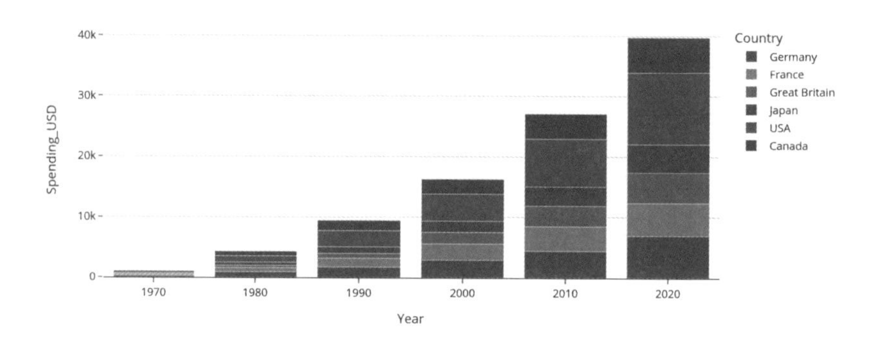

Plotly Expressのbar関数から作成した棒グラフは標準で積み上げ棒グラフになっています。引数barmodeに'group'を指定することで、棒を並べた形式に変更できます。

▼[8] (section_8_1.ipynb)

```
# Plotly Expressから棒グラフのFigureを作成
figure = px.bar(
    df.query('Year%10==0'),
```

```
    x='Year',
    y='Spending_USD',
    color='Country',
    barmode='group',      # 棒グラフ種類（横に並べる）
    template=template,
    title='Healthexp dataset'
)   # 国別の医療費の棒グラフ

figure
```

▼実行結果（口絵01）

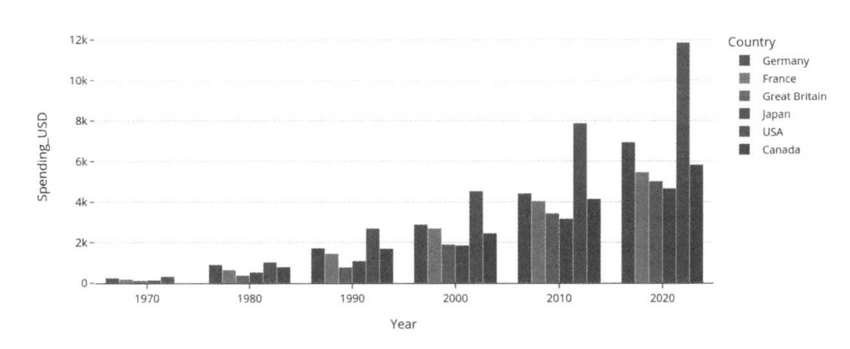

Plotly Expressで横棒グラフを作成するには、引数orientationに'h'を指定します。

▼[9]（section_8_1.ipynb）

```
# Plotly Expressから横棒グラフのFigureを作成
figure = px.bar(
    df.query('Year%10==0'),
    y='Year',
    x='Spending_USD',
    color='Country',
    barmode='group',
    orientation='h',      # 棒グラフ方向（横棒グラフ）
    template=template,
    title='Healthexp dataset'
```

```
)

figure
```

▼実行結果

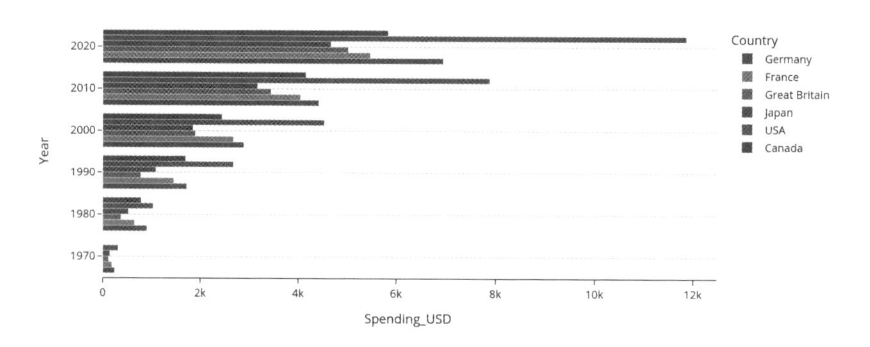

直接DataFrameから棒グラフのFigureを作成することもできます。事前にpandasのグラフをPlotlyに変更する必要があります。

▼[10] (section_8_1.ipynb)

```
pd.options.plotting.backend = 'plotly'  # PandasのグラフをPlotly
に設定

# DataFrameから棒グラフのFigureを作成
figure = df.query('Year%10==0').plot.bar(
    x='Year',
    y='Life_Expectancy',
    color='Country',
    barmode='group',
    template=template,
    title='Healthexp dataset'
)   # 国別の平均余命の棒グラフ

figure
```

▼実行結果

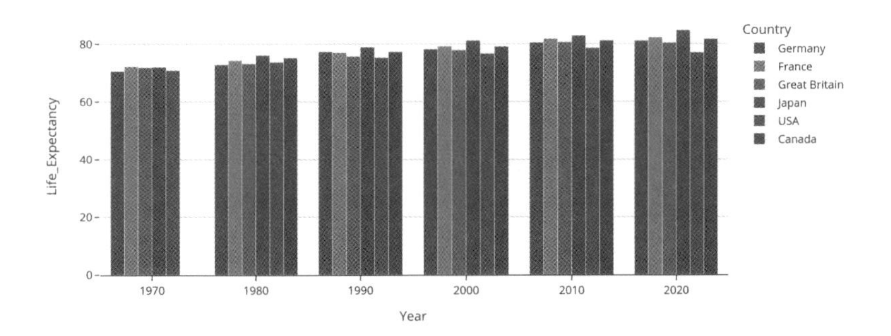

ヒートマップ

棒グラフは1つの質的変数に対する量的変数を表現しますが、2つの質的変数に対する量的変数を可視化するには**ヒートマップ**が適しています。ヒートマップは格子状（グリッド状）のグラフであり、格子の直交した2軸で2つの質的変数を、グリッドの色で量的変数を表現するグラフです。

Graph Objectsでは**Heatmapクラス**でTraceを作成します。

▼表8.1.2　Heatmapの主要な引数

引数名	説明
x	x軸に使用する変数
y	y軸に使用する変数
z	強度に使用する変数
colorscale	ヒートマップのカラースケール
connectgaps	False：欠損値の補間なし（標準） True　：欠損値を補間
text	各要素のテキスト表示に使用する変数
name	Traceの名前

ここでは西暦と国に対する医療費のヒートマップを作成してみましょう。ヒートマップのx軸に変数「Year」、y軸に変数「Country」、強度として変数「Spending_USD」を使用します。標準では欠損値が存在した箇所には色が表示されません。

各国で医療費は徐々に増大しており、特にアメリカが大きいことがヒートマップからわかります。

▼[11] (section_8_1.ipynb)

```
# Traceを作成
trace = go.Heatmap(
    x=df['Year'],           # x軸の変数
    y=df['Country'],        # y軸の変数
    z=df['Spending_USD']    # 強度の変数
)  # 医療費のヒートマップ

# Layoutを作成
layout = go.Layout(
    template=template,
    title={'text': 'Healthexp dataset'},
    xaxis={'title': 'Year'},
    yaxis={'title': 'Country'}
)

# Figureを作成
figure = go.Figure(trace, layout)

figure
```

▼実行結果

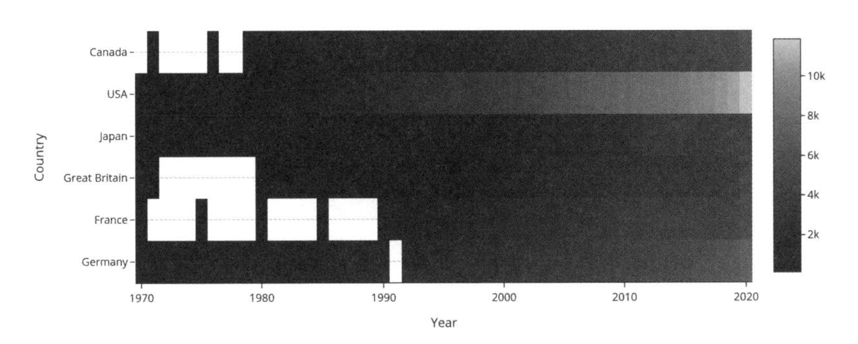

ヒートマップの色（カラースケール）を変更するには、Heatmapインスタンスの引数colorscaleを指定します。以下の例ではAgsunsetカラースケールを使用しました。また引数connectgapsにTrueを指定することで欠損箇所を補うことができます。ただし、欠損を補うと見栄えは綺麗になるかもしれませんが、補われた箇所は実際のデータではないため注意が必要です。

▼[12]（section_8_1.ipynb）

```
# Traceを作成
trace = go.Heatmap(
    x=df['Year'],
    y=df['Country'],
    z=df['Spending_USD'],
    colorscale='Agsunset',                    # カラースケール
    customdata=df['Life_Expectancy'],         # ホバー表示に使用する変数
    hovertemplate='%{x} %{y}<br>Spending: $%{z}<br>Life 
expectancy: %{customdata}',
    connectgaps=True                          # 欠損値補間あり
)   # 欠損値補間した医療費のヒートマップ

# Figureを作成
figure = go.Figure(trace, layout)
```

```
figure
```

▼実行結果（口絵02）

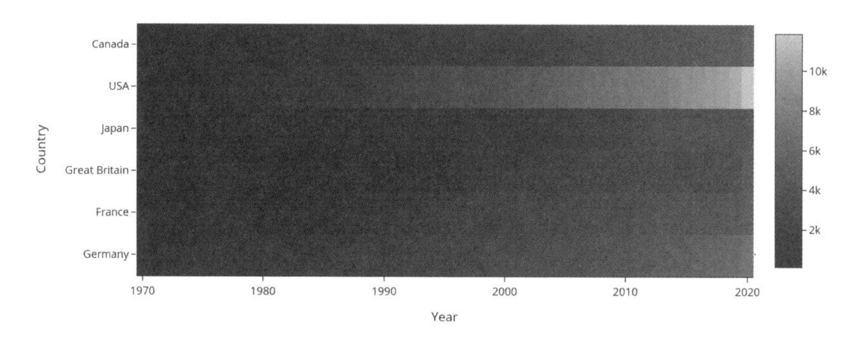

ホバーテキストにも平均余命を表示できるようにしたため、カーソルを合わせることで注目したグリッドの平均余命がわかります。

■図8.1.4　ヒートマップのホバー表示

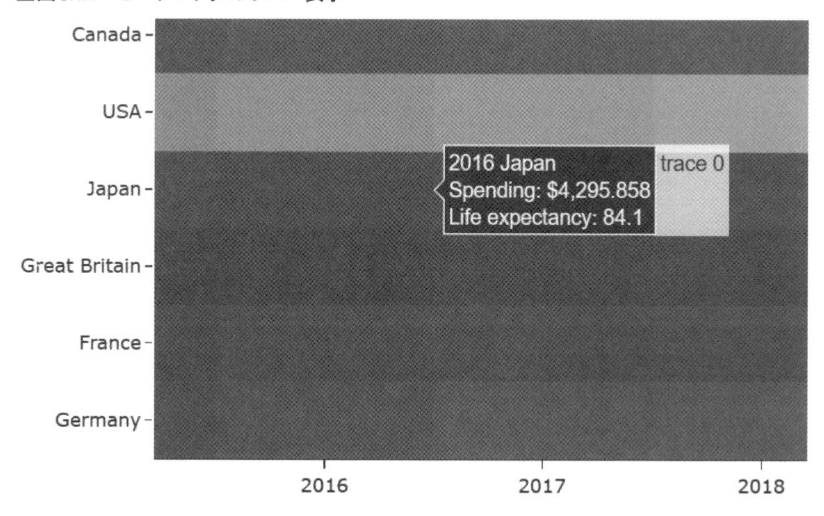

ヒートマップの各要素中に、その値をテキストで表示する表現方法もよく見られます。Plotlyで実現するには、Heatmapクラスの引数textに表示する値を、texttemplateにその表示方法を指定します。ここでは医療費を小数点1桁まで表示するようにしています。カラースケールには「ice」を指定しました。

▼[13] (section_8_1.ipynb)

```
# Traceを作成
trace = go.Heatmap(
    x=df['Year'],
    y=df['Country'],
    z=df['Spending_USD'],
    text=df['Spending_USD'],          # テキスト表示に使用する変数
    texttemplate='%{text:.1f}',       # テキスト書式 (小数点1桁まで表示)
    colorscale='ice',
    customdata=df['Life_Expectancy'],
    hovertemplate='%{x} %{y}<br>Spending: $%{z}<br>Life 
expectancy: %{customdata}',
    connectgaps=True
)

# Figureを作成
figure = go.Figure(trace, layout)

figure
```

▼実行結果

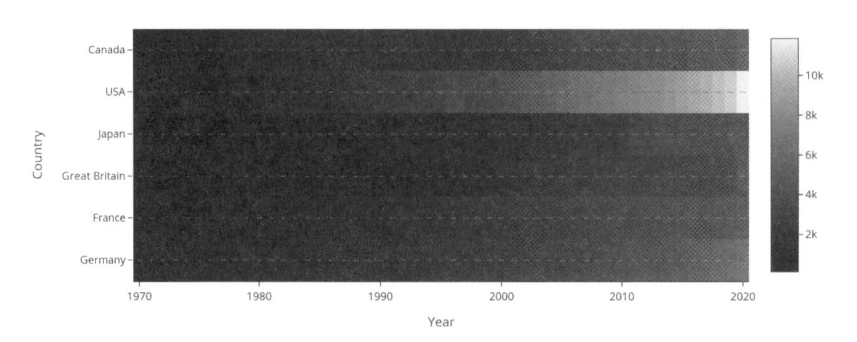

引数connectgapsをTrueにしたことで欠損値を補われていますが、ホバーテキストとテキスト表示は値が異なる点に注意してください。例えば、フランスの1971年は欠損値ですが、ホバーテキストでは補間されて224.4304ドルが表示されているのに対し、テキスト表示は0.0ドルとなっています。

■図8.1.5　補間されたヒートマップ

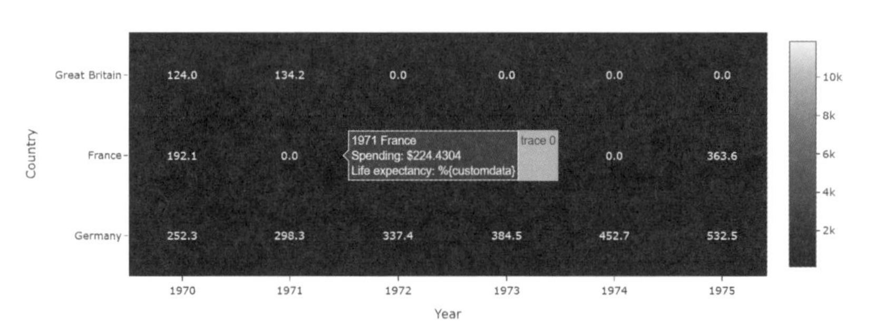

8.2

レーダーチャートとポーラーチャート

本節では、レーダーチャートとポーラーチャートの作図方法を紹介します。どちらのグラフも放射状（円環状）に量的変数の値をプロットするもので、変数間のバランスを把握したい場合や、放射状の配置自体に意味がある場合に有効です。

 レーダーチャートの基本

ここではPlotlyに付属しているWindデータセットを使用します。このデータセットは、十六方位（16に分割した方角）における風の強さを6段階に区分し、強さごとの頻度を整理したものです。方位に関するデータのため、放射状の配置自体が意味をもつ例といえるでしょう。

まずデータセットを読み込みます。変数「direction」が方位、「strength」が強度、「frequency」が頻度となっています。

▼[1] (section_8_2.ipynb)

```
import json
import pandas as pd

from plotly.subplots import make_subplots
from plotly import data as pdata
from plotly import graph_objects as go
from plotly.graph_objs.layout import Template

# Windデータセットの DataFrameを読み込み
df = pdata.wind()

df
```

▼実行結果

	direction	strength	frequency
0	N	0-1	0.5
1	NNE	0-1	0.6
2	NE	0-1	0.5
3	ENE	0-1	0.4
4	E	0-1	0.4
...	...	...	...
123	WSW	6+	0.1
124	W	6+	0.9
125	WNW	6+	2.2
126	NW	6+	1.5
127	NNW	6+	0.2

変数「strength」の固有な値をuniqueメソッドで確認してみると、「0－1」(強度が「0から1」)から「6＋」(強度が「6以上」)まで8段階の強度で区分されていることがわかります。ここでは「0－1」「2－3」「4－5」「6＋」の4つについて可視化してみることにします。

▼[2] (section_8_2.ipynb)

```
# 変数「strength」で一意な値を確認
df['strength'].unique()
```

▼実行結果

```
array(['0-1', '1-2', '2-3', '3-4', '4-4', '4-5', '5-6', '6+'],
dtype=object)
```

各強度の選択は、groupbyメソッドを使用することにします。例として強度が「0－1」のデータを抽出してみます。

▼[3] (section_8_2.ipynb)

```
# 変数「strength」の値でグループ化
gb = df.groupby('strength')

# 例えば、'0-1' のDataFrame
df_subset = gb.get_group('0-1')

df_subset
```

▼実行結果

	direction	strength	frequency
0	N	0-1	0.5
1	NNE	0-1	0.6
2	NE	0-1	0.5
3	ENE	0-1	0.4
4	E	0-1	0.4
5	ESE	0-1	0.3
6	SE	0-1	0.4
7	SSE	0-1	0.4
8	S	0-1	0.6
9	SSW	0-1	0.4
10	SW	0-1	0.5
11	WSW	0-1	0.6
12	W	0-1	0.6
13	WNW	0-1	0.5
14	NW	0-1	0.4
15	NNW	0-1	0.1

それでは**レーダーチャート**を作図してみましょう。レーダーチャートにはScatterpolarクラスでTraceを作成します。

■表8.2.1　Scatterpolarの主要な引数

引数名	説明
theta	角度に使用する変数
r	動径（中心からの距離）に使用する変数
mode	'lines'：レーダーチャート 'lines+markers'：マーカーありレーダーチャート（標準） 'markers'：極座標散布図 'none'：線なし
fill	'none'：塗りつぶしなし（標準） 'toself'：塗りつぶしあり 'tonext'：一方が他方を完全に囲んでいる場合、間を塗りつぶし
name	Traceの名前

引数thetaにはレーダーチャートの角度に使用する変数を、引数rにはレーダーチャートの動径（中心からの距離）に使用する変数を指定します。引数modeに'lines'を、引数fillに'none'を指定することで塗りつぶしなしのレーダーチャートとなります。

▼[4]（section_8_2.ipynb）

```
groups = ['0-1', '2-3', '4-5', '6+']      # 使用するグループ

# Traceのlistを作成
traces = []
for group in groups:
    df_subset = gb.get_group(group)

    trace = go.Scatterpolar(
        theta=df_subset['direction'],     # 角度に使用する変数
        r=df_subset['frequency'],         # 動経に使用する変数
        mode='lines',                     # グラフモード（線あり）
        fill='none',                      # 塗りつぶし（なし）
        name=group
    )   # 方位別の風向き頻度を示したレーダーチャート
    traces.append(trace)
```

```

# 独自テンプレートを読み込み
with open('custom_white.json') as f:
    custom_white_dict = json.load(f)
    template = Template(custom_white_dict)

# Layoutを作成
layout = layout=go.Layout(
    template=template,
    title='Wind frequency',
)

# Figureを作成
figure = go.Figure(traces, layout)

figure
```


▼実行結果

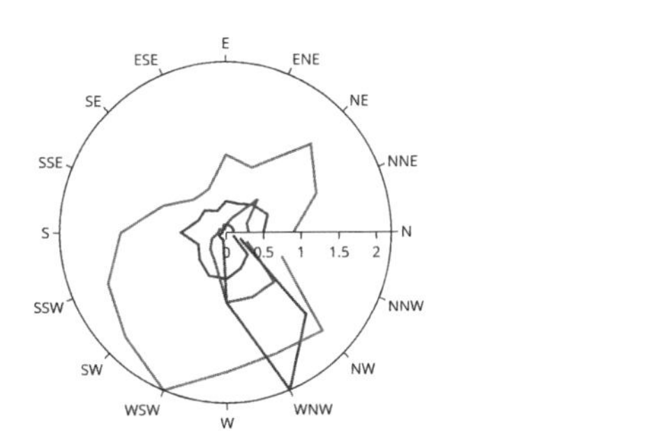

レーダーチャートのカスタマイズ

作成したレーダーチャートを見ると、いくつか気になる点があります。まず、レーダーチャートの最初の要素であるNと最後の要素であるNNWが途切れています。さらに、上がNになっておらず、しかもN、E、S、Wが反時計回りに配置されています。

レーダーチャートを途切れさせないためには、データの末尾に先頭の値を追加する必要があります。方位の配置については、Layoutインスタンスのpolarで対応します。rotationを90に設定することで90度回転して配置し、directionにclockwiseを指定することで時計回りに配置することができます。

▼[5] (section_8_2.ipynb)

```
# Traceのlistを作成
traces = []
for group in groups:
    # 末尾に冒頭を連結したDataFrameを作成する
    df_subset = pd.concat([gb.get_group(group), gb.get_
group(group).iloc[[0]]], axis=0)

    trace = go.Scatterpolar(
        theta=df_subset['direction'],
        r=df_subset['frequency'],
        mode='lines',
        fill='none',
        name=group
    )
    traces.append(trace)

# Layoutに使用する極座標の設定
polar_dict = {
    'angularaxis': {
        'visible': True,
        'rotation': 90,              # 回転（90度回転）
        'direction': 'clockwise',    # 方向（時計回り）
    },  # 角度の軸
```

```
    'radialaxis': {
        'range': [0., 2.4], # 範囲
    }   # 動経の軸
}

# Layoutを作成
layout = go.Layout(
    template=template,
    title='Wind frequency',
    polar=polar_dict
)

# Figureを作成
figure = go.Figure(traces, layout)

figure
```


▼実行結果(口絵03)

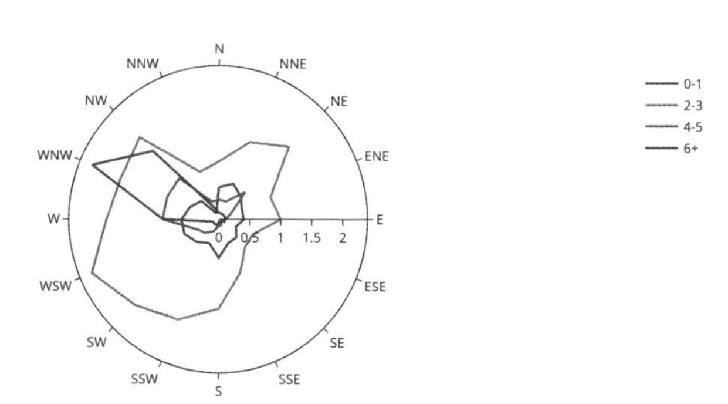

途切れさせないために先頭の値を追加することが煩わしい場合は、Scatterpolarの引数modeに'none'、引数fillに'toself'を指定してレーダーチャートを塗りつぶすとよいでしょう。ここでは1行4列の複数グラフを作成し、それぞれの強度のレーダーチャートを作図します。複数グラフを作成するには、make_subplots関数を使用します。通常のmake_subplots関数は散布図などの直交座標系のグラフに対応している

ため、レーダーチャートを描画する場合は引数specsについて'type'を'polar'にする必要があります。

▼[6] (section_8_2.ipynb)

```
# Figureを作成
figure = make_subplots(
    rows=1,
    cols=4,
    horizontal_spacing=0.1,
    subplot_titles=[f'strength: {group}' for group in groups],
    specs=[[{'type': 'polar'}, {'type': 'polar'}, {'type': 
'polar'}, {'type': 'polar'}]]
)

# TraceをFigureに追加
for i, group in enumerate(groups, start=1):
    df_subset = gb.get_group(group)

    trace = go.Scatterpolar(
        theta=df_subset['direction'],
        r=df_subset['frequency'],
        mode='none',          # グラフモード(線なし)
        fill='toself',        # 塗りつぶし(あり)
        name=group
    )
    figure.add_trace(
        trace,
        row=1,
        col=i
    )

# Layoutを更新
figure.update_layout(
    go.Layout(
```

```
            template=template,
            title='Wind frequency',
            polar=polar_dict,
            polar2=polar_dict,
            polar3=polar_dict,
            polar4=polar_dict
        )
)

figure
```

▼実行結果

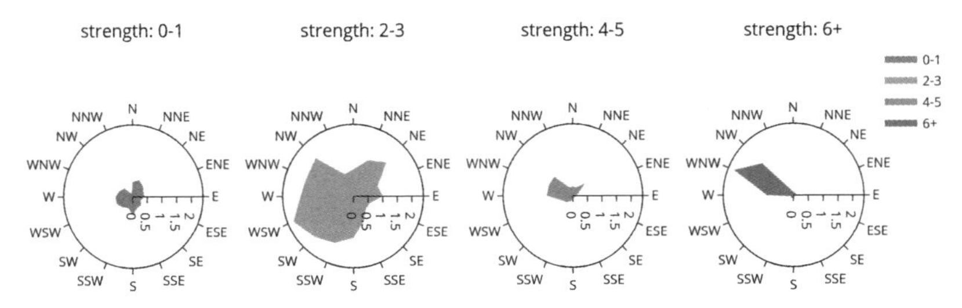

ポーラーチャート(鶏頭図)

レーダーチャートとよく似たグラフが、**ポーラーチャート**です。ポーラーチャートは鶏頭図とも呼ばれます。ポーラーチャートは放射状の配置に意味があるデータで、値を比較する際に有効です。本質的にはポーラーチャートは放射状に配置された棒グラフです [4]。そのため棒グラフで表現できる場合は、棒グラフの使用を検討するといいでしょう。

Graph ObjectsではポーラーチャートはBarPolarクラスでTraceを作成します。

■表8.2.2　BarPolarの主要な引数

引数名	説明
theta	角度に使用する変数
r	動径に使用する変数
name	Traceの名前

▼[7] (section_8_2.ipynb)

```
# Figureを作成
figure = make_subplots(
    rows=1,
    cols=4,
    horizontal_spacing=0.1,
    subplot_titles=[f'strength: {group}' for group in groups],
    specs=[[{'type': 'polar'}, {'type': 'polar'}, {'type': 
'polar'}, {'type': 'polar'}]]
)

# TraceをFigureに追加
for i, group in enumerate(groups, start=1):
    df_subset = gb.get_group(group)

    trace = go.Barpolar(
        theta=df_subset['direction'],
        r=df_subset['frequency'],
        name=group
    )  # 方位別の風向き頻度を示したポーラーチャート
    figure.add_trace(
        trace,
        row=1,
        col=i
    )

# Layoutを更新
```

```
figure.update_layout(
    go.Layout(
        template=template,
        title='Wind frequency',
        polar=polar_dict,    # 各サブプロットに極座標設定を適用
        polar2=polar_dict,
        polar3=polar_dict,
        polar4=polar_dict
    )
)

figure
```

▼実行結果（口絵04）

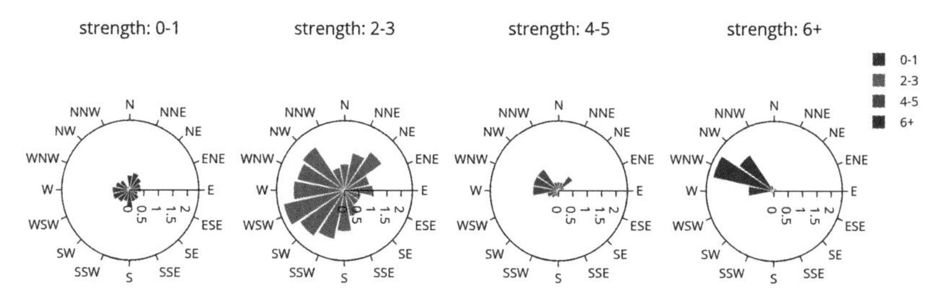

MEMO

第9章

変数間の関係を表現するグラフ

9.1

散布図とバブルチャート

本節で紹介する散布図は、変数間の関係を表現するオーソドックスなグラフです。質的データの変数を使って散布図のマーカーを色分けする方法や、量的データの変数を使ってマーカーのサイズを変える方法も紹介します。後者の散布図はバブルチャートとも呼ばれます。

散布図の基本

本節では、scikit-learnに付属するWineデータセットを題材に散布図とバブルチャートを作図する方法を紹介します。Wineデータセットは、「alcohol」（アルコール度数）、「ash」（灰分）、「magnesium」（マグネシウム）、「flavanoids」（フラボノイド）、「color_intensity」（ワインの色の濃度）、「proline」（プロリン）などのワインの情報と、その銘柄について記されたデータセットです。銘柄の名前は記されていませんが、変数「target」に0、1、2の整数値で銘柄が区別されています。

▼[1]（section_9_1.ipynb）

```
import pandas as pd
import json
from sklearn import datasets

from plotly import graph_objects as go
from plotly import express as px
from plotly.graph_objs.layout import Template
from plotly.express import colors as pcolors

# Wineデータセットのデータフレームを読み込み
df_X, df_y = datasets.load_wine(return_X_y=True, as_frame=True)
df = pd.concat([df_X, df_y], axis=1)

df
```

▼実行結果

	alcohol	malic_acid	ash	alcalinity_of_ash	magnesium	total_phenols	flavanoids	nonflavanoid_phenols	proanthocyanins	color_intensity	hue	od280/od315_of_diluted_wines	proline	target
0	14.23	1.71	2.43	15.6	127.0	2.80	3.06	0.28	2.29	5.64	1.04	3.92	1065.0	0
1	13.20	1.78	2.14	11.2	100.0	2.65	2.76	0.26	1.28	4.38	1.05	3.40	1050.0	0
2	13.16	2.36	2.67	18.6	101.0	2.80	3.24	0.30	2.81	5.68	1.03	3.17	1185.0	0
3	14.37	1.95	2.50	16.8	113.0	3.85	3.49	0.24	2.18	7.80	0.86	3.45	1480.0	0
4	13.24	2.59	2.87	21.0	118.0	2.80	2.69	0.39	1.82	4.32	1.04	2.93	735.0	0
...	...	...	...	...	...	...	...	...	...	...	...	...	...	...
173	13.71	5.65	2.45	20.5	95.0	1.68	0.61	0.52	1.06	7.70	0.64	1.74	740.0	2
174	13.40	3.91	2.48	23.0	102.0	1.80	0.75	0.43	1.41	7.30	0.70	1.56	750.0	2
175	13.27	4.28	2.26	20.0	120.0	1.59	0.69	0.43	1.35	10.20	0.59	1.56	835.0	2
176	13.17	2.59	2.37	20.0	120.0	1.65	0.68	0.53	1.46	9.30	0.60	1.62	840.0	2
177	14.13	4.10	2.74	24.5	96.0	2.05	0.76	0.56	1.35	9.20	0.61	1.60	560.0	2

DataFrameの情報をinfoメソッドで確認してみましょう。名義データの変数である「target」はint64型、それ以外の変数はfloat64型となっています。

▼[2] (section_9_1.ipynb)

```
# DataFrameの情報を確認
df.info()
```

▼実行結果

```
<class 'pandas.core.frame.DataFrame'>
RangeIndex: 178 entries, 0 to 177
Data columns (total 14 columns):
# Column Non-Null Count Dtype
--- ------ -------------- -----
0 alcohol 178 non-null float64
1 malic_acid 178 non-null float64
2 ash 178 non-null float64
3 alcalinity_of_ash 178 non-null float64
4 magnesium 178 non-null float64
5 total_phenols 178 non-null float64
```

```
6 flavanoids 178 non-null float64
7 nonflavanoid_phenols 178 non-null float64
8 proanthocyanins 178 non-null float64
9 color_intensity 178 non-null float64
10 hue 178 non-null float64
11 od280/od315_of_diluted_wines 178 non-null float64
12 proline 178 non-null float64
13 target 178 non-null int64
dtypes: float64(13), int64(1)
memory usage: 19.6 KB
```

Graph Objectsでは、散布図のTraceは**Scatterクラス**で作成します。散布図を作成するには、引数modeに'markers'を指定する必要があります。引数modeに'lines'を指定すると折れ線グラフに、'lines+markers'ではマーカー付き折れ線グラフとなります。折れ線グラフについては、第11章で紹介します。

■表9.1.1　Scatterの主要な引数

引数名	説明
x	x軸に使用する変数
y	y軸に使用する変数
mode	'marker'：散布図 'lines'：折れ線グラフ（標準） 'lines+markers'：マーカー付き折れ線グラフ
marker	マーカー設定
name	Traceの名前

x軸に変数「alcohol」（アルコール度数）、y軸に変数「proline」（プロリン）で散布図を作図してみます。作図した散布図から、アルコール度数とプロリンはおよそ単調増加の関係があるように見てとれます。

▼[3] (section_9_1.ipynb)

```
# Traceを作成
```

```
trace = go.Scatter(
    x=df['alcohol'],      # x軸に使用する変数
    y=df['proline'],      # y軸に使用する変数
    mode='markers'        # グラフモード（散布図）
)   # アルコールとプロリンの散布図

# 独自テンプレートを読み込み
with open('custom_white.json') as f:
    custom_white_dict = json.load(f)
    template = Template(custom_white_dict)

# Layoutを作成
layout=go.Layout(
    template=template,
    title='Wine dataset',
    xaxis={'title': 'Alcohol'},
    yaxis={'title': 'Proline'}
)

# Figureを作成
figure = go.Figure(trace, layout)

figure
```

▼実行結果

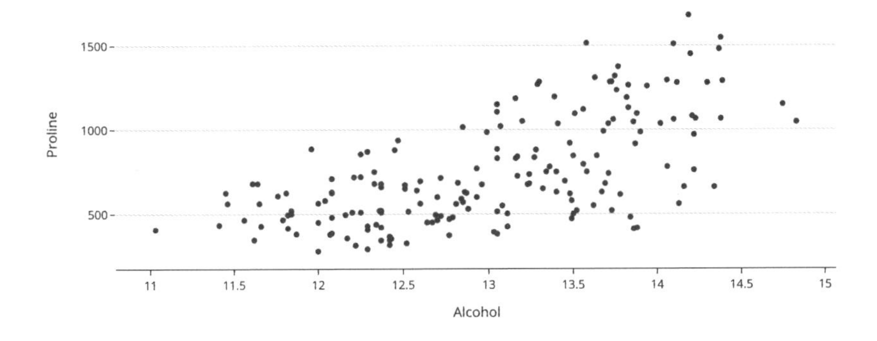

マーカーの色分け

2つの量的データの変数を使って散布図を作図しましたが、他に順序データや名義データなどの質的データの変数が存在していれば、マーカーの色を質的データで色分けすることができます。

ここではワインの銘柄である変数「target」に応じてマーカーの色を変えてみます。マーカーの色は、Scatterクラスのmarker属性のcolorで指定します。変数「target」はint64型であり、このような数値データ型の列をcolorに指定すると自動的に連続カラースケールで色が割り当てられます。

色分けされた散布図を見ると、class 0の銘柄はアルコール度数とプロリンが高く、class 1の銘柄はアルコール度数とプロリンが低いことがわかります。class 2の銘柄はその中間に分布しているようです。

▼[4] (section_9_1.ipynb)

```
# Traceを作成
trace = go.Scatter(
    x=df['alcohol'],
    y=df['proline'],
    mode='markers',
    marker={
        'color': df['target'],    # マーカー色に使用する変数
        'showscale': True         # カラーバーの表示
    },
    hovertext=df['target'],       # ホバー表示に使用する変数
    hoverinfo='x+y+text'          # ホバー表示（x座標、y座標、ホバーテキスト）
)   # アルコールとプロリンの散布図（色分け、ホバー表示）

# Figureを作成
figure = go.Figure(trace, layout)

figure
```

▼実行結果

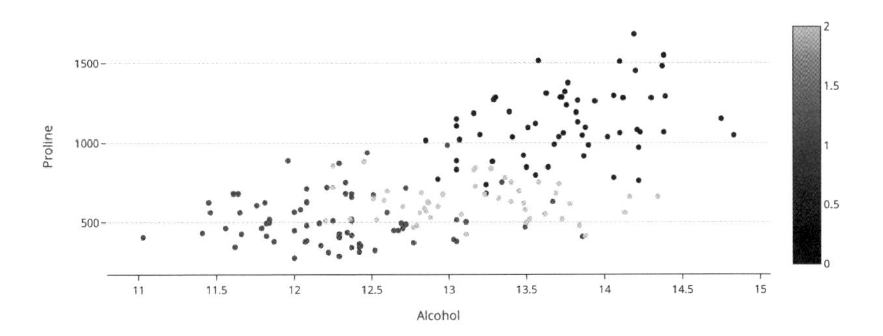

実際には変数「target」は名義データであるため、マーカーの色は連続スケールではないほうが良さそうです。

マーカーの色を明示的に指定するには、marker属性のcolorscaleにカラーコードのlistを指定します。ここではPastelカラースケールからlistを作成します。カテゴリー数（クラス数）以上の長さのlistを指定すると、意図しない色が割り当てられる場合があります。ここではuniqueメソッドを使って変数「target」のカテゴリー数と同じ長さのlistを作成します。

▼[5] (section_9_1.ipynb)

```
# 「target」の一意な値の個数でカラースケールを作成
colorscale = pcolors.qualitative.Pastel[:len(df['target'].
unique())]

colorscale
```

▼実行結果

```
['rgb(102, 197, 204)', 'rgb(246, 207, 113)', 'rgb(248, 156,
116)']
```

作成したカラースケールのlistを引数colorscaleに指定して、変数「ash」(灰分)と「flavanoids」(フラボノイド)の散布図を作成します。

▼[6] (section_9_1.ipynb)

```
# Traceを作成
trace = go.Scatter(
    x=df['ash'],
    y=df['flavanoids'],
    mode='markers',
    marker={
        'color': df['target'],
        'colorscale': colorscale    # カラースケールの指定
    },
    hovertext=df['target'],
    hoverinfo='x+y+text'
)   # 灰分(かいぶん)とフラボノイドの散布図(色分け、ホバー表示)

# Layoutを作成
layout=go.Layout(
    template=template,
    title='Wine dataset',
    xaxis={'title': 'Ash'},
    yaxis={'title': 'Flavanoids'}
)

# Figureを作成
figure = go.Figure(trace, layout)

figure
```

▼実行結果

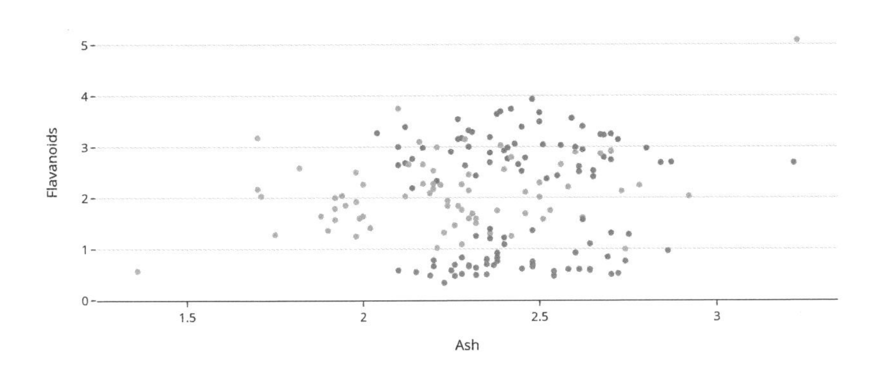

色分けした散布図を作図する別の方法は、カテゴリー数だけTraceインスタンスを作成してTraceのlistにしてしまうことです。

以下のサンプルコードでは、DataFrameのgroupbyメソッドで列「target」をグルーピングし、グループごとにTraceインスタンスを作成しています。マーカー色はBoldカラースケールにしています。

▼[7] (section_9_1.ipynb)

```
# 「target」でグループ分け
gb = df.groupby('target')

# Traceのlistを作成
traces = []
for group, df_subset in gb:
    trace = go.Scatter(
        x=df_subset['ash'],
        y=df_subset['flavanoids'],
        mode='markers',
        name=f'class {group}',
        marker={'color': pcolors.qualitative.Bold[group]}    #
マーカーを指定
```

```
    )    # 灰分とフラボノイドの散布図
    traces.append(trace)

# Figureを作成
figure = go.Figure(traces, layout)

figure
```

▼実行結果

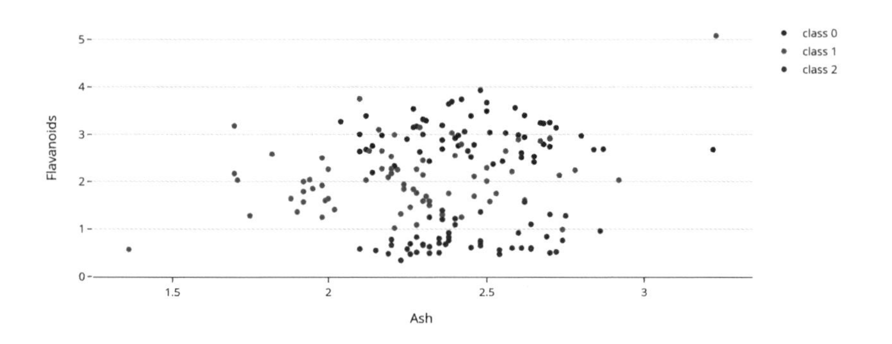

 Plotly ExpressやDataFrameからの散布図

ここまでGraph Objectsで散布図を作成する方法を紹介しましたが、DataFrameから散布図のFigureを作成することもできます。

▼[8] (section_9_1.ipynb)

```
pd.options.plotting.backend = 'plotly'  # pandasのグラフをPlotlyに設定

# DataFrameから散布図のFigureを作成
figure = df.plot.scatter(
    x='color_intensity',      # x軸に使用する変数
    y='hue',                  # y軸に使用する変数
    template=template,        # 書式テンプレート
    title='Wine dataset'      # グラフタイトル
)   # ワインの色合いと色相の散布図

figure
```

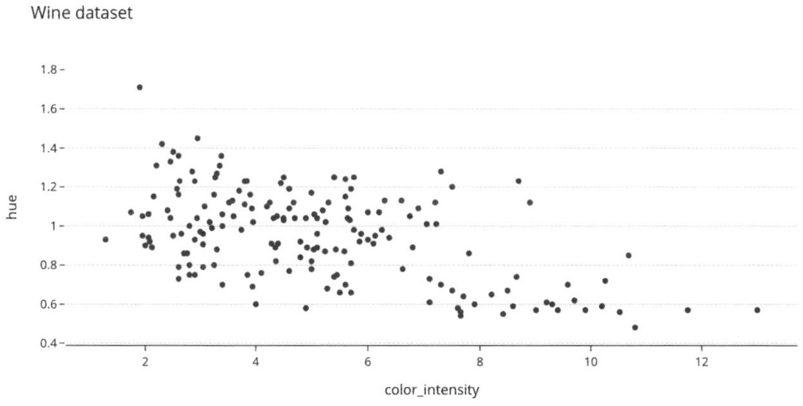

Plotly Expressから散布図を作成するには、scatter関数を使用します。変数「target」でマーカーの色を分けて、「magnesium」と「proanthocyanins」の散布図を描いてみます。

▼[9] (section_9_1.ipynb)

```
# Plotly Expressから散布図のFigureを作成
figure = px.scatter(
    df,                         # DataFrame
    x='magnesium',              # x軸に使用する変数
    y='proanthocyanins',        # y軸に使用する変数
    color='target',             # マーカー色に使用する変数
    template=template,          # 書式テンプレート
    title='Wine dataset'        # グラフタイトル
)   # マグネシウムとプロアントシアニジンの散布図

figure
```

▼実行結果

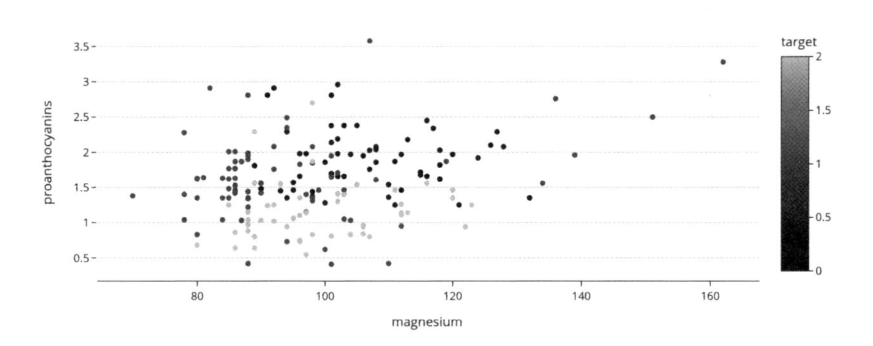

Plotly Expressでマーカーの色が連続カラースケールとなってしまったのは、「target」のデータ型がint64という数値データ型だったためです。データ型をcategory型に変更することで、マーカー色に離散カラースケールが設定されます。

▼[10] (section_9_1.ipynb)

```
# 列「target」のデータ型をカテゴリー型に変更
df['target'] = df['target'].astype('category')

df.info()
```

▼実行結果

```
<class 'pandas.core.frame.DataFrame'>
RangeIndex: 178 entries, 0 to 177
Data columns (total 14 columns):

# Column Non-Null Count Dtype
--- ------ -------------- -----
0 alcohol 178 non-null float64
1 malic_acid 178 non-null float64
2 ash 178 non-null float64
3 alcalinity_of_ash 178 non-null float64
4 magnesium 178 non-null float64
5 total_phenols 178 non-null float64
6 flavanoids 178 non-null float64
7 nonflavanoid_phenols 178 non-null float64
8 proanthocyanins 178 non-null float64
9 color_intensity 178 non-null float64
10 hue 178 non-null float64
11 od280/od315_of_diluted_wines 178 non-null float64
12 proline 178 non-null float64
13 target 178 non-null category
dtypes: category(1), float64(13)
memory usage: 18.5 KB
```

▼[11] (section_9_1.ipynb)

```
# Plotly Expressから散布図のFigureを作成
figure = px.scatter(
    df,
    x='magnesium',
    y='proanthocyanins',
    color='target',          # 指定列は変わっていないが、データ型は変更
    template=template,
    title='Wine dataset'
)   # マグネシウムとプロアントシアニジンの散布図

figure
```

▼実行結果（口絵05）

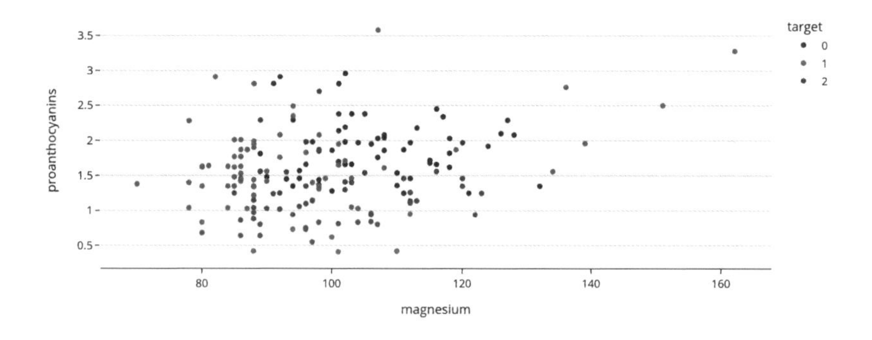

バブルチャート

ここまで2つの量的データの変数と1つの質的データの変数を組み合わせてマーカーの色を分けた散布図についてを紹介してきました。

x軸とy軸に使用した量的データの変数以外に第3の量的データの変数が存在しているとき、第3の量的データの値に応じてマーカーのサイズを変えたグラフが**バブルチャート**です。バブルチャートのTraceもScatterクラスから作成します。

Scatterクラスでは量的データを反映するマーカーのサイズを、マーカーの直径と面積から選択することができます。しかし直径でも面積でも、マーカーのサイズから具体的な数値まで読み取ることは極めて難しいでしょう。バブルチャートのマーカーサイズはあくまで補助的な情報として、周囲のマーカーサイズとの相対比較に使用することをおすすめします。しかし幸いにもPlotlyはインタラクティブ・グラフであるため、ホバーテキストによって量的変数の具体的な数値を表示する（見る）ことはできます。

以下のサンプルコードは、変数「flavanoids」（フラボノイド）に応じてマーカーの直径を変えるバブルチャートを作図するものです。変数「flavanoids」中の最大値のマーカーが、指定した直径となるよう規格化しています。また引数hovertextとまた引数hoverinfoを使って、「flavanoids」の値をホバーテキストで表示できるようにしています。さらにバブルチャートにするとマーカーが重なりやすくなるため、opacityで透明度を50%に指定しました。透明度は通常の散布図でも指定できます。

▼[12] (section_9_1.ipynb)

```
max_size = 32                                        # マーカーの最大サ
イズ
size_coeff = max_size / df['flavanoids'].max()       # フラボノイド最大
でマーカーサイズがmax_sizeになる係数

# Traceを作成
trace = go.Scatter(
    x=df['alcohol'],
    y=df['magnesium'],
    mode='markers',
    marker={
        'size': df['flavanoids'] * size_coeff,       # マーカーサイズ
        'sizemode': 'diameter',                      # サイズモード（直
径で表現。面積で表現は'area'）
        'opacity': 0.5                               # マーカー透過率
    },
```

```
    hovertext=df['flavanoids'],
    hoverinfo='x+y+text'
)   # アルコールとマグネシウムのバブルチャート

# Layoutを作成
layout=go.Layout(
    template=template,
    title='Wine dataset',
    xaxis={'title': 'Alcohol'},
    yaxis={'title': 'Magnesium'}
)

# Figureを作成
figure = go.Figure(trace, layout)

figure
```

▼実行結果（口絵06）

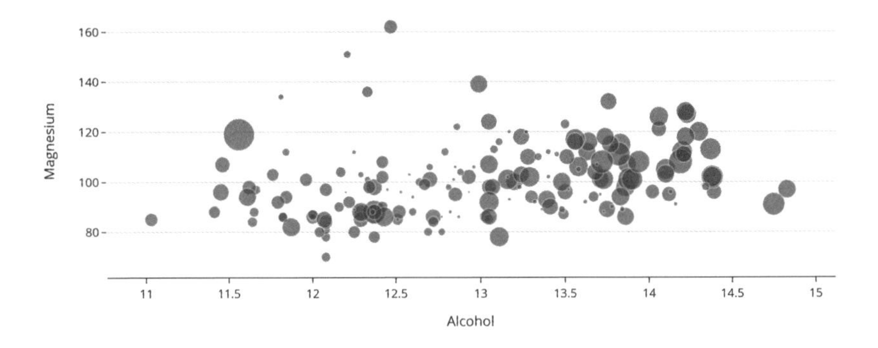

活用メモ

データの種類と読み取りやすい表現

データの種類によって読み取りやすい視覚表現が異なることが知られています [2]。

読み取りやすさ	量的データ	質的データ（順序尺度）	質的データ（名義尺度）
1位	位置	位置	位置
2位	長さ	明度	色相
3位	角度	彩度	模様
4位	傾き	色相	連結
5位	面積	模様	包含（包囲）

反対に量的データには模様、連結、包含（包囲）、形状の表現が適さないとされています。順序尺度には形状の表現が適していません。

散布図やバブルチャートは、第1と第2の量的データの関係をマーカーの位置で表しており、量的データの表現に適しています。バブルチャートでは、第3の量的データをマーカーの面積で表現しており、第3の量的データに対してはやや適した表現だといえるでしょう。第3の量的変数をマーカー形状や模様で表現する方法は適切ではありません。

散布図行列

バブルチャートは3つの量的データの変数の関係を可視化することができます。しかし量的データの変数が4つ以上になると1つのグラフで表現することは難しくなります。

量的データの変数の数が多い場合に、変数間の関係性を把握するには、変数の組み合わせの数だけ散布図を作図する方法が有効です。この方法は**散布図行列**(Scatter Plot Matrix)と呼ばれます。Graph Objectsでは**Splomクラス**で散布図行列のTraceを作成します。

■表9.1.2　Splomの主要な引数

引数名	説明
dimensions	散布図行列に使用する変数とその名前
marker	マーカー設定
diagonal_visible	True：散布図行列の対角成分を表示（標準） False：散布図行列の対角成分を非表示
showupperhalf	True：散布図行列の上三角行列を表示（標準） False：散布図行列の上三角行列を非表示

ここでは「alcohol」「ash」「magnesium」「flavanoids」「proline」という量的データの変数の関係性を散布図行列で可視化してみましょう。色は「target」で色分けしています。散布図行列は変数の一対一の関係を変数の組み合わせごとに可視化してくれます。散布図行列では行列の対角成分は恒等写像（傾き1の直線）となります。また上三角行列は下三角行列の反転となるため、情報として多くはありません。以下のコードでは対角成分と上三角行列の表示を無効化しています。

▼[13] (section_9_1.ipynb)

```
# Traceを作成
trace = go.Splom(
    dimensions=[
        {
            'label': 'Alcohol',
```

```
                'values': df['alcohol']
            },
            {
                'label': 'Ash',
                'values': df['ash']
            },
            {
                'label': 'Magnesium',
                'values': df['magnesium']
            },
            {
                'label': 'Flavanoids',
                'values': df['flavanoids']
            },
            {
                'label': 'Proline',
                'values': df['proline']
            }
        ],  # 使用する変数
        marker={
            'color': df['target'],
            'colorscale': colorscale,
            'opacity': 0.5
        },
        diagonal_visible=False, # 散布図行列中の、対角成分（非表示）
        showupperhalf=False     # 散布図行列中の、上三角行列（非表示）
)   # アルコール、灰分、マグネシウム、フラボノイド、プロリンの散布図行列

# Layoutを作成
layout=go.Layout(
    template=template,
    title='Wine dataset'
)

```

```
# Figureを作成
figure = go.Figure(trace, layout)

figure
```

▼実行結果（口絵07）

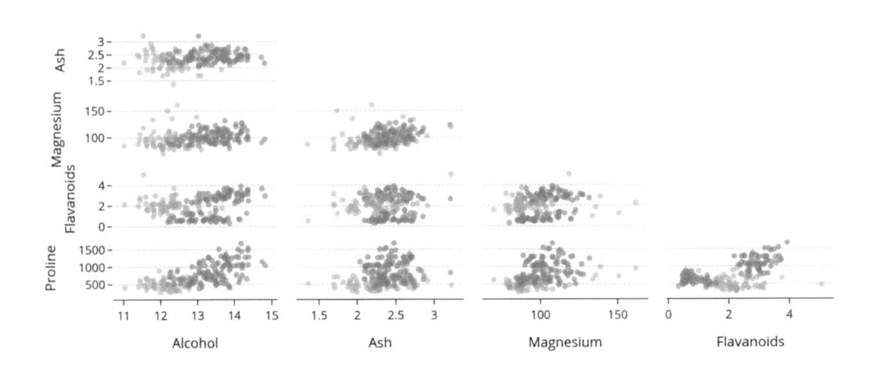

散布図行列でグラフを拡大すると、x軸を共有する列と、y軸を共有する行が、それぞれ拡大されます。以下の例では、「Ash」と「Magnesium」の散布図を拡大したことで軸を共有する他の散布図も拡大されています。

■図9.1.1　散布図行列でのグラフの拡大

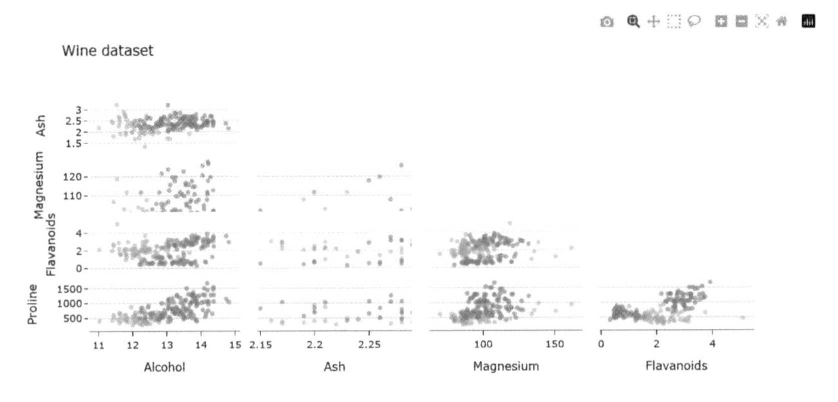

9.2

平行座標プロットと平行カテゴリープロット

本節では複数の量的変数の関係性を表現する平行座標プロットと、複数の質的変数の関係性を表示する平行カテゴリープロットを紹介します。Plotlyでは、どちらのグラフも標準でインタラクティブな操作ができるようになっています。

 散布図行列の問題点

ここではTitanic（タイタニック）データセットを題材にします。Titanicデータセットは機械学習の入門によく使用されているデータセットであり、1912年に沈没したタイタニック号の乗客の情報と、乗客の生存に関する内容をまとめたデータセットです。

▼[1]（section_9_2.ipynb）

```
import json
import seaborn as sns

from plotly import graph_objects as go
from plotly.graph_objs.layout import Template
from plotly.express import colors as pcolors

# Titanicデータセットの DataFrameを読み込み
df = sns.load_dataset('titanic')

df
```

▼実行結果

	survived	pclass	sex	age	sibsp	parch	fare	embarked	class	who	adult_male	deck	embark_town	alive	alone
0	0	3	male	22.0	1	0	7.2500	S	Third	man	True	NaN	Southampton	no	False
1	1	1	female	38.0	1	0	71.2833	C	First	woman	False	C	Cherbourg	yes	False
2	1	3	female	26.0	0	0	7.9250	S	Third	woman	False	NaN	Southampton	yes	True
3	1	1	female	35.0	1	0	53.1000	S	First	woman	False	C	Southampton	yes	False
4	0	3	male	35.0	0	0	8.0500	S	Third	man	True	NaN	Southampton	no	True
...	...	...	...	...	...	...	...	...	...	...	...	...	...	...	...
886	0	2	male	27.0	0	0	13.0000	S	Second	man	True	NaN	Southampton	no	True
887	1	1	female	19.0	0	0	30.0000	S	First	woman	False	B	Southampton	yes	True
888	0	3	female	NaN	1	2	23.4500	S	Third	woman	False	NaN	Southampton	no	False
889	1	1	male	26.0	0	0	30.0000	C	First	man	True	C	Cherbourg	yes	True
890	0	3	male	32.0	0	0	7.7500	Q	Third	man	True	NaN	Queenstown	no	True

まず量的データの変数である「age」(乗客の年齢)、「sibsp」(同乗している兄弟や配偶者の人数)、「parch」(同乗している親や子どもの人数)、「fare」(旅客運賃)などについて、9.1節を参考にして散布図行列を使って変数間の関係性を確認してみましょう。列「survived」(生存したか)の値に応じてマーカーを色分けします。

▼[2] (section_9_2.ipynb)

```
# 列「survived」の一意な値の個数でカラースケールを作成
colorscale = pcolors.qualitative.Set1[:len(df['survived'].
unique())]

colorscale
```

▼実行結果

```
['rgb(228,26,28)', 'rgb(55,126,184)']
```

▼[3] (section_9_2.ipynb)

```
# Traceを作成
trace = go.Splom(
```

```
    dimensions=[
        {
            'label': 'Age',
            'values': df['age']
        },
        {
            'label': 'Sibsp',
            'values': df['sibsp']
        },
        {
            'label': 'Parch',
            'values': df['parch']
        },
        {
            'label': 'Fare',
            'values': df['fare']
        }
    ],  # 散布図行列に使用する変数
    marker={
        'color': df['survived'],
        'colorscale': colorscale,
        'opacity': 0.5
    },
    diagonal_visible=False, # 散布図行列中の、対角成分の削除
    showupperhalf=False     # 散布図行列中の、上三角行列の削除
)   # 年齢、兄弟や配偶者の人数、親や子どもの人数、旅客運賃の散布図行列

# 独自テンプレートを読み込み
with open('custom_white.json') as f:
    custom_white_dict = json.load(f)
    template = Template(custom_white_dict)

# Layoutを作成
layout=go.Layout(
    template=template,
```

```
    title='Titanic dataset'
)

# Figureを作成
figure = go.Figure(trace, layout)

figure
```

▼実行結果

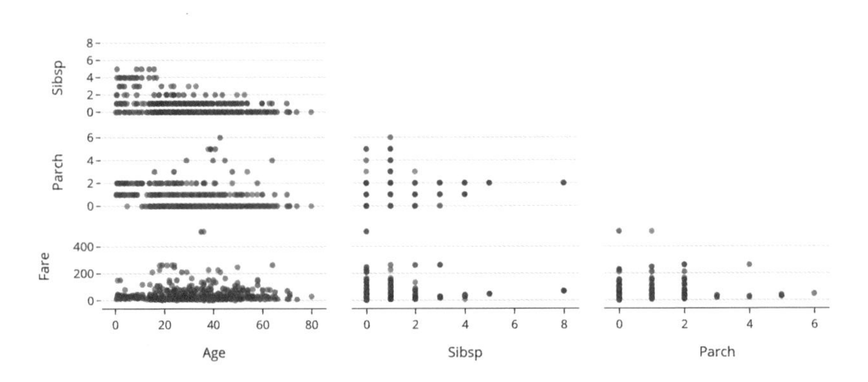

散布図行列は量的データの変数同士を1対1の関係性で把握するには適していますが、一対多の関係を把握するには適していません。例えば、「parch」が6の乗客について、「age」「sibsp」「fare」の値を読み取ってみてください。即座に値を読み取ることは難しかったのではないでしょうか。この例では変数の数が4つと少ないため、なんとか読み取ることはできますが、さらに変数の数が多くなると難しくなることは容易に想像できます。

このような量的データの変数の数が多い場合に全体的な関係性を把握するには、**平行座標プロット**が適しています。平行座標プロットは、横軸に変数を並べ、縦軸に変数の値をとって、それぞれの変数の値を直線でつなげたグラフです。Graph Objectsでは、平行座標プロットは**Parcoordsクラス**でTraceを作成します。

■表9.2.1 Parcoordsの主要な引数

引数名	説明
dimensions	平行座標プロットに使用する変数と名前
line	線の設定
unselected	非選択時における線の設定

▼[4] (section_9_2.ipynb)

```
# Traceを作成
trace = go.Parcoords(
    dimensions=[
        {
            'label': 'Age',
            'values': df['age']
        },
        {
            'label': 'Sibsp',
            'values': df['sibsp']
        },
        {
            'label': 'Parch',
            'values': df['parch']
        },
        {
            'label': 'Fare',
            'values': df['fare']
        }
```

```
    ],  # 平行座標プロットに使用する変数
    line={
        'color': df['survived'],
        'colorscale': colorscale,
    },  # 線の設定
    unselected={
        'line': {
            'color': 'grey',
            'opacity': 0.01
        }
    }  # 未選択の設定
)   # 年齢、兄弟や配偶者の人数、親や子どもの人数、乗船料金の平行座標プロット

# Figureを作成
figure = go.Figure(trace, layout)

figure
```

▼実行結果

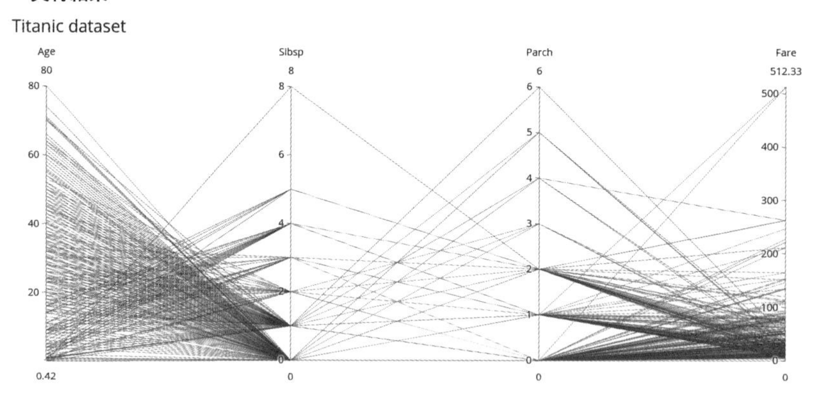

Plotlyの平行座標プロットは、標準でインタラクティブ機能を揃えていることが特徴です。変数の軸上をドラッグすることで、選択した値だけを強調表示することができます。例えば、以下のグラフは「age」を40から60、「fare」を100から200の範囲で

選択した結果です。選択範囲に対応する「sibsp」は0から2、「parch」は0から2の範囲に分布していることが即座にわかります。

■図9.2.1　平行座標プロットでの「age」と「Fare」の選択（口絵08）

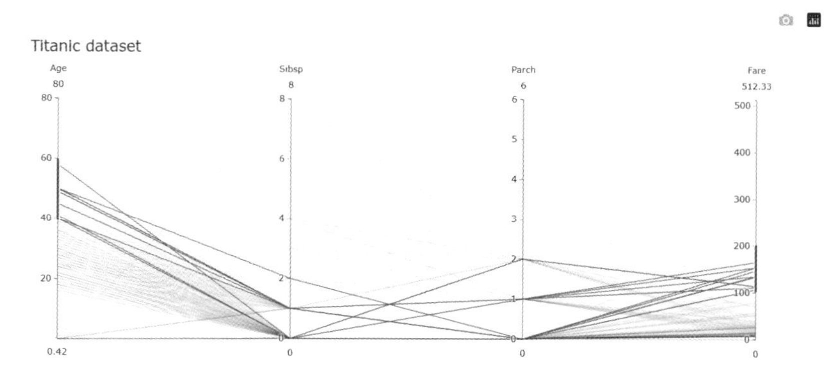

選択した範囲は、ダブルクリックによって選択を解除できます。

もう1つの例として、散布図行列から値を読み取ろうとした「parch」が6のレコードを強調表示するものです。今度は即座に「age」「sibsp」「fare」の値が読み取れたのではないでしょうか。

■図9.2.2　平行座標プロットでの「Parch」の選択

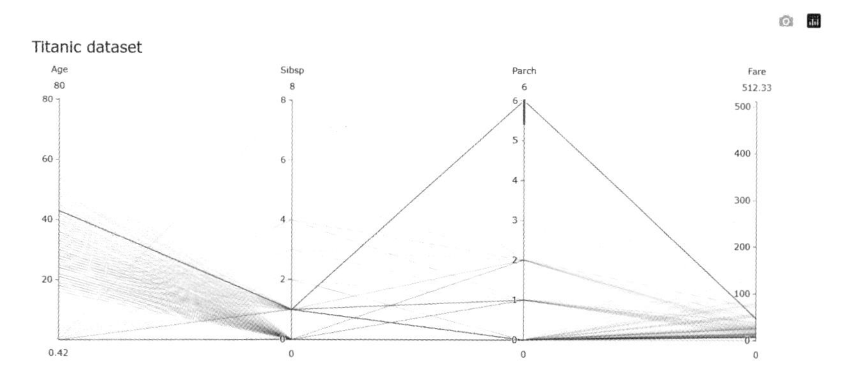

変数の軸を左右にドラッグすることで、変数の順番を入れ替えることもできます。考察に合わせて順番を入れ替えるのがよいでしょう。以下のグラフは「fare」「age」「sibsp」「parch」の順に入れ替えた例です。

■図9.2.3 平行座標プロットで軸を入れ替えた様子

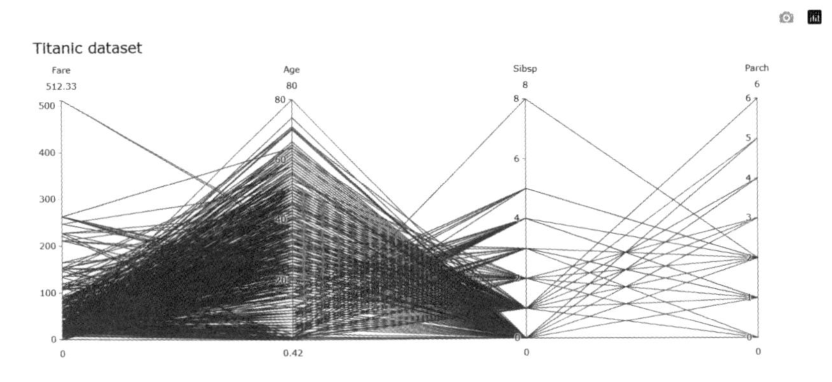

平行カテゴリープロット

平行座標プロットは量的データの関係性を表示するグラフですが、質的データの変数の関係性を表示するには**平行カテゴリープロット**が適しています。Graph ObjectsではParcats**クラス**で平行カテゴリープロットのTraceを作成します。

■表9.2.2 Parcatsの主要な引数

引数名	説明
dimensions	平行カテゴリープロットに使用する変数と名前
line	線の設定

変数「sex」(性別)、「embarked」(出港地)、「class」(客室の等級)、「alone」(単身か)、「alive」(生存したか)について平行カテゴリープロットを作図してみます。

▼[5] (section_9_2.ipynb)

```
# Traceの作成
trace = go.Parcats(
    dimensions=[
```

```
        {
            'label': 'Sex',
            'values': df['sex']
        },
        {
            'label': 'Embarked',
            'values': df['embarked']
        },
        {
            'label': 'Class',
            'values': df['class']
        },
        {
            'label': 'Alone',
            'values': df['alone']
        },
        {
            'label': 'Alive',
            'values': df['alive']
        }
    ],
    line={
        'color': df['survived'],
        'colorscale': colorscale,
    }
)   # 性別、出港地、船室等級、一人旅、生存の平行カテゴリープロット

# Figureを作成
figure = go.Figure(trace, layout)

figure
```

■実行結果

Titanic dataset

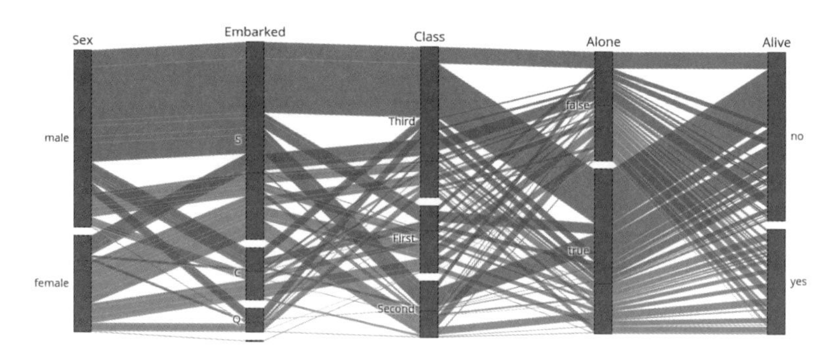

平行カテゴリープロットでは、軸上にカーソルを合わせることで、そのカテゴリー値の個数がホバー表示され、そのカテゴリー値に対応する各変数の分布が強調表示されます。

以下の例は「alive」のカテゴリーyesにカーソルを合わせた結果です。「alive」がyesのレコードは342件であり、他の変数での分布が強調表示されています。強調表示したことで、生存者の多くが女性であったことが即座に読み取れます。

■図9.2.4　平行カテゴリープロットでの「Alive」の選択（口絵09）

Titanic dataset

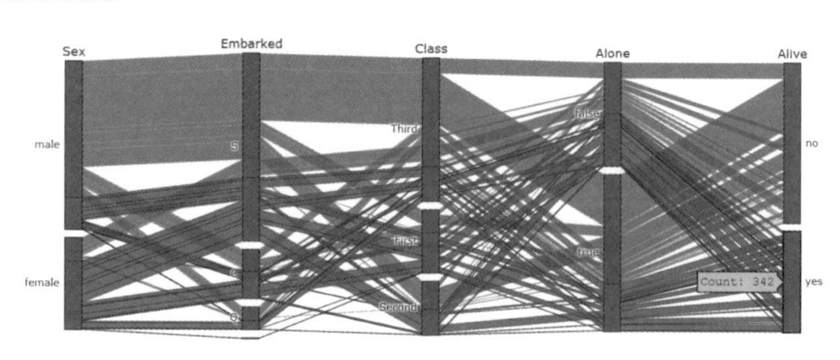

Plotlyの平行カテゴリープロットは、変数間でカテゴリー値の組み合わせが同一

だったレコードを軸と軸をつなぐ帯で表現しています。軸の間の帯にカーソルを合わせることで、その件数を確認することができます。

以下の例は「sex」がmale、「embarked」がS、「class」がThird、「alone」がfalse、「alive」がnoという最上部の帯を選択した結果であり、54件が表示されています。

■図9.2.5　平行カテゴリープロットでの最上部帯の選択

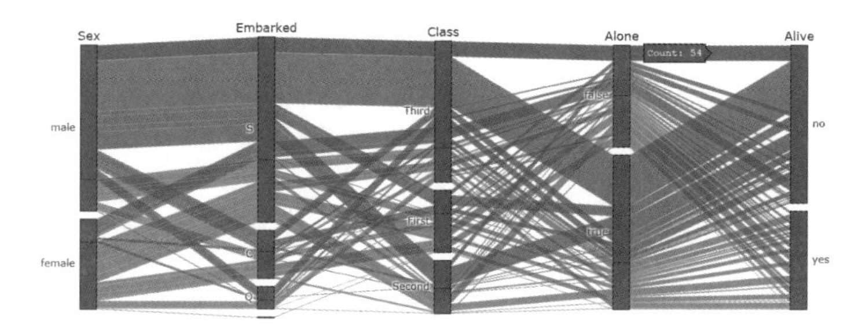

「alone」をtrueに変えた組み合わせでは、177件であることがわかります。

■図9.2.6　「Alone」をTrueにした場合のカウント

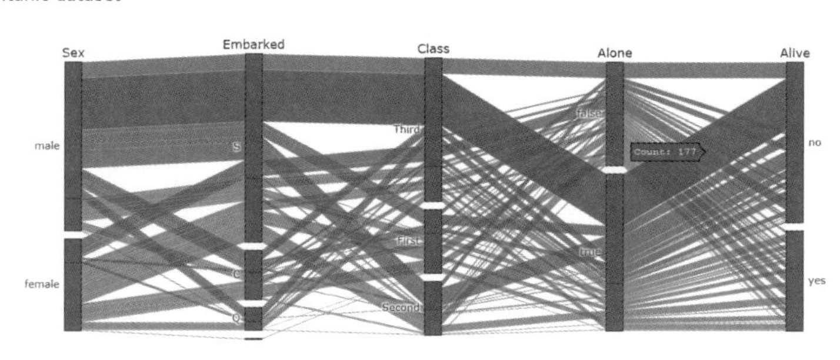

平行カテゴリープロットでは、軸内のカテゴリーの順番をドラッグで入れ替えることができます。また平行座標プロット座標と同様に軸の順番を入れ替えることができます。

以下の例では「class」のカテゴリーを下からFirst、Second、Thirdに入れ替え、軸の順番も変えています。

■図9.2.7　平行カテゴリープロットでの軸とカテゴリーの入れ替え

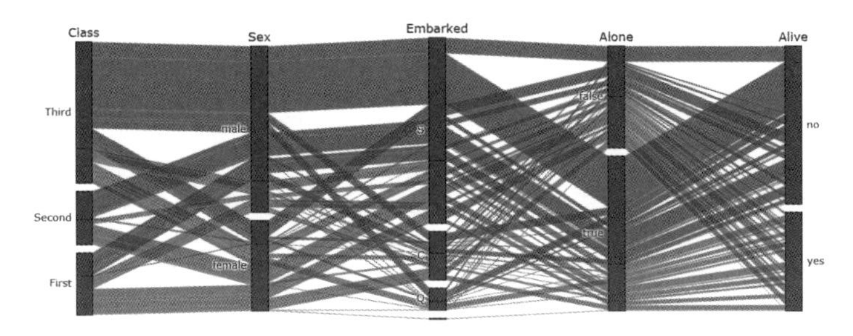

活用メモ

MLFlowとPlotly

MLFlowは、機械学習のワークフローに関するオープンソースのプラットフォームです。MLFlowのグラフ表示にもPlotlyが採用されており、学習時の機械学習モデルの精度推移などがインタラクティブな折れ線グラフで確認できます。またハイパーパラメータの組み合わせは平行座標プロットで表現されています。

第10章

変数の分布を表現するグラフ

10.1

箱ひげ図、バイオリン図、ストリップチャート

本節では、変数の分布を表現する箱ひげ図、バイオリン図、ストリップチャートを紹介します。これらのグラフは単独の変数にも使用することが可能ですが、複数の変数を並べて分布を比較することもできます。

 箱ひげ図の基本

ここでは、Tippingデータセットを題材にします。このデータセットは、あるウェイターが数カ月間勤務したときに得られたチップについての記録です。総支払額、チップ額、チップを支払った顧客についていくつかの情報が記録されています。

▼[1] (section_10_1.ipynb)

```
import json

from plotly import graph_objects as go
from plotly import express as px
from plotly.graph_objs.layout import Template
from plotly.express import colors as pcolors
from plotly import data as pdata

# Tipsデータセットの DataFrameを読み込み
df = pdata.tips()

df
```

▼実行結果

	total_bill	tip	sex	smoker	day	time	size
0	16.99	1.01	Female	No	Sun	Dinner	2
1	10.34	1.66	Male	No	Sun	Dinner	3
2	21.01	3.50	Male	No	Sun	Dinner	3
3	23.68	3.31	Male	No	Sun	Dinner	2
4	24.59	3.61	Female	No	Sun	Dinner	4
...	...	...	...	...	...	...	...
239	29.03	5.92	Male	No	Sat	Dinner	3
240	27.18	2.00	Female	Yes	Sat	Dinner	2
241	22.67	2.00	Male	Yes	Sat	Dinner	2
242	17.82	1.75	Male	No	Sat	Dinner	2
243	18.78	3.00	Female	No	Thur	Dinner	2

箱ひげ図は、分布の四分位数で矩形を描画するグラフです。変数の値を昇順に並べた際の25%位置である第1四分位数と、75%位置である第3四分位数で矩形を描画します。矩形中央に描画された線は、50%位置である第2四分位数（中央値）に対応します。第1四分位数から第3四分位数までの範囲は**四分位範囲**（IQR; Interquartile Range）と呼ばれます。Plotlyの箱ひげ図は、第1四分位数からIQRの1.5倍の範囲内で最小のサンプルと、第3四分位数からIQRの1.5倍の範囲内で最大のサンプルでひげ（フェンス）を描画します。ひげの外側にあるサンプルは外れ値と見なし、外れ値のみマーカーで描画されます。

活用メモ

箱ひげ図のひげ（フェンス）

一般的には箱ひげ図には他にも描画方式があり、変数中の最小値と最大値でひげを描画する方式も存在します。

Graph Objectsでは、**Boxクラス**で箱ひげ図のTraceを作成します。

■表10.1.1　Boxの主要な引数

引数名	説明
x	分布を表現する変数（1変数の場合） 軸に使用する変数（2変数の場合）
y	分布を表現する変数（2変数の場合）
line	箱とひげの線の設定
boxpoints	'outliers'：ひげの範囲外のマーカーを表示（標準） 'suspectedoutliers'：外れ値の度合いが大きいマーカーを強調表示 'all'：すべてのマーカーを表示
pointpos	マーカーの描画位置
jitter	マーカーをランダムにずらす量（0から1の間で指定）
marker	マーカー設定
name	Traceの名前

チップ額である変数「tip」について、箱ひげ図を作図してみます。

▼[2]（section_10_1.ipynb）

```
# Traceを作成
trace = go.Box(
    x=df['tip'],      # 分布を表現する変数
    name='Tip'        # Trace名
)   # チップ額の箱ひげ図

# 独自テンプレートを読み込み
with open('custom_white.json') as f:
    custom_white_dict = json.load(f)
    template = Template(custom_white_dict)

# Layoutを作成
layout=go.Layout(
    template=template,
    title='Tip dataset',
    xaxis={'title': 'Payment [dollers]'}
)
```

```
# Figureを作成
figure = go.Figure(trace, layout)

figure
```

▼実行結果

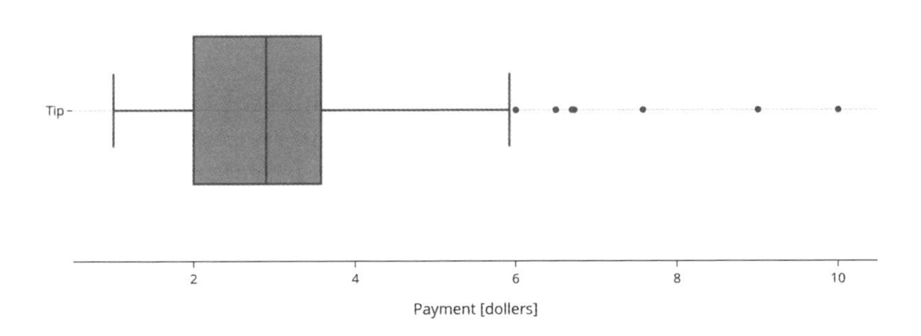

Plotlyの箱ひげ図は、カーソルを合わせることでホバーテキストによって、四分位数やひげ、最小値と最大値についての情報を表示できます。

■図10.1.1 箱ひげ図でのホバー表示

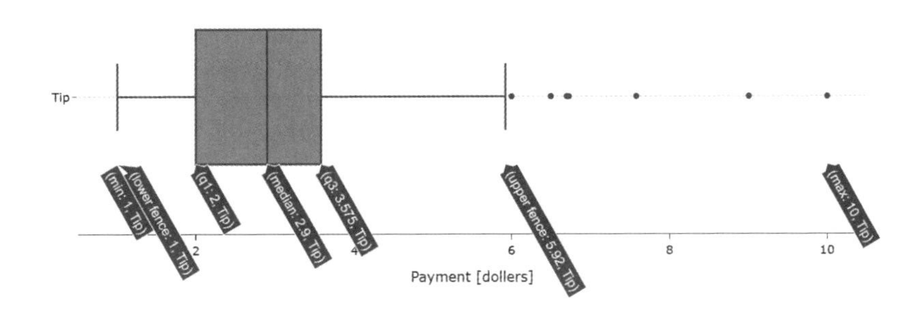

Box初期化メソッドの引数boxpointsで、外れ値の描画方式を変更することができます。標準は'outliers'であり、ひげの範囲外のマーカーを表示します。'suspectedoutliers'を指定すると、外れ値の度合いが大きいサンプルが強調されます。具体的にはQ1を第1四分位数、Q3を第3四分位数としたとき、4 × Q1 − 3 × Q3未満のサンプルか、4 × Q3 − 3 × Q1より大きいサンプルが強調表示されます。

例えば、「tip」で引数boxpointsに'suspectedoutliers'を指定すると、4 × 3.575 − 3 × 2 = 8.3であるため、ひげの右側で8.3より大きいサンプルは塗りつぶして、8.3より小さいサンプルは中抜きで描画されます。

▼[3] (section_10_1.ipynb)

```
# Traceを作成
trace = go.Box(
    x=df['tip'],
    boxpoints='suspectedoutliers',  # 著しい外れ値を強調
    name='Tip'
)   # チップ額の箱ひげ図(外れ値強調)

# Figureを作成
figure = go.Figure(trace, layout)

figure
```

▼実行結果

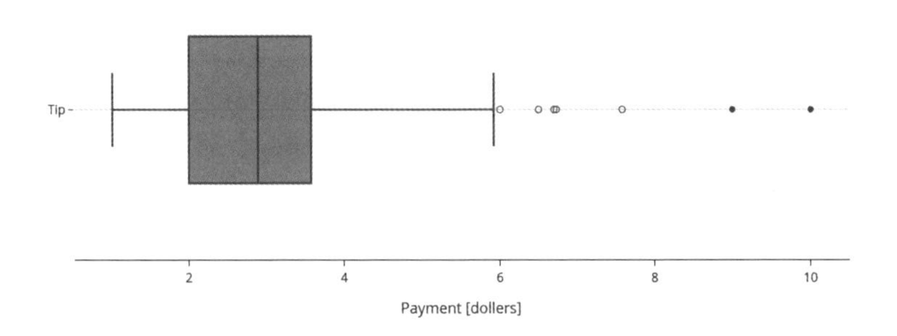

引数boxpointsに'all'を指定すると、すべてのサンプルが描画されます。'all'を指定するとサンプルが重なりやすくなるため、ここでは引数opacityを0.5に設定して半透明にしています。引数jitterはマーカーに関する項目であり、ストリップチャートを紹介する際に説明を行います。

▼[4] (section_10_1.ipynb)

```
# Traceを作成
trace = go.Box(
    x=df['tip'],
    boxpoints='all',              # すべてのマーカーを表示
    jitter=0.,                    # ジッター量(0)
    marker={'opacity': 0.2},      # マーカー設定
    name='Tip'
)   # チップ額の箱ひげ図(すべてのマーカー表示)

# Figureを作成
figure = go.Figure(trace, layout)

figure
```

▼実行結果

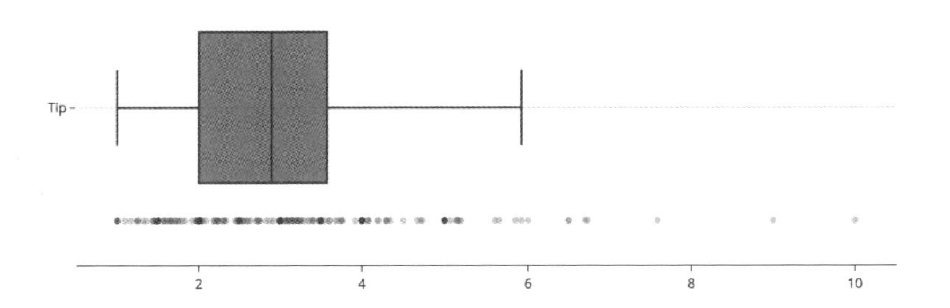

箱ひげ図による変数の比較

箱ひげ図で複数の変数を並べて分布を比較することもできます。ただし、変数の単位が同一であり、値のスケールがある程度は揃っていないと見にくいグラフになる点に注意が必要です。

ここではチップ額である「tip」と総支払い額である「total_bill」について分布を比較しています。どちらの単位も米ドルです。

▼[5] (section_10_1.ipynb)

```
# 使用する変数
columns = {
    'Tip': 'tip',
    'Total bill': 'total_bill',
}

# Traceのlistを作成
traces = []
for key, value in columns.items():
    trace = go.Box(
        x=df[value],
        boxpoints='all',
        jitter=0.,
        marker={'opacity': 0.5},
        name=key
    )
    traces.append(trace)

# Figureを作成
figure = go.Figure(traces, layout)

figure
```

▼実行結果 (口絵10)

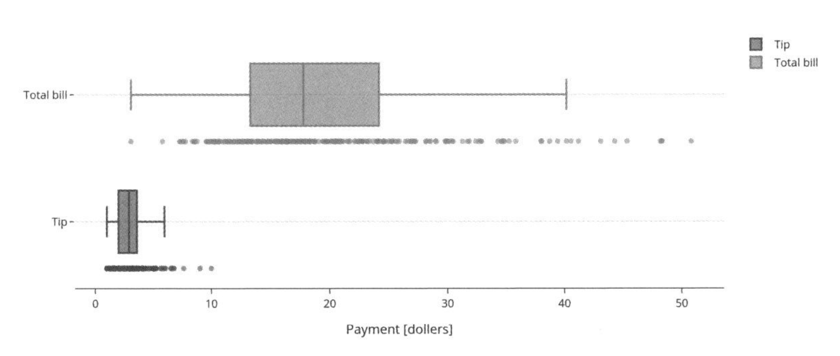

分布を比較する他の方法としては、量的データの変数を質的データの変数で分割して可視化する方法も挙げられます。例えば、x軸に列「day」(曜日)、y軸に列「tip」をとって箱ひげ図を描画し、曜日ごとのチップ額の分布を比較しています。

▼[6] (section_10_1.ipynb)

```
# Traceを作成
trace = go.Box(
    y=df['tip'],     # y軸に使用する変数(y軸に量的変数を指定している点に注意)
    x=df['day'],     # x軸に使用する変数
    boxpoints='all',
    jitter=0.,
    marker={'opacity': 0.5}
)

# Layoutを作成
layout = go.Layout(
    template=template,
    title='Tip dataset',
    xaxis={'title': 'Day'},
    yaxis={'title': 'Payment [dollers]'}
)

# Figureを作成
figure = go.Figure(trace, layout)
```

```

figure
```

▼実行結果

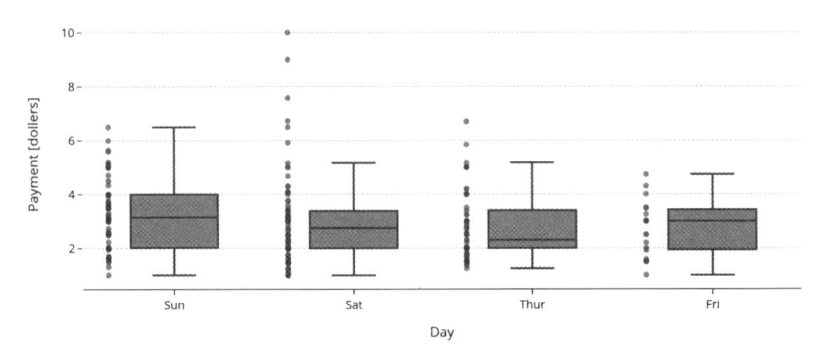

バイオリン図

箱ひげ図と同様によく使用される、分布を表現するグラフが**バイオリン図**です。カーネル密度推定によって得られた分布形状を描画することで分布を可視化します。Graph Objectsでは**Violinクラス**が相当します。

■表10.1.2　Violinの主要な引数

引数名	説明
x	分布を表現する変数（1変数の場合） x軸に使用する変数（2変数の場合）
y	分布を表現する変数（2変数の場合）
points	'all'：すべてのマーカーを表示 'outliers'：外れ値のみマーカーを表示 'suspectedoutliers'：外れ値の度合いが大きいマーカーを強調表示 False：マーカーを非表示（標準）
jitter	マーカーをランダムにずらす量（0から1の間で指定）
marker	マーカー設定
box_visible	False：箱ひげ図を非表示（標準） True：箱ひげ図を表示
name	Traceの名前

▼[7] (section_10_1.ipynb)

```
# Traceを作成
trace = go.Violin(
    x=df['tip'],                    # 分布を表現する変数
    points='all',                   # すべてのマーカーを表示
    jitter=0.,                      # ジッター量(0.2)
    marker={'opacity': 0.5},        # マーカー設定
    name='Tip'                      # Trace名
)   # チップ額のバイオリン図

# Figureを作成
figure = go.Figure(trace, layout)

figure
```

▼実行結果

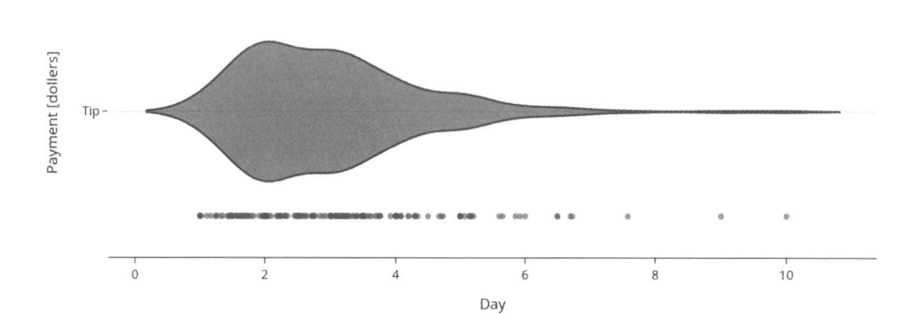

バイオリン図と箱ひげ図を同時に描画するパターンもよく見られます。引数box_visibleにTrueを指定することで、箱ひげ図も描画することができます。

▼[8]（section_10_1.ipynb）

```
# Traceを作成
trace = go.Violin(
    x=df['tip'],
    points='all',
    jitter=0.,
    marker={'opacity': 0.5},
    box_visible=True,    # 箱ひげ図表示（表示あり）
    name='Tip'
)   # チップ額のバイオリン図

# Figureを作成
figure = go.Figure(trace, layout)

figure
```

▼実行結果

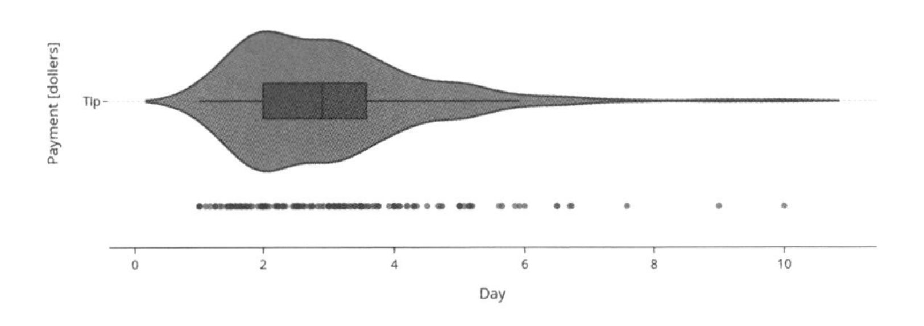

ストリップチャート

箱ひげを描画せずに、マーカーのみをそのまま描画したグラフのことを**ストリップチャート**（ジッタープロット）と呼びます。Graph Objectsでは直接ストリップチャートを作成するクラスはありませんが、Boxクラスで箱ひげ図を無色透明にすることでストリップチャートを疑似的に作成できます。

ストリップチャートでは、マーカーをすべて直線上に描画すると、マーカーが重なって見えにくい場合があります。引数jitterは描画するマーカーを直線からずらす量であり、0から1の間で指定します。ストリップチャートは一見すると散布図に似ていますが、ジッター方向には何の意味も持たないことに注意してください。ジッターの目的は描画したマーカーを見やすくする点にあります。ジッターは箱ひげ図やバイオリン図でマーカーを描画するときにも効果的な方法です。

Boxクラスでストリップチャートを作成すると、本来なら箱ひげが存在した位置の下側にストリップチャートが描画されてしまうため、以下のサンプルコードでは引数pointposで描画位置を調整しています。

▼[9]（section_10_1.ipynb）

```
# Traceを作成
trace = go.Box(
    x=df['tip'],                          # 分布を表現する変数
    boxpoints='all',                      # すべてのマーカーを表示
    fillcolor='rgba(0,0,0,0)',            # 箱の塗りつぶし（無色透明）
    line={'color': 'rgba(0,0,0,0)'},      # 箱の線（無色透明）
    hoveron='points',                     # ホバー設定（マーカー）
    pointpos=0,                           # マーカー中心位置（0）
    jitter=0.3,                           # ジッター量（0.3）
    marker={
        'color': pcolors.qualitative.D3[0],
        'opacity': 0.3
    },
    name='Tip'                            # Trace名
```

```
)    # チップ額のストリップチャート

# Figureを作成
figure = go.Figure(trace, layout)

figure
```

▼実行結果

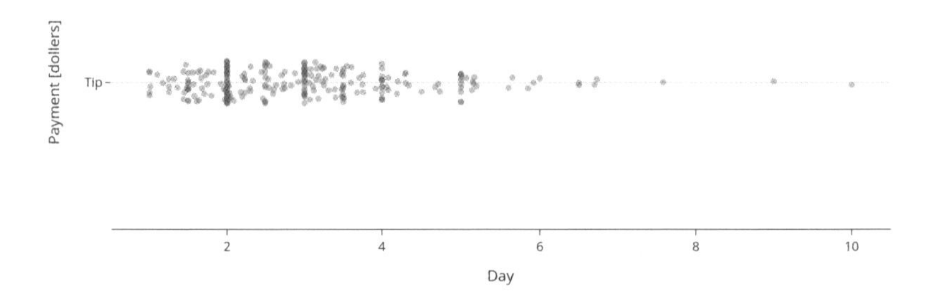

スプリットチャートのジッター―はマーカーを見やすくしてくれますが、データによって適したジッター―の量は変わります。密なデータでマーカーの重なりが大きい場合は大きなジッター値が必要な場合もあるでしょうが、まばらなデータでマーカーの重なりがほぼなければ、小さなジッター―値で十分かもしれません。

本節の最後に、Plotlyのスライドバー機能を使ってジッター―値を動的に変更できるスプリットチャートを紹介します。

▼[10] (section_10_1.ipynb)

```
# ジッター量のlist
jitters = [0.05, 0.1, 0.2, 0.5]

# Frameのlistを作成
frames = []
```

```
steps = []
for jitter in jitters:
    # Traceを作成
    trace = go.Box(
        y=df['tip'],
        x=df['day'],
        boxpoints='all',
        fillcolor='rgba(0,0,0,0)',
        line={'color': 'rgba(0,0,0,0)'},
        pointpos=0,
        marker={
            'color': pcolors.qualitative.D3[0],
            'opacity': 0.5
        },
        jitter=jitter
    )  # チップ額の散布図

    # Frameを作成
    frame = go.Frame(
        data=trace,
        name=jitter
    )
    frames.append(frame)

    # ステップを作成
    step = {
        'args': [
            [jitter],
        ],
        'label': f'jitter {jitter}',
        'method': 'animate'
    }
    steps.append(step)

```

```
# スライダーを作成
sliders = [{
    'len': 1.,          # スライダー長さ
    'x': 0.,            # スライダー左位置
    'y': -0.1,          # スライダー縦位置
    'steps': steps
}]

# Layoutを作成
layout = go.Layout(
    template=template,
    title='Tip dataset',
    xaxis={'title': 'Day'},
    yaxis={'title': 'Payment [dollers]'},
    sliders=sliders,
)

# Figureを作成
figure = go.Figure(
    data=frames[0]['data'],        # 最初に表示するグラフ
    layout=layout,
    frames=frames
)

figure
```

▼実行結果

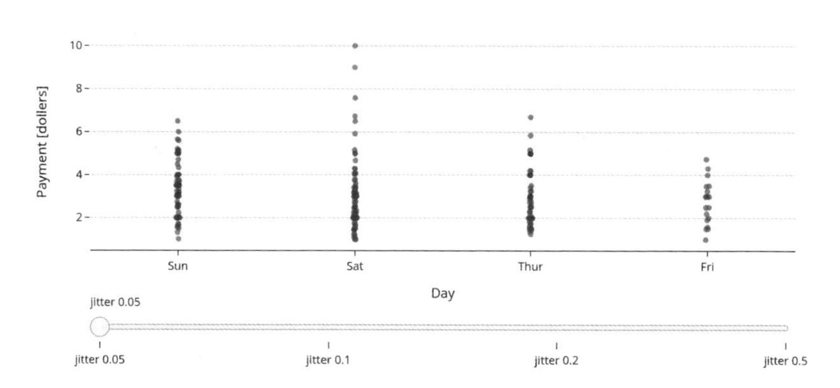

グラフ下のスライドバーでジッターを0.05、0.1、0.2、0.5の中から選択できるようにしています。

■図10.1.2　インタラクティブなストリップチャート（口絵11）

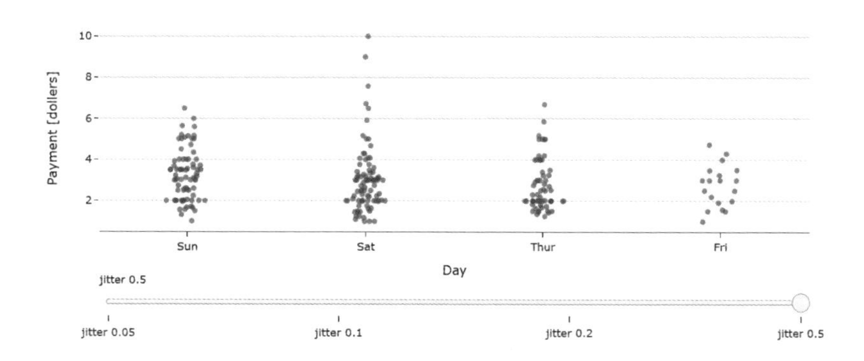

10.2
ヒストグラム・二次元ヒストグラム・密度等高線図

本節では、量的データの変数について分布形状を表現するヒストグラムと、2つの量的データの変数の組み合わせについて分布を表現する二次元ヒストグラムを作図する方法を解説します。また二次元ヒストグラムを滑らかに図示する密度等高線を紹介します。

ヒストグラム

ヒストグラムは、量的データの変数を階級で区切り、階級ごとのサンプルの個数を棒グラフで表示したグラフです。ヒストグラムの棒は**ビン**と呼ばれます。ヒストグラムは10.1節で紹介したバイオリン図に類似していますが、バイオリン図がカーネル密度推定から得られた近似で分布を表現するのに対し、ヒストグラムは近似を使わないという特徴があります。一方でヒストグラムはビン幅の設定によってグラフの印象が大きく変わるという性質も持っています。

本節ではPalmer Penguinsデータセットを題材にします。このデータセットは、Adelie（アデリーペンギン）、Chinstrap（ヒゲペンギン）、Gentoo（ジェンツーペンギン）という3種のペンギンの個体について、くちばしの幅や長さ、翼の長さなどをまとめたものです。

▼[1]（section_10_2.ipynb）

```
import json
import pandas as pd
import seaborn as sns

from plotly import graph_objects as go
from plotly import express as px
from plotly.graph_objs.layout import Template

# PenguinsデータセットのDataFrameを読み込み
df = sns.load_dataset('penguins')

df
```

▼実行結果

	species	island	bill_length_mm	bill_depth_mm	flipper_length_mm	body_mass_g	sex
0	Adelie	Torgersen	39.1	18.7	181.0	3750.0	Male
1	Adelie	Torgersen	39.5	17.4	186.0	3800.0	Female
2	Adelie	Torgersen	40.3	18.0	195.0	3250.0	Female
3	Adelie	Torgersen	NaN	NaN	NaN	NaN	NaN
4	Adelie	Torgersen	36.7	19.3	193.0	3450.0	Female
...	...	...	...	...	...	...	...
339	Gentoo	Biscoe	NaN	NaN	NaN	NaN	NaN
340	Gentoo	Biscoe	46.8	14.3	215.0	4850.0	Female
341	Gentoo	Biscoe	50.4	15.7	222.0	5750.0	Male
342	Gentoo	Biscoe	45.2	14.8	212.0	5200.0	Female
343	Gentoo	Biscoe	49.9	16.1	213.0	5400.0	Male

Graph Objectsでは、**Histogram**クラスでヒストグラムのTraceを作成します。

■表10.2.1　Histogramの主要な引数

引数名	説明
x	分布を表現する変数
nbinsx	ビンの個数
xbins	ビン幅の設定
histnorm	'' : 度数表示 (Noneでも可) (標準) 'percent' : 合計が100%になるよう正規化 'probability' : 合計が1になるよう正規化 'density' : 度数/ビン幅で正規化 'probability density' : ビン面積の合計が1になるよう正規化
name	Traceの名前

変数「bill_length_mm」についてヒストグラムを作成してみましょう。引数nbinsxでビンの個数を指定します。

▼[2] (section_10_2.ipynb)

```
# Traceを作成
trace = go.Histogram(
    x=df['bill_length_mm'],         # 分布を表現する変数
    nbinsx=50                       # ビンの個数 (50)
```

```
)    # くちばしの長さのヒストグラム

# 独自テンプレートを読み込み
with open('custom_white.json') as f:
    custom_white_dict = json.load(f)
    template = Template(custom_white_dict)

# Layoutを作成
layout = go.Layout(
    template=template,
    title='Penguins dataset',
    xaxis={'title': 'Part size [mm]'}
)

# Figureを作成
figure = go.Figure(trace, layout)

figure
```

▼実行結果（口絵12）

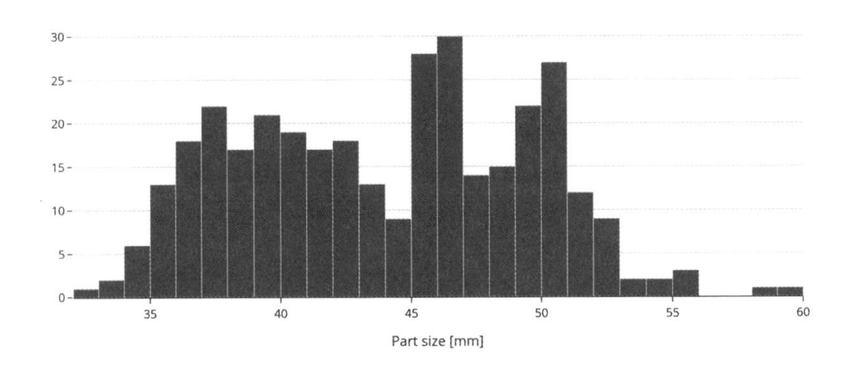

ビンについて個数ではなく、ビン幅で設定するには、引数xbinsで開始位置と終了位置、ビン幅を指定します。

標準では、縦軸はビンごとのサンプル数(度数)ですが、全体数に対する確率で表示するには引数histnormに'probability'を指定します。パーセント表示にする場合は、'percent'を指定してください。

▼[3] (section_10_2.ipynb)

```
# Traceを作成
trace = go.Histogram(
    x=df['bill_length_mm'],
    xbins={
        'start': 0.,      # 開始位置
        'end': 60.,       # 終了位置
        'size': 0.5       # ビン幅
    },  # ビンの設定
    histnorm='probability'  # 正規化設定（確率表示）
)   # くちばしの長さのヒストグラム

# Figureを作成
figure = go.Figure(trace, layout)

figure
```

▼**実行結果**

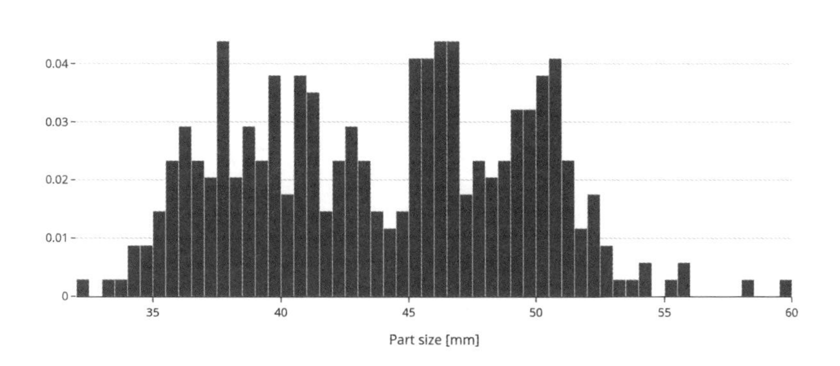

複数の変数からヒストグラムを作図し、分布を比較することもできます。比較を行うためには変数の単位が揃っていて、変数間でスケールが大きく乖離していないかの注意が必要です。

ここでは、変数「bill_length_mm」「bill_depth_mm」「flipper_length_mm」からヒストグラムを作成します。Histgram インスタンスのlistを作成してFigureに渡しています。

▼[4] (section_10_2.ipynb)

```
# 使用する変数
columns = {
    'Bill length': 'bill_length_mm',
    'Bill depth': 'bill_depth_mm',
    'Flipper length': 'flipper_length_mm'
}

# Traceのlistを作成
traces = []
for key, value in columns.items():
    trace = go.Histogram(
        x=df[value],
        nbinsx=50,
        name=key
    )
    traces.append(trace)

# Layoutを作成
layout = go.Layout(
    template=template,
    title='Penguins dataset',
    xaxis={'title': 'Part size [mm]'}
)

# Figureを作成
figure = go.Figure(traces, layout)
```

```

figure
```

▼実行結果

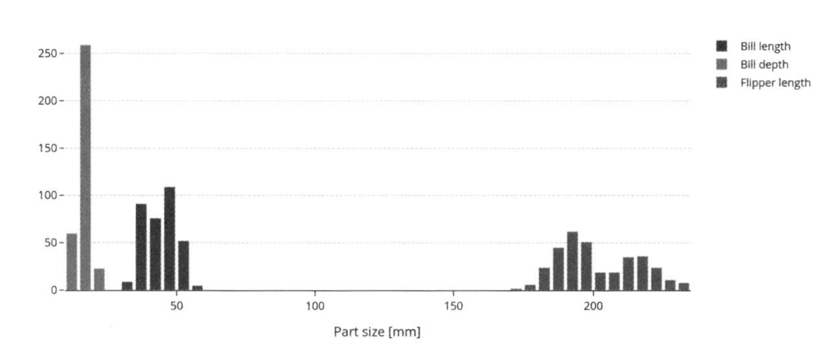

このようにヒストグラムはビンの設定によって印象が大きく変わります。以下のサンプルコードはslidersを追加してビン数をスライドバーで動的に変更できるようにしたものです。ビン幅を変えながらデータ分布を分析したい場合などには、このようなコールバック関数を使うのもよいでしょう。

▼[5] (section_10_2.ipynb)

```
# ビン個数のlist
nbinsx_list = [15, 30, 60, 120]

frames = []
steps = []
for nbinsx in nbinsx_list:
    # Traceのlistを作成
    traces = []
    for key, value in columns.items():
        trace = go.Histogram(
            x=df[value],
            nbinsx=nbinsx,
            name=key
```

```
        )
        traces.append(trace)

    # Frameを作成
    frame = go.Frame(
        data=traces,
        name=nbinsx
    )
    frames.append(frame)

    # ステップを作成
    step = {
        'args': [
            [nbinsx],
        ],
        'label': f'nbins {nbinsx}',
        'method': 'animate'
    }
    steps.append(step)

# スライダーを作成
sliders = [{
    'len': 1.,       # スライダー長さ
    'x': 0.,         # スライダー左位置
    'y': -0.1,       # スライダー縦位置
    'steps': steps
}]

# Layoutを作成
layout = go.Layout(
    template=template,
    title='Penguin dataset',
    xaxis={'title': 'Part size [mm]'},
    sliders=sliders,     # スライダー
)
```

```
# Figureを作成
figure = go.Figure(
    data=frames[0]['data'],       # 最初に表示するグラフ
    layout=layout,
    frames=frames
)

figure
```

▼実行結果

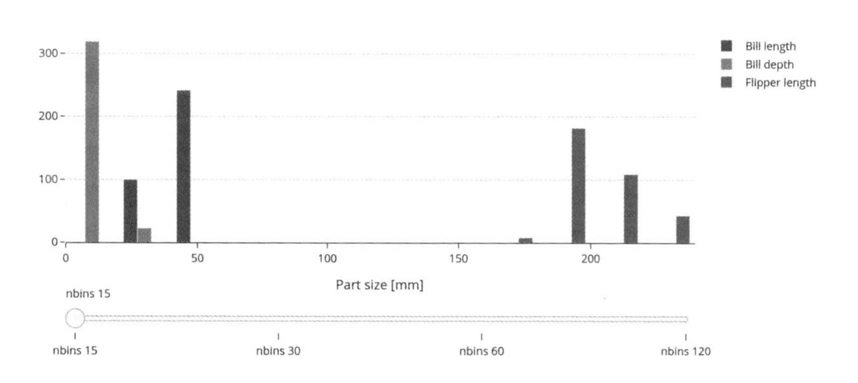

例えば、スライドバーでビン数を120にすると、より細かく分布が表現されました。

■図10.2.1　ヒストグラムの動的なビン数の変更

 Plotly ExpressやDataFrameからのヒストグラム

Plotly Expressからヒストグラムを作成するには、histogram関数を使用します。DataFrameのplot.histメソッドを使用しても同様のグラフが得られます。ここでは体重についてヒストグラムを作成しています。

▼[6]（section_10_2.ipynb）

```
# Plotly ExpressからヒストグラムのFigureを作成
figure = px.histogram(
    df,                             # DataFrame
    x='body_mass_g',                # 分布を表現する変数
    template=template,              # 書式テンプレート
    title='Penguin dataset'         # グラフタイトル
)   # 体重のヒストグラム

# 以下のようにDataFrameから作成することも可能
# pd.options.plotting.backend = 'plotly'
# figure = df.plot.hist(
#     x='body_mass_g',
#     template=template,
#     title='Penguin dataset'
# )

figure
```

▼実行結果

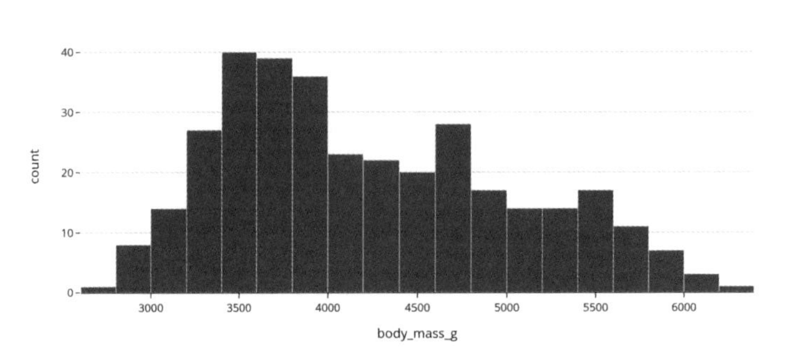

 二次元ヒストグラム

変数の組み合わせが重要な場合には、**二次元ヒストグラム**で組み合わせについて分布を可視化する方法が有効です。二次元ヒストグラムはヒートマップに類似していますが、グリッドの縦軸と横軸が2つの変数それぞれの階級に対応しており、グリッドの値はその階級のサンプル数です。

Graph ObjectsではニHistogram次元ヒストグラムのTraceは**Histogram2dクラス**で作成します。

■表10.2.2　Histogram2dの主要な引数

引数名	説明
x	x軸に使用する変数
y	y軸に使用する変数
xbins	x軸のビンの設定
ybins	y軸のビンの設定
colorscale	カラースケール

ここでは「bill_length_mm」と「bill_depth_mm」というくちばしの長さと太さについて、二次元ヒストグラムで分布を可視化してみます。まずDataFrameのminメソッドとmaxメソッドで最小値と最大値を確認し、ビンの設定の参考にしています。

▼[7]二次元ヒストグラム

```
print(df['bill_length_mm'].min(), df['bill_length_mm'].max())

print(df['bill_depth_mm'].min(), df['bill_depth_mm'].max())
```

▼実行結果

```
32.1 59.6
13.1 21.5
```

▼[8] (section_10_2.ipynb)

```
bin_size = 2.   # ビンのサイズ

# Traceを作成
trace = go.Histogram2d(
    x=df['bill_length_mm'],      # x軸に使用する変数
    y=df['bill_depth_mm'],       # y軸に使用する変数
    xbins={
        'start': 32.,
        'end': 60.,
        'size': bin_size
    },  # x軸のビン設定
    ybins={
        'start': 12.,
        'end': 22.,
        'size': bin_size
    },  # y軸のビン設定
    colorscale='Blues'           # カラースケール
)   # くちばしの長さと幅の二次元ヒストグラム

# Layoutを作成
layout = go.Layout(
    template=template,
    title='Penguins dataset',
    xaxis={
        'title': 'Bill length [mm]',
        'range': [32, 60],
        'constrain': 'domain',
        'showline': False
    },
    yaxis={
        'title': 'Bill depth [mm]',
        'range': [12, 22],
        'scaleanchor': 'x',
        'scaleratio': 1
```

```
    }
)

# Figureを作成
figure = go.Figure(trace, layout)

figure
```

▼実行結果（口絵13）

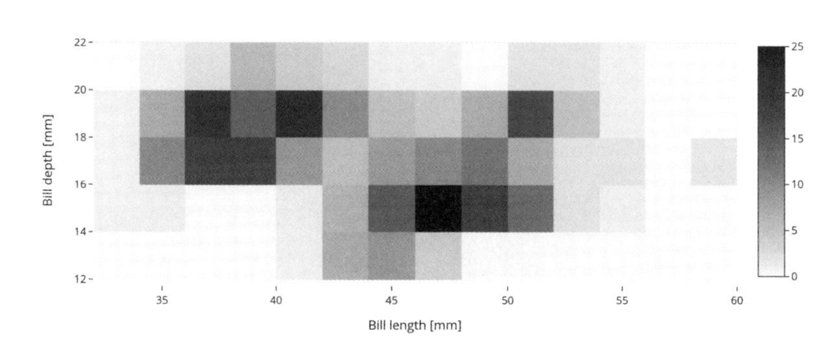

グリッドにカーソルを合わせるとホバーテキストで情報が表示できます。例えば、左下のグリッドにカーソルを合わせると、「bill_length_mm」が32以上34未満、「bill_depth_mm」が12以上14未満であり、サンプル数は0だったことが表示されます。

■図10.2.2　拡大した二次元ヒストグラム

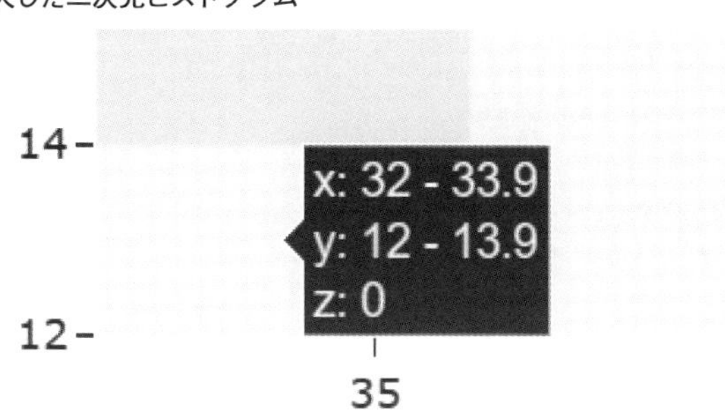

密度等高線図

二次元ヒストグラムを等高線図のように表示したグラフが**密度等高線図**です。Graph Objectsでは**Histogram2dContour**クラスでTraceを作成します。

■表10.2.3 Histogram2dContourの主要な引数

引数名	説明
x	x軸に使用する変数
y	y軸に使用する変数
xbins	x軸のビンの設定
ybins	y軸のビンの設定
colorscale	カラースケール

先ほどの二次元ヒストグラムと同様の設定で作図してみましょう。

▼[9] (section_10_2.ipynb)

```
# Traceを作成
trace = go.Histogram2dContour(
    x=df['bill_length_mm'], # x軸に使用する変数
    y=df['bill_depth_mm'],  # y軸に使用する変数
    xbins={
        'start': 32.,
        'end': 60.,
        'size': bin_size
    },  # x軸のビンの設定
    ybins={
        'start': 12.,
        'end': 22.,
        'size': bin_size
    },  # y軸のビンの設定
    colorscale='Greens',     # カラースケール
)   # くちばしの長さと広さの密度等高線図
```

```
# Figureを作成
figure = go.Figure(trace, layout)

figure
```

▼実行結果

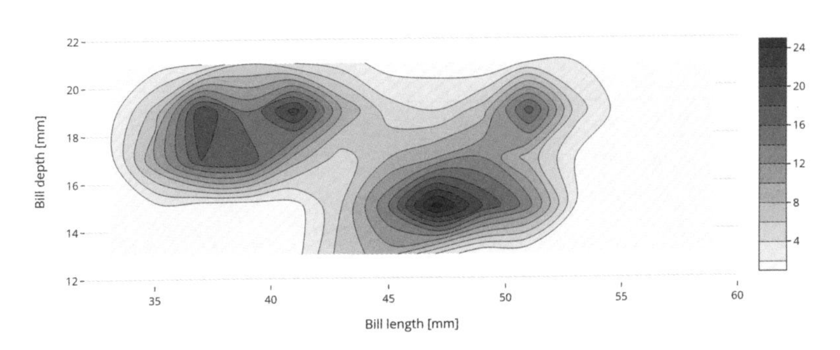

二次元ヒストグラムと同じ設定だと、グラフが見切れてしまっていることがわかります。左下にカーソルを当てると、左下グリッドの中心位置を描画しています。

■図10.2.3　拡大した密度等高線図

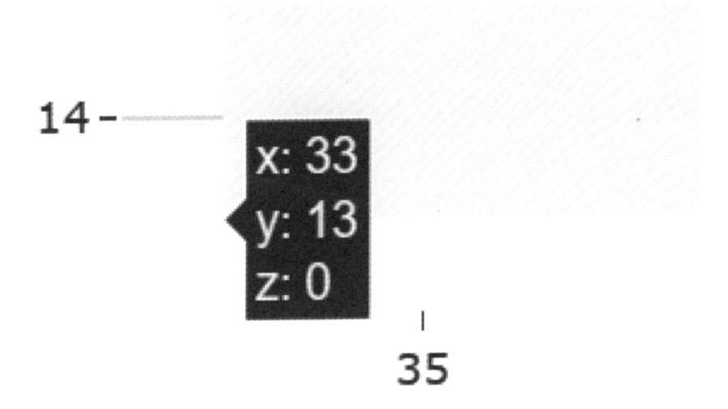

二次元ヒストグラムと同じ範囲を描画するには、ビンの開始位置をビン幅の半分だけ減算し、ビンの終了位置をビン幅の半分だけ加算するとよいでしょう。

▼[10] (section_10_2.ipynb)

```
# Traceを作成
trace = go.Histogram2dContour(
    x=df['bill_length_mm'],
    y=df['bill_depth_mm'],
    xbins={
        'start': 32. - bin_size/2,
        'end': 60. + bin_size/2,
        'size': bin_size
    },
    ybins={
        'start': 12. - bin_size/2,
        'end': 22. + bin_size/2,
        'size': bin_size
    },
    colorscale='Greens',
)   # くちばしの長さと広さの密度等高線図

# Figureを作成
figure = go.Figure(trace, layout)

figure
```

▼実行結果

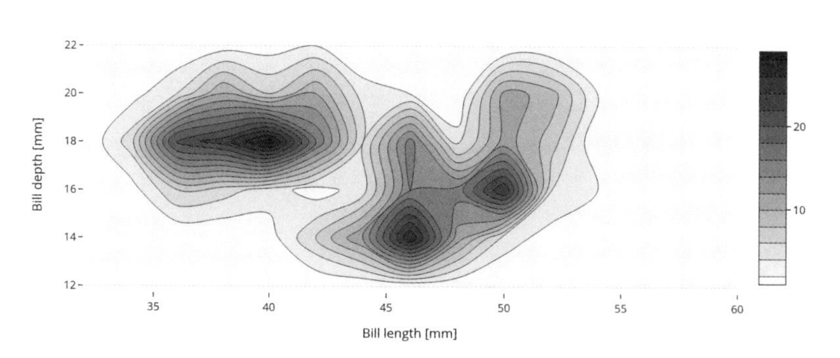

密度等高線図と散布図を組み合わせて、サンプルが存在した位置を図示する方法も効果的です。Histogram2dContourとScatterのTraceを持ったlistを、Figureに渡すことで作図することができます。

▼[11] (section_10_2.ipynb)

```
# Traceのlistを作成
traces = [
    trace,  # 密度投稿線図のTrace
    go.Scatter(
        x=df['bill_length_mm'],
        y=df['bill_depth_mm'],
        mode='markers',
        marker={'color': 'green', 'symbol': 'circle-open'},
        opacity=0.5
    )  # くちばしの長さと幅の散布図
]

# Figureを作成
figure = go.Figure(traces, layout)

figure
```

▼実行結果（口絵14）

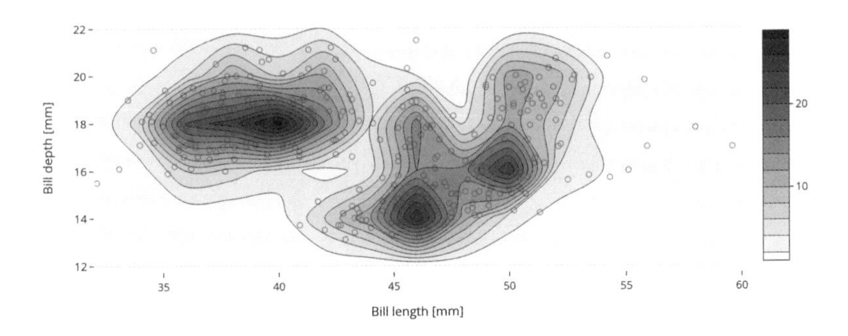
Penguins dataset
Bill depth [mm]
22
20
18
16
14
12
35
40
45
50
55
60
Bill length [mm]
20
10

第11章

変数の傾向や構成を表現するグラフ

11.1

折れ線グラフ

折れ線グラフは、変数の傾向を表す基本的なグラフです。情報が多すぎてわかりにくいグラフは「スパゲッティチャート」と呼ばれますが、変数が多い折れ線グラフはスパゲッティチャートの代表格です。Plotlyの折れ線グラフはインタラクティブな特性があるため、スパゲッティチャートになってもグラフ作成後に解決する手段があります。

折れ線グラフとマーカー付き折れ線グラフ

本節ではCarsデータセットを題材にします。このデータセットは1970年から1982年にかけて、米国やヨーロッパ、日本で製造された自動車の性能についてのデータセットです。変数「mpg」は、miles per gallonの略であり、1ガロンあたりの走行マイル、つまり燃費を表しています。

▼[1] (section_11_1.ipynb)

```
import json
import pandas as pd
import seaborn as sns

from plotly import graph_objects as go
from plotly import express as px
from plotly.graph_objs.layout import Template

# Carsデータセットから DataFrameを作成
df = sns.load_dataset('mpg')

df
```

▼実行結果

	mpg	cylinders	displacement	horsepower	weight	acceleration	model_year	origin	name
0	18.0	8	307.0	130.0	3504	12.0	70	usa	chevrolet chevelle malibu
1	15.0	8	350.0	165.0	3693	11.5	70	usa	buick skylark 320

2	18.0	8	318.0	150.0	3436	11.0	70	usa	plymouth satellite
3	16.0	8	304.0	150.0	3433	12.0	70	usa	amc rebel sst
4	17.0	8	302.0	140.0	3449	10.5	70	usa	ford torino
...	...	...	...	...	...	...	...	...	...
393	27.0	4	140.0	86.0	2790	15.6	82	usa	ford mustang gl
394	44.0	4	97.0	52.0	2130	24.6	82	europe	vw pickup
395	32.0	4	135.0	84.0	2295	11.6	82	usa	dodge rampage
396	28.0	4	120.0	79.0	2625	18.6	82	usa	ford ranger
397	31.0	4	119.0	82.0	2720	19.4	82	usa	chevy s-10

自動車の性能が1970年から1982までの間、どのような傾向を持っていたかについて、生産国別の折れ線グラフを作成していくことにします。前準備としてDataFrameのgroupbyメソッドで、列「origin」と「model_year」の組み合わせでグループ化をして、グループ内で「mpg」「displacement」「horsepower」「weight」「acceleration」の平均をとります。グループ内平均にはaggメソッドを使用します。

▼[2] (section_11_1.ipynb)

```
# 変数「origin」「model_year」でグループ化
gb = df.groupby(['origin', 'model_year'], as_index=False)

# 各グループ内で平均をとる
df_origin_year = gb.agg({
    'mpg': 'mean',
    'displacement': 'mean',
    'horsepower': 'mean',
    'weight': 'mean',
    'acceleration': 'mean'
})

df_origin_year.head()
```

▼実行結果

	origin	model_year	mpg	displacement	horsepower	weight	acceleration
0	europe	70	25.20	107.800000	86.200000	2309.200000	16.500000
1	europe	71	28.75	95.000000	74.000000	2024.000000	16.750000
2	europe	72	22.00	111.000000	79.600000	2573.200000	18.700000
3	europe	73	24.00	105.000000	81.857143	2335.714286	16.428571
4	europe	74	27.00	93.166667	74.166667	2139.333333	15.333333

▼[3] (section_11_1.ipynb)

```
df_origin_year.tail()
```

▼実行結果

	origin	model_year	mpg	displacement	horsepower	weight	acceleration
34	usa	78	21.772727	217.545455	107.272727	3141.136364	15.545455
35	usa	79	23.478261	231.260870	109.434783	3210.217391	15.243478
36	usa	80	25.914286	151.571429	88.833333	2822.428571	16.800000
37	usa	81	27.530769	164.846154	84.538462	2695.000000	16.053846
38	usa	82	29.450000	142.950000	86.947368	2637.750000	16.670000

Graph Objectsで折れ線グラフを作成するには、Scatterクラスで引数modeにlinesを指定します。Scatterの詳細は9.1節を参照ください。

ここでは、再びdf_origin_yearをgroupbyメソッドでグループ化し、生産国別にMPGの折れ線グラフを作成して、Traceのlistに追加しています。作成したグラフを見ると製造年と共に燃費が向上していることが見てとれます。

▼[4] (section_11_1.ipynb)

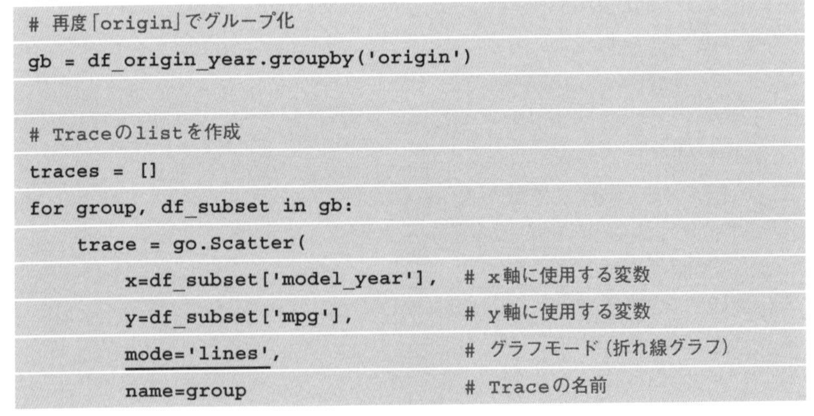

```
# 再度「origin」でグループ化
gb = df_origin_year.groupby('origin')

# Traceのlistを作成
traces = []
for group, df_subset in gb:
    trace = go.Scatter(
        x=df_subset['model_year'],   # x軸に使用する変数
        y=df_subset['mpg'],          # y軸に使用する変数
        mode='lines',                # グラフモード (折れ線グラフ)
        name=group                   # Traceの名前
```

```
    )    # 製造年に対するMPGの折れ線グラフ
    traces.append(trace)

# 独自テンプレートを読み込み
with open('custom_white.json') as f:
    custom_white_dict = json.load(f)
    template = Template(custom_white_dict)

# Layoutを作成
layout = go.Layout(
    template=template,
    title='Cars dataset',
    xaxis={'title': 'Year'},
    yaxis={'title': 'MPG'}
)

# Figureを作成
figure = go.Figure(traces, layout)

figure
```


▼実行結果

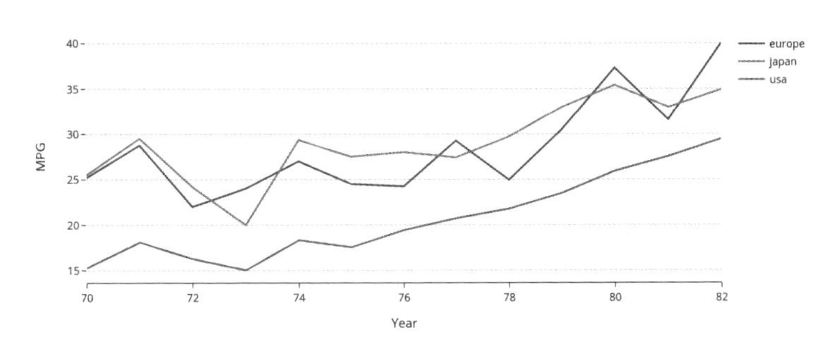

マーカー付き折れ線グラフを作成するには、引数modeに'lines+markers'を指定します。

今度は、馬力の傾向を折れ線グラフで表現してみます。どうやら馬力は減少傾向にあるようです。

▼[5] (section_11_1.ipynb)

```
# Traceのlistを作成
traces = []
for group, df_subset in gb:
    trace = go.Scatter(
        x=df_subset['model_year'],
        y=df_subset['horsepower'],
        mode='lines+markers',   # グラフモード(マーカー付き折れ線グラフ)
        name=group
    )  # 製造年に対する馬力の折れ線グラフ
    traces.append(trace)

# Layoutを作成
layout = go.Layout(
    template=template,
    title='Cars dataset',
    xaxis={'title': 'Year'},
    yaxis={'title': 'Horsepower'}
)

# Figureを作成
figure = go.Figure(traces, layout)

figure
```

▼実行結果（口絵15）

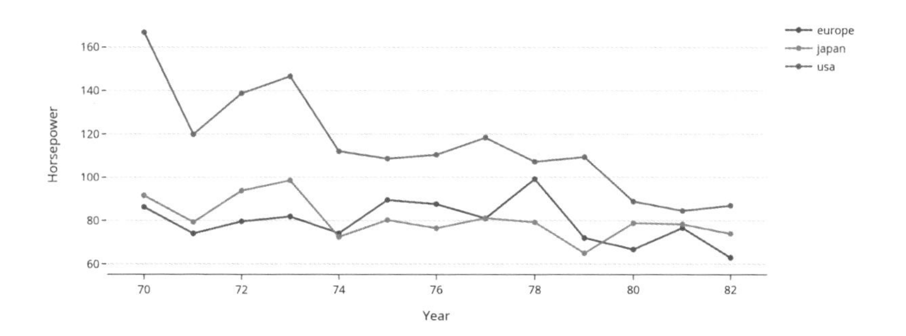

Plotly ExpressやDataFrameからの折れ線グラフ

Plotly Expressから折れ線グラフを作成するには、line関数を使用します。Graph Objectsでは、Scatterクラス1つで散布図と折れ線グラフの両方を司っていましたが、Plotly Expressではscatter関数とline関数に分かれている点に注意してください。

製造年に対する排気量の折れ線グラフを作成します。

▼[6]（section_11_1.ipynb）

```
# Plotly Expressから折れ線グラフのFigureを作成
figure = px.line(
    df_origin_year,             # DataFrame
    x='model_year',             # x軸に使用する変数
    y='displacement',           # y軸に使用する変数
    color='origin',             # 色に使用する変数
    template=template,          # 書式テンプレート
    title='Cars dataset'        # グラフタイトル
)   # 製造年に対する排気量の折れ線グラフ

figure
```

▼実行結果

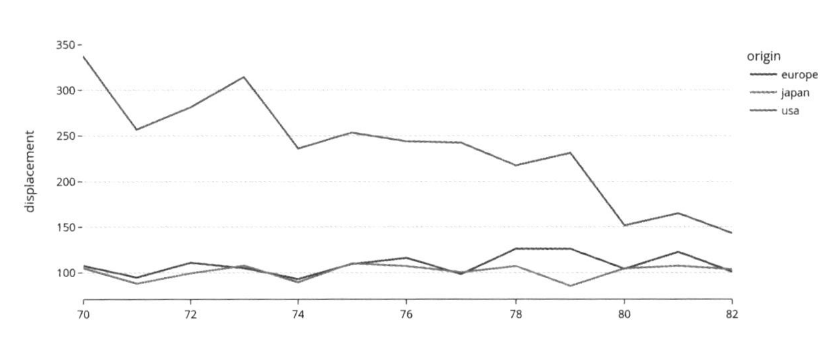

DataFrameから折れ線グラフを作成するには、plot.lineメソッドを使用します。マーカー付き折れ線グラフで、製造年に対する車体重量を作図します。

▼[7] (section_11_1.ipynb)

```
pd.options.plotting.backend = 'plotly'

# DataFrameから折れ線グラフのFigureを作成
figure = df_origin_year.plot.line(
    x='model_year',           # x軸に使用する変数
    y='weight',               # y軸に使用する変数
    color='origin',           # 色に使用する変数
    markers=True,             # マーカー表示（表示あり）
    template=template,        # 書式テンプレート
    title='Cars dataset'      # グラフタイトル
)    # 製造年に対する車体重量の折れ線グラフ

figure
```

▼実行結果

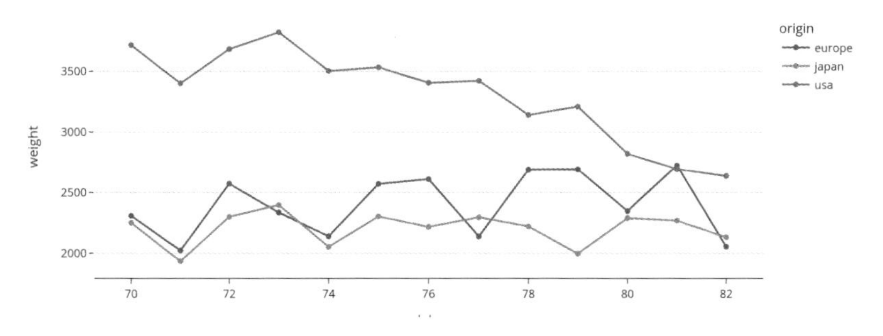

スパゲッティチャートへの対応

ここからは、製造会社別の傾向を可視化するために、変数「name」を空白で区切った先頭の単語を「company」とし、新たな列を作成します。

▼[8] (section_11_1.ipynb)

```
# 「name」を空白で分割した最初の文字列を「company」とする
df['company'] = [name[0] for name in df['name'].str.split(' ')]
df
```

▼実行結果

	mpg	cylinders	displacement	horsepower	weight	acceleration	model_year	origin	name	company
0	18.0	8	307.0	130.0	3504	12.0	70	usa	chevrolet chevelle malibu	chevrolet
1	15.0	8	350.0	165.0	3693	11.5	70	usa	buick skylark 320	buick
2	18.0	8	318.0	150.0	3436	11.0	70	usa	plymouth satellite	plymouth
3	16.0	8	304.0	150.0	3433	12.0	70	usa	amc rebel sst	amc
4	17.0	8	302.0	140.0	3449	10.5	70	usa	ford torino	ford
...	...	...	...	...	...	...	...	...	...	...
393	27.0	4	140.0	86.0	2790	15.6	82	usa	ford mustang gl	ford
394	44.0	4	97.0	52.0	2130	24.6	82	europe	vw pickup	vw
395	32.0	4	135.0	84.0	2295	11.6	82	usa	dodge rampage	dodge
396	28.0	4	120.0	79.0	2625	18.6	82	usa	ford ranger	ford
397	31.0	4	119.0	82.0	2720	19.4	82	usa	chevy s-10	chevy

変数「company」を使用して、自動車会社12社で選択した以下のDataFrameを作成します。

▼[9] (section_11_1.ipynb)

```
# 自動車メーカーで絞り込んだDataFrame
df_select = df[df['company'].isin([
    'amc', 'buick', 'ford', 'plymouth',  # 米国の自動車メーカー
    'peugeot', 'audi', 'fiat', 'volvo',  # ヨーロッパの自動車メーカー
    'toyota', 'honda', 'mazda', 'subaru' # 日本の自動車メーカー
])]

df_select
```

▼実行結果

	mpg	cylinders	displacement	horsepower	weight	acceleration	model_year	origin	name	company
1	15.0	8	350.0	165.0	3693	11.5	70	usa	buick skylark 320	buick
2	18.0	8	318.0	150.0	3436	11.0	70	usa	plymouth satellite	plymouth
3	16.0	8	304.0	150.0	3433	12.0	70	usa	amc rebel sst	amc
4	17.0	8	302.0	140.0	3449	10.5	70	usa	ford torino	ford
5	15.0	8	429.0	198.0	4341	10.0	70	usa	ford galaxie 500	ford
...	...	...	...	...	...	...	...	...	...	...
386	25.0	6	181.0	110.0	2945	16.4	82	usa	buick century limited	buick
389	22.0	6	232.0	112.0	2835	14.7	82	usa	ford granada l	ford
390	32.0	4	144.0	96.0	2665	13.9	82	japan	toyota celica gt	toyota
393	27.0	4	140.0	86.0	2790	15.6	82	usa	ford mustang gl	ford
396	28.0	4	120.0	79.0	2625	18.6	82	usa	ford ranger	ford

「company」と「model_year」を組み合わせてグループ化し、各性能についてグループ内の平均をとってDataFrameを作成します。

▼[10] (section_11_1.ipynb)

```
# 変数「company」「model_year」でグループ化
gb = df_select.groupby(['company', 'model_year'], as_index=False)

# 各グループ内で平均をとる
df_company = gb.agg({
    'mpg': 'mean',
    'horsepower': 'mean',
    'acceleration': 'mean'
})

df_company
```

▼実行結果

	company	model_year	mpg	horsepower	acceleration
0	amc	70	17.500000	131.750000	12.750
1	amc	71	18.333333	103.333333	14.000
2	amc	72	16.000000	150.000000	12.000
3	amc	73	15.750000	131.250000	13.375
4	amc	74	16.333333	120.000000	16.500
...	...	...	...	...	...
96	volvo	73	19.000000	112.000000	15.500
97	volvo	75	22.000000	98.000000	14.500
98	volvo	76	20.000000	102.000000	15.700
99	volvo	78	17.000000	125.000000	13.600
100	volvo	81	30.700000	76.000000	19.600

作成したDataFrameを再びグループ化して、生産会社別に折れ線グラフのTraceをlistに追加して作図してみます(※以下のグラフは悪い例です。注意してください)。

▼[11] (section_11_1.ipynb)

```
# 再度「company」でグループ化
gb = df_company.groupby('company')

# Traceのlistを作成
traces = []
for group, df_subset in gb:
    trace = go.Scatter(
        x=df_subset['model_year'],
        y=df_subset['acceleration'],
        mode='lines+markers',
        name=group
    )   # 製造線に対する加速度の折れ線グラフ
    traces.append(trace)

# Layoutを作成
layout = go.Layout(
    template=template,
    title='Cars dataset',
    xaxis={'title': 'Year'},
    yaxis={'title': 'Acceleration'}
)

# Figureを作成
figure = go.Figure(traces, layout)

# figure.write_image('./figure/out_11_1_5.png', width=900,
height=450, scale=2)
figure
```

▼**実行結果**

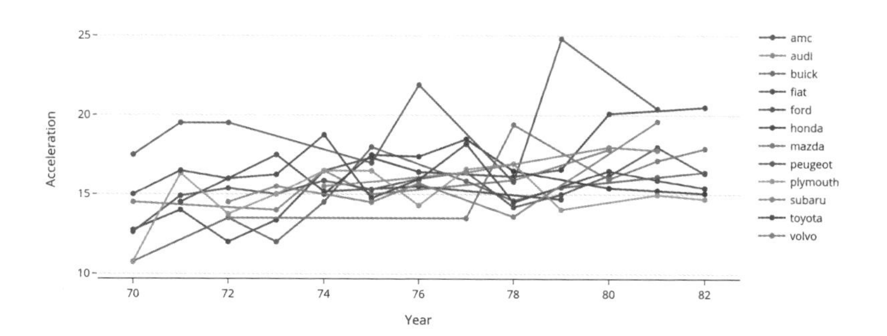

作図してみましたが、12もの変数が重なってしまい、非常に見にくい折れ線グラフとなりました。このように、情報が多くて読み取りにくいグラフを**スパゲッティチャート**と呼びます。まず前提として、グラフに使用する変数を選択するときには、スパゲッティチャートにならないよう注意する必要があります。

しかしながら視覚的発見においては試行錯誤的にグラフを作成する過程で、意図せずスパゲッティチャートになる場合もあるでしょう。そのような場合でも、Plotlyの折れ線グラフは標準でスパゲッティチャートを解消する機能を持っています。

Plotlyの折れ線グラフは、凡例をクリックすることで対応する変数の表示を切り替えることができます。以下の図は「honda」「mazda」「toyota」「subaru」のみを表示するように凡例をクリックした例です。

■**図11.1.1　日本メーカーだけ選択した結果**

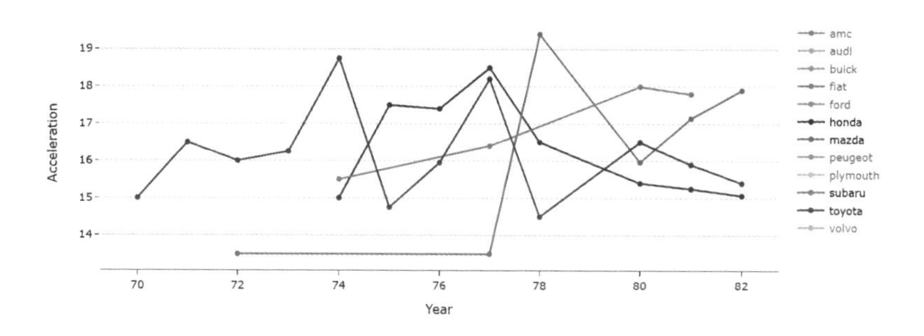

また、凡例をダブルクリックすることで、選択した変数のみを表示することもできます。以下の例は「audi」のみを表示した場合です。

■図11.1.2 「audi」のみ選択した結果

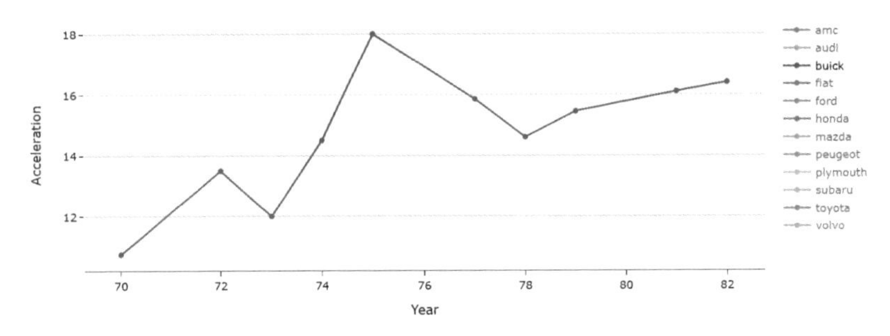

このようにPlotlyのインタラクティブ機能を活用することで、スパゲッティチャートとなってしまった場合でも対処ができます。

11.2

ウォーターフォールチャート

滝グラフやカスケードチャートとも呼ばれるウォーターフォールチャートは、データの構成を表すグラフの一種です。量的データをいくつかの要素の合計で表現できるとき、ウォーターフォールチャートで全体の構成を可視化することができます。

 使用するデータの準備

ウォーターフォールチャートの例としてよく目にするのは、損益計算に関するグラフではないでしょうか（例えば、売上高から原価、管理費、税金などを引いて純利益が確定する）。機械学習エンジニアやデータサイエンティストにとってはウォーターフォールチャートは使いどころがわかりにくいグラフかもしれませんが、量的データを要素の合計で表現できるデータ全般にウォーターフォールチャートは適しています。

本節では線形回帰モデルの学習（フィッティング）を行い、推論時のモデルの挙動をウォーターフォールチャートで可視化します。線形回帰モデルは1つの定数と特徴量の個数だけの係数を持ち、各特徴量と係数の積の総和に定数を加算して値を推論します。本節ではscikit-learnを使って線形回帰モデルの学習を行いますが、scikit-learnの詳細および線形回帰の理論についての説明は [7] など他の書籍を御覧ください。

本節ではDiabetesデータセットを使用します。その中で列「age」「sex」「bmi」「bp」「s1」「s3」「s5」の7列を特徴量に、糖尿病の進行度合いを目的変数に使用します。特徴量はすべて量的データの変数で構成されており、標準化されています。目的変数に対して7つの特徴量を使って線形回帰モデルをフィッティングしていきましょう。

活用メモ

機械学習の可視化ツールSHAP

SHAPは機械学習モデルを解釈するツールです。SHAPでも予測値に対する特徴量の寄与をウォーターフォール図で表現しています。

▼[1] (section_11_2.ipynb)

```
import pandas as pd
import json
from sklearn.datasets import load_diabetes
from sklearn.linear_model import LinearRegression
from sklearn.model_selection import train_test_split

from plotly import graph_objects as go
from plotly.graph_objs.layout import Template

# Diabetesデータセットからdataframeを読み込み
df_X, df_y = load_diabetes(return_X_y=True, as_frame=True)
df_X = df_X[['age', 'sex', 'bmi', 'bp', 's1', 's3', 's5']]

df_X
```

▼実行結果

	age	sex	bmi	bp	s1	s3	s5
0	0.038076	0.050680	0.061696	0.021872	-0.044223	-0.043401	0.019907
1	-0.001882	-0.044642	-0.051474	-0.026328	-0.008449	0.074412	-0.068332
2	0.085299	0.050680	0.044451	-0.005670	-0.045599	-0.032356	0.002861
3	-0.089063	-0.044642	-0.011595	-0.036656	0.012191	-0.036038	0.022688
4	0.005383	-0.044642	-0.036385	0.021872	0.003935	0.008142	-0.031988
...	...	...	...	...	...	...	...
437	0.041708	0.050680	0.019662	0.059744	-0.005697	-0.028674	0.031193
438	-0.005515	0.050680	-0.015906	-0.067642	0.049341	-0.028674	-0.018114
439	0.041708	0.050680	-0.015906	0.017293	-0.037344	-0.024993	-0.046883
440	-0.045472	-0.044642	0.039062	0.001215	0.016318	-0.028674	0.044529
441	-0.045472	-0.044642	-0.073030	-0.081413	0.083740	0.173816	-0.004222

フィッティングを行う前に、scikit-learnの機能を使ってデータを学習データセットとテストデータセットに分割することにします。ここでは学習:テスト=8:2に分割しています。

▼[2] (section_11_2.ipynb)

```
# 学習データセットとテストデータセットに分割
X_train, X_test, y_train, y_test = train_test_split(df_X, df_y,
test_size=0.2, random_state=0)

# 行番号をリセット
X_train = X_train.reset_index(drop=True)
X_test = X_test.reset_index(drop=True)
y_train = y_train.reset_index(drop=True)
y_test = y_test.reset_index(drop=True)

X_train.shape, X_test.shape, y_train.shape, y_test.shape
```

▼実行結果

```
((353, 7), (89, 7), (353,), (89,))
```

▼[3] (section_11_2.ipynb)

```
X_test
```

▼実行結果

	age	sex	bmi	bp	s1	s3	s5
0	0.019913	0.050680	0.104809	0.070072	-0.035968	-0.024993	0.003709
1	-0.012780	-0.044642	0.060618	0.052858	0.047965	-0.017629	0.070207
2	0.038076	0.050680	0.008883	0.042529	-0.042848	-0.039719	-0.018114
3	-0.012780	-0.044642	-0.023451	-0.040099	-0.016704	-0.017629	-0.038460
4	-0.023677	-0.044642	0.045529	0.090729	-0.018080	0.070730	-0.034522
...	...	...	...	...	...	...	...
84	-0.070900	0.050680	-0.089197	-0.074527	-0.042848	-0.032356	-0.012909
85	0.001751	-0.044642	-0.070875	-0.022885	-0.001569	0.026550	-0.022517
86	-0.074533	-0.044642	0.043373	-0.033213	0.012191	0.063367	-0.027129
87	-0.041840	0.050680	0.014272	-0.005670	-0.012577	-0.072854	0.035459
88	-0.052738	-0.044642	-0.009439	-0.005670	0.039710	0.026550	-0.018114

scikit-learnの線形回帰モデルは、LinearRegressionクラスです。学習データセットでフィッティングを行い、得られた定数と係数を確認します。

▼[4] (section_11_2.ipynb)

```
# 線形回帰モデルの学習
model = LinearRegression()
model.fit(X_train, y_train)

model.intercept_      # 学習後の定数
```

▼実行結果

```
152.480932725711
```

▼[5] (section_11_2.ipynb)

```
model.coef_       # 学習後の係数
```

▼実行結果

```
array([ -26.62269923, -233.74864265, 574.32396316,
302.97781081, -191.37502339, -247.08884087, 598.19908899])
```

学習したモデルでテストデータについて推論を行い、0番目のテストデータの値を確認すると約236.81でした。

▼[6] (section_11_2.ipynb)

```
# テストデータセットへの推論
y_pred = model.predict(X_test)

y_pred.shape
```

▼実行結果

```
(89,)
```

▼[7] (section_11_2.ipynb)

```
# 0番目のテストデータに対する推論結果
y_pred[0]
```

▼実行結果

```
236.80637201611344
```

0番目のテストデータの特徴量と係数の積を計算し、定数と合わせて総和をとると値が約236.81に一致していることがわかります。

▼[8] (section_11_2.ipynb)

```
# 定数と係数から同じ値が得られることを確認
model.intercept_ + (model.coef_ * X_test.iloc[0]).sum()
```

▼実行結果

```
236.80637201611347
```

ウォーターフォールチャートを作成するために、係数と特徴量の積および定数を並べたSeriesを作成します。

▼[9] (section_11_2.ipynb)

```
# 0番目の推論結果を要素に分解
factors = pd.Series({
    'intercept': model.intercept_
})
factors = pd.concat([factors, model.coef_ * X_test.iloc[0]])

factors
```

▼実行結果

```
intercept 152.480933
age -0.530144
sex -11.846409
```

```
bmi 60.194142
bp 21.230352
s1 6.883335
s3 6.175407
s5 2.218757
dtype: float64
```

ウォーターフォールチャート

Graph ObjectsではウォーターフォールチャートはWaterfallクラスでTraceを作成します。引数orientationにvを指定することで、各要素が横に並びます。

■表11.2.1　Waterfallの主要な引数

引数名	説明
x	x軸に使用する変数
y	y軸に使用する変数
text	テキスト表示に使用する変数
orientation	'v'：要素の大きさを垂直方向に表示（標準） 'h'：要素の大きさを水平方向に表示
measure	相対値表示と絶対値表示の設定

ウォーターフォールチャートは左から眺めます。定数である「intercept」の152.48を出発点にして、特徴量「age」「sex」の効果で約10だけマイナス方向に作用しています。残りの特徴量はプラス方向に作用し、最終的に総和が236.81になっています。

▼[10]（section_11_2.ipynb）

```
# Traceを作成
trace = go.Waterfall(
    x=factors.index,      # x軸に使用する変数
    y=factors,            # y軸に使用する変数
    orientation='v'       # グラフ方向（縦棒）
)   # 0番目のテストデータに対する推論結果のウォーターフォール図

# 独自テンプレートを読み込み
with open('custom_white.json') as f:
```

```
    custom_white_dict = json.load(f)
    template = Template(custom_white_dict, _validate=False)

# Layoutを作成
layout = go.Layout(
    template=template,
    title='Diabetes dataset',
    xaxis={'title': 'Factor'},
    yaxis={'title': 'Value'}
)

# Figureを作成
figure = go.Figure(trace, layout)

figure
```

▼実行結果

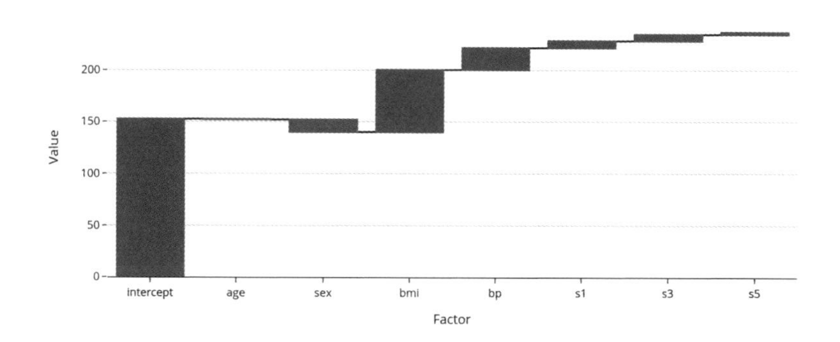

ウォーターフォールチャートに総和の値も表示することでグラフの可読性があがります。まずSeriesに総和の値である「total」を追加します。

▼[11] (section_11_2.ipynb)

```
# 合計値 (=推論結果) を追加
factors['total'] = factors.sum()

factors
```

▼実行結果

```
intercept 152.480933
age -0.530144
sex -11.846409
bmi 60.194142
bp 21.230352
s1 6.883335
s3 6.175407
s5 2.218757
total 236.806372
dtype: float64
```

Waterfallクラスは引数measureで、絶対値か隣りの要素からの相対値かを指定することができます。絶対値には 'absolute'、相対値には 'relative' を指定します。ここでは、総和「total」には 'absolute'、それ以外には'relative' を指定します。

▼[12] (section_11_2.ipynb)

```
# 「total」のみ絶対値、それ以外は相対値に設定
measure = ['absolute' if feature_name == 'total' else
'relative' for feature_name in factors.index]

measure
```

▼実行結果

```
['relative',
'relative',
'relative',
```

```
'relative',
'relative',
'relative',
'relative',
'relative',
'absolute']
```

引数measureで相対値と絶対値の指定を行い、それぞれの値を棒の外側にテキスト表示しました。

▼[13] (section_11_2.ipynb)

```
# Traceを作成
trace = go.Waterfall(
    x=factors.index,
    y=factors,
    orientation='v',
    measure=measure,                        # 相対値/絶対値の設定
    text=factors,                           # テキスト表示
    texttemplate ='%{text:.2f}',            # テキストテンプレート
    textposition='outside'                  # テキスト位置（棒の外側）
)   # 0番目のテストデータに対する推論結果のウォーターフォール図（合計値あり）

# Layoutを作成
layout = go.Layout(
    template=template,
    title='Diabetes dataset',
    xaxis={'title': 'Factor'},
    yaxis={
        'title': 'Target',
        'range': [0, 260]
    }
)

# Figureを作成
figure = go.Figure(trace, layout)
```

```

figure
```

▼実行結果（口絵16）

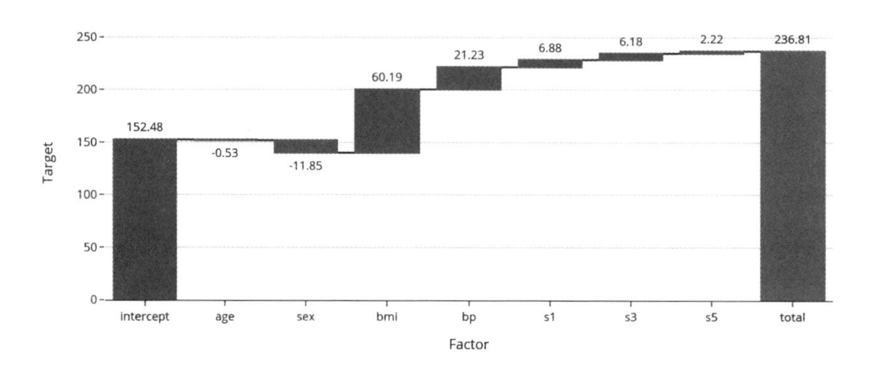

縦方向に並べたウォーターフォールチャート

ウォーターフォールチャートは、縦方向に要素を並べて作図することもできます。今度は85番目のテストデータについて推論を行います。

▼[14]（section_11_2.ipynb）

```
# 85番目のテストデータに対する推論結果を分解した要素
factors = pd.Series({
    'intercept': model.intercept_
})
factors = pd.concat([factors, model.coef_ * X_test.iloc[85]])
factors['total'] = factors.sum()

factors
```

▼実行結果

```
intercept 152.480933
```

```
age -0.046604
sex 10.434922
bmi -40.705026
bp -6.933549
s1 0.300260
s3 -6.560276
s5 -13.469367
total 95.501292
dtype: float64
```

縦方向に並べたウォーターフォールチャートを作成する場合は、引数orientationに 'h' を指定します。今度の場合は推論値は95.50と大きくありませんでした。ウォーターフォールチャートから、プラス方向に作用したのは特徴量「s1」と「sex」のみであり、それ以外の特徴量はすべてマイナス方向に作用したことが推論値の小ささの要因だったと見てとれます。

▼[15] (section_11_2.ipynb)

```
# Traceを作成
trace = go.Waterfall(
    x=factors,
    y=factors.index,
    orientation='h',       # グラフ方向（横棒）
    measure=measure,
    text=factors,
    texttemplate ='%{text:.2f}',
    textposition='outside'
)   # 85番目のテストデータに対する推論結果のウォーターフォール図（合計値あり）

# Layoutを作成
layout = go.Layout(
    template=template,
    title='Diabetes dataset',
    yaxis={'title': 'Factor'},
```

```
    xaxis={'title': 'Value'}
)

# Figureを作成
figure = go.Figure(trace, layout)

figure
```

▼実行結果果

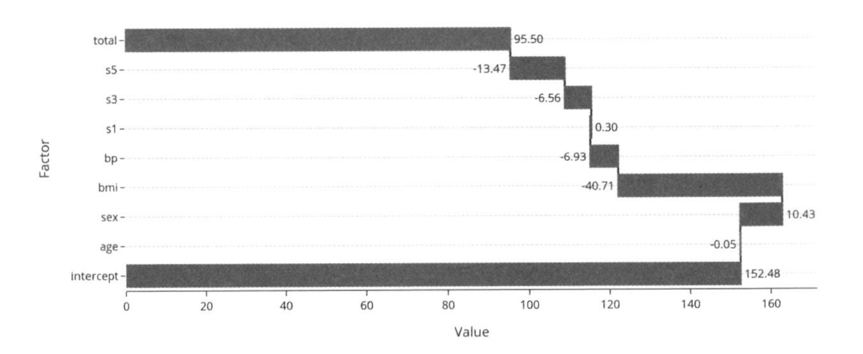

11.3

円グラフとドーナツグラフ

円グラフは円を分割したセグメント（扇形）の角度で量的変数の値を表現するグラフです。ドーナツグラフは中央が開いた円グラフであり、弧の長さで量的変数の値を表現します。本節では円グラフとドーナツグラフを作図する方法を紹介します。

円グラフとドーナツグラフの基本

円グラフやドーナツグラフは全体に対する内訳や構成比率を表現する、日常でよく目にするグラフです。しかしグラフから値を読み取りにくいという問題があります。文献[6]の著者は円グラフについて、セグメント（扇形）の大きさからは値が読み取りにくいと批判しています。同様にドーナツグラフに対しても、弧の長さから値を読み取ることは難しいとして、[6]の著者はドーナツグラフを使用しないように注意を促しています。

本節では、Graph Objectで円グラフおよびドーナツグラフを作図する方法を紹介しますが、実務で使用するときには、他のグラフで代替できないか検討するとよいでしょう。

ここでは、Montreal mayoral electionデータセットをサンプルデータに使用します。このデータセットは2013年のモントリオール市長選挙における各選挙区の投票結果についてのデータセットです。列「district_id」が選挙区であり、読み込み時は昇順ではないためsortメソッドで昇順に並べ替えています。3人の立候補者に対する投票数がそれぞれ列「Coderre」「Bergeron」「Joly」に記されています。

▼[1]（section_11_3.ipynb）

```
import json

from plotly import data as pdata
from plotly import graph_objects as go
from plotly.subplots import make_subplots
from plotly.graph_objs.layout import Template

```

```
# Electionデータセットから DataFrameを読み込み
df = pdata.election()
df = df.sort_values('district_id').reset_index(drop=True)

df.head(10)
```

▼実行結果

	district	Coderre	Bergeron	Joly	total	winner	result	district_id
0	11-Sault-au-Récollet	3348	2770	2532	8650	Coderre	plurality	11
1	12-Saint-Sulpice	3252	2521	2543	8316	Coderre	plurality	12
2	13-Ahuntsic	2979	3430	2873	9282	Bergeron	plurality	13
3	14-Bordeaux-Cartierville	3612	1554	2081	7247	Coderre	plurality	14
4	21-Ouest	2184	691	1076	3951	Coderre	majority	21
5	22-Est	1589	708	1172	3469	Coderre	plurality	22
6	23-Centre	2526	851	1286	4663	Coderre	majority	23
7	31-Darlington	1873	1182	1232	4287	Coderre	plurality	31
8	32-Côte-des-Neiges	1644	1950	1578	5172	Bergeron	plurality	32
9	33-Snowdon	1548	1503	1636	4687	Joly	plurality	33

Graph ObjectsではPieクラスでTraceを作成します。

■表11.3.1 Pieの主要な引数

引数名	説明
values	セグメントに使用する変数
labels	各セグメントの名前
hole	ドーナツグラフにする際の穴の大きさ

選挙区「11」での投票数の内訳について、円グラフを作図してみましょう。

▼[2] (section_11_3.ipynb)

```
labels = ['Coderre', 'Bergeron', 'Joly']

# Traceを作成
record = df.query('district_id == 11')
trace = go.Pie(
```

```
    labels=labels,                    # 名前
    values=record[labels].values[0],  # 値
)   # 地区11の得票率の円グラフ

# 独自テンプレートを読み込み
with open('custom_white.json') as f:
    custom_white_dict = json.load(f)
    template = Template(custom_white_dict)

# Layoutを読み込み
layout = go.Layout(
    template=template,
    title={'text': 'Montreal mayoral election dataset'}
)

figure = go.Figure(trace, layout)

figure
```

▼実行結果

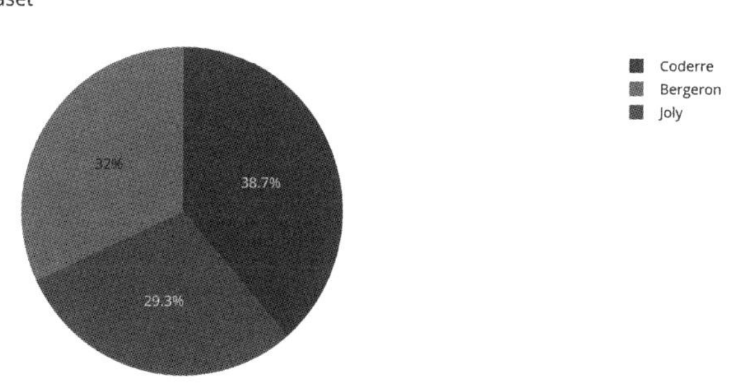

標準では全体に対する比率がパーセンテージでセグメントに表示されますが、引数textinfoで表示を変更することができます。

▼[3] (section_11_3.ipynb)

```
# Traceを作成
record = df.query('district_id == 12')
trace = go.Pie(
    labels=labels,
    values=record[labels].values[0],
    textinfo='label+percent+value', # テキスト表示
)    # 地区12の得票数と得票率の円グラフ

# Figureを作成
figure = go.Figure(trace, layout)

figure
```

▼実行結果

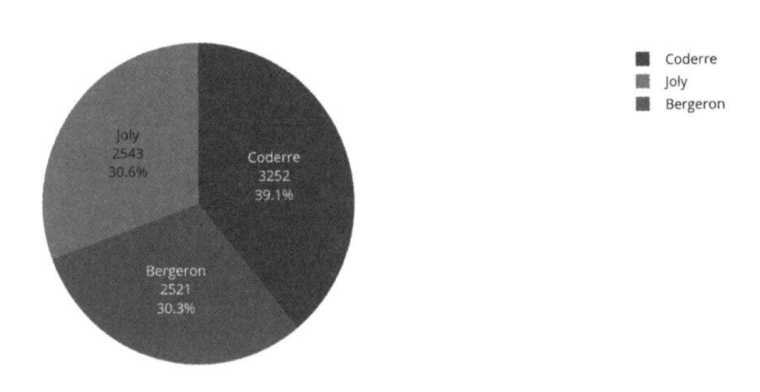

Pieクラスの引数であるholeに、穴の大きさを指定することで円グラフをドーナツグラフに変更することもできます。

▼[4] (section_11_3.ipynb)

```
# Traceを作成
record = df.query('district_id == 13')
trace = go.Pie(
    labels=labels,
    values=record[labels].values[0],
```

```
    textinfo='label+value',
    hole=0.4    # 穴の大きさ
)   # 地区13の得票数のドーナツグラフ

# Figureを作成
figure = go.Figure(trace, layout)

figure
```

▼実行結果

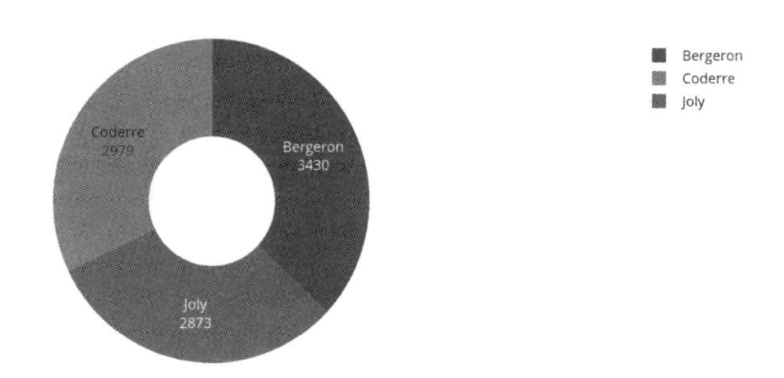

複数の円グラフやドーナツグラフ

複数の円グラフを並べて表示するには、make_subplots関数を使用します。円グラフやドーナツグラフの場合には、引数specsでtypeにdomainを指定します。

▼[5] (section_11_3.ipynb)

```
district_ids = [21, 22, 23]

# Figureを作成
figure = make_subplots(
    rows=1,
    cols=3,
    horizontal_spacing=0.05,
    specs=[[{'type':'domain'}, {'type':'domain'},
```

```
{'type':'domain'}]],
    subplot_titles=district_ids
)

# FigureにTraceを追加
for i, district_id in enumerate(district_ids, start=1):
    record = df.query(f'district_id == {district_id}')
    trace = go.Pie(
        labels=labels,
        values=record[labels].values[0],
        textinfo='label+value'
    )
    figure.add_trace(trace, row=1, col=i)

# FigureのLayoutを更新
figure.update_layout(layout)

figure
```

▼実行結果

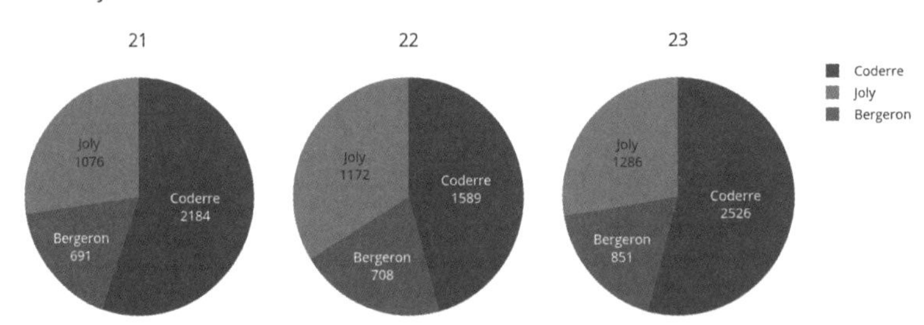

セグメントの合計値に応じて円の大きさを変えるときは、引数scalegroupに大きさを計算するグループを指定します。以下の例では、選挙区「11」「12」「13」をグループA、選挙区「21」「22」「23」をグループBとしています。各グループ内での相対的な大きさとして円の大きさが調整されます。例えば、選挙区「11」は合計投票数が8,650であり、選挙区「21」の合計投票数の3,951に対して2倍以上ありますが、円の大きさはほぼ同じになっています。これは大きさを計算したグループが異なっているため

です。

▼[6] (section_11_3.ipynb)

```
district_idsA = [11, 12, 13]
district_idsB = [21, 22, 23]

# Figureを作成
figure = make_subplots(
    rows=2,
    cols=3,
    horizontal_spacing=0.05,
    vertical_spacing=0.1,
    specs=[
        [{'type':'domain'}, {'type':'domain'}, {'type':'domain'}],
        [{'type':'domain'}, {'type':'domain'}, {'type':'domain'}]
    ],
    subplot_titles=district_idsA+district_idsB
)

# FigureにTraceを追加（1段目）
for i, district_id in enumerate(district_idsA, start=1):
    record = df.query(f'district_id == {district_id}')
    trace = go.Pie(
        labels=labels,
        values=record[labels].values[0],
        textinfo='value',
        scalegroup='A'
    )
    figure.add_trace(trace, row=1, col=i)

# FigureにTraceを追加（2段目）
for i, district_id in enumerate(district_idsB, start=1):
    record = df.query(f'district_id == {district_id}')
    trace = go.Pie(
        labels=labels,
```

```
        values=record[labels].values[0],
        textinfo='value',
        scalegroup='B'
    )
    figure.add_trace(trace, row=2, col=i)

# FigureのLayoutを更新
figure.update_layout(layout)

figure
```

▼実行結果

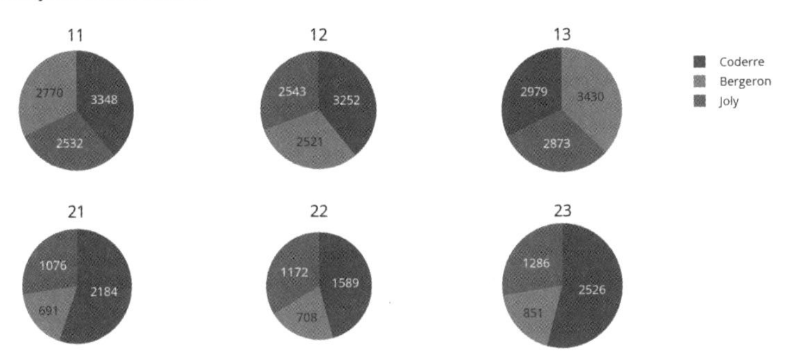

ドーナツグラフも円グラフと同様に、並べて作図することができます。

▼[7] (section_11_3.ipynb)

```
district_ids = [31, 32, 33]

# Figureを作成
figure = make_subplots(
    rows=1,
    cols=3,
    horizontal_spacing=0.05,
    specs=[[{'type':'domain'}, {'type':'domain'},
{'type':'domain'}]],
```

```
    subplot_titles=district_ids
)

# FigureにTraceを追加
for i, district_id in enumerate(district_ids, start=1):
    record = df.query(f'district_id == {district_id}')
    trace = go.Pie(
        labels=labels,
        values=record[labels].values[0],
        textinfo='label+value',
        hole=0.4
    )
    figure.add_trace(trace, row=1, col=i)

# FigureのLayoutを更新
figure.update_layout(layout)

figure
```

▼実行結果(口絵17)

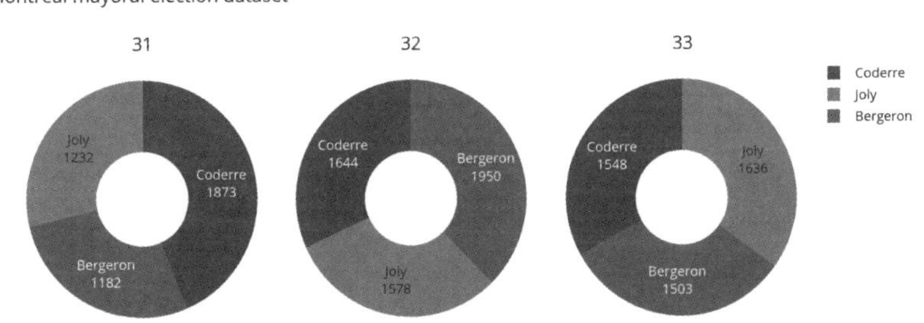

本節の冒頭では、円グラフやドーナツグラフの値が読み取りにくいという注意点を述べました。参考文献 [6] では、円グラフやドーナツグラフの代替えとして棒グラフを使うことを提案しています。棒グラフは同じ基本線上に並んでいるため、値の大小を判断することが容易です。

参考に、最後のグラフに使用した選挙区「31」「32」「33」のデータを棒グラフで作図した例を掲載します。

▼[8] (section_11_3.ipynb)

```
# Traceのlistを作成
traces = []
for label in labels:
    trace = go.Bar(
        x=district_ids,
        y=df[label],
        name=label
    )
    traces.append(trace)
# Layoutを作成
layout = go.Layout(
    template=template,
    title={'text': 'Montreal mayoral election dataset'},
    xaxis={'title': 'District ID'},
    yaxis={'title': 'Number of votes'}
)
# Figureを作成
figure = go.Figure(traces, layout)

figure
```

▼実行結果

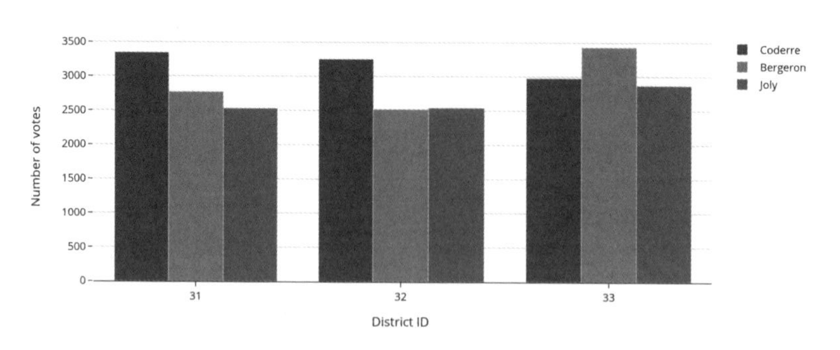

第12章

空間を表現するグラフ

12.1

等高線図とベクトルプロット

本節では等高線図とベクトルプロットを作図する方法を紹介します。等高線図は空間中にスカラーの値が分布している場合に使用することができます。また、ベクトルプロットはベクトルが分布している場合に使用することができます。

 スカラー場の自作関数の準備

等高線図は、等しいスカラー値をつないだ線を描画することでスカラー場を表現するグラフです。等高線図と似たグラフに10章の10.2節で紹介した密度等高線図があります。密度等高線図ではデータから密度分布が自動的に算出されていましたが、等高線図ではつなげるスカラー値を明示的に指定します。

ここでは自作関数を使って描画用のサンプルデータを作成します。自作関数get_scholarは、x座標とy座標が与えられるとその座標に対応するスカラー値を返します。この自作関数はx=9.2、y=3.8を中心としたガウシアン分布とx=18.8、y=6.2を中心としたガウシアン分布の2つが組み合わさったスカラー場を表現しています。

▼[1] (section_12_1.ipynb)

```
import json
import numpy as np
np.random.seed(0)
from typing import Tuple

from plotly import graph_objects as go
from plotly import figure_factory as ff
from plotly.graph_objs.layout import Template

def get_scholar(
        x:np.ndarray,
        y:np.ndarray,
        x1:float=9.2,
        y1:float=3.8,
```

```
        s1:float=3.,
        x2:float=18.8,
        y2:float=6.2,
        s2:float=3.,) -> np.ndarray:
    """指定した座標のスカラー値を算出する

    Args:
        x (np.ndarray): x座標
        y (np.ndarray): y座標
        x1 (float, optional): ガウシアン1の中心x座標. Defaults to
9.2.
        y1 (float, optional): ガウシアン1の中心y座標. Defaults to
3.8.
        s1 (float, optional): ガウシアン1の大きさ. Defaults to 3..
        x2 (float, optional): ガウシアン2の中心x座標. Defaults to
18.8.
        y2 (float, optional): ガウシアン2の中心y座標. Defaults to
6.2.
        s2 (float, optional): ガウシンア2の大きさ. Defaults to 3..

    Returns:
        np.ndarray: スカラー値
    """
    p1 = np.exp(-((x-x1)**2 + (y-y1)**2) / (s1**2))  # ガウシアン1
    p2 = np.exp(-((x-x2)**2 + (y-y2)**2) / (s2**2))  # ガウシアン2

    return p1+p2
```

まず、x座標は0から30まで大きさ1の等間隔、y座標は0から10まで大きさ1の等間隔として、等高線図を描く座標を設定します。NumPyのmeshgrid関数を使って格子状に座標を生成し、その座標から自作関数でスカラー値を得ています。作成したスカラー値の変数ppは2次元形状です。

▼[2] (section_12_1.ipynb)

```
# x座標とy座標の1次元配列
xgrid = np.linspace(0., 30, num=31, endpoint=True)
ygrid = np.linspace(0., 10, num=11, endpoint=True)

# 格子状の座標
xx, yy = np.meshgrid(xgrid, ygrid)

# スカラー場の算出
pp = get_scholar(xx, yy)

print(xgrid.shape)
print(ygrid.shape)
print(pp.shape)
```

▼実行結果

```
(31,)
(11,)
(11, 31)
```

等間隔な格子点からの等高線図

Graph Objectsでは、Contourクラスで等高線図のTraceを作成します。引数zに二次元配列のスカラー値を指定し、引数xと引数yにそれぞれx座標とy座標を指定します。等高線の値を図示するには、引数contoursに設定を指定します。

■図12.1.1　Contourの主要な引数

引数名	説明
x	x軸に使用する変数
y	y軸に使用する変数
z	強度に使用する変数
contours	等高線の設定
colorscale	等高線のカラースケール
line_smoothing	等高線の滑らかさ（0から1.3の間で指定）
connectgaps	False：欠損箇所を補間しない（標準） True　：欠損箇所を補間する

x座標とy座標のアスペクト比を1:1にするには、Layoutの引数xaxisでconstrainを'domain'、引数yaxisでscaleanchorを'x'、scaleratioを1に指定します。

▼[3]（section_12_1.ipynb）

```
# Traceを作成
trace = go.Contour(
    x=xgrid,     # x軸に使用する変数
    y=ygrid,     # y軸に使用する変数
    z=pp,        # 強度に使用する変数
    contours={
        'showlabels': True,
        'labelfont': {
            'size': 11,
            'color': 'white'
        }
    }
)   # 等高線図

# 独自テンプレートを読み込み
with open('custom_white.json') as f:
    custom_white_dict = json.load(f)
    template = Template(custom_white_dict)

```

```
# Layoutを作成
layout = go.Layout(
    template=template,
    title='Contour plot',
    xaxis={
        'title': 'X',
        'range': [-1, 31],
        'constrain': 'domain',
        'showline': False,
        'showgrid': True,
    },
    yaxis={
        'title': 'Y',
        'range': [-1, 11],
        'scaleanchor': 'x',
        'scaleratio': 1,
    }
)

# Figureを作成
figure = go.Figure(trace, layout)

figure
```

▼実行結果

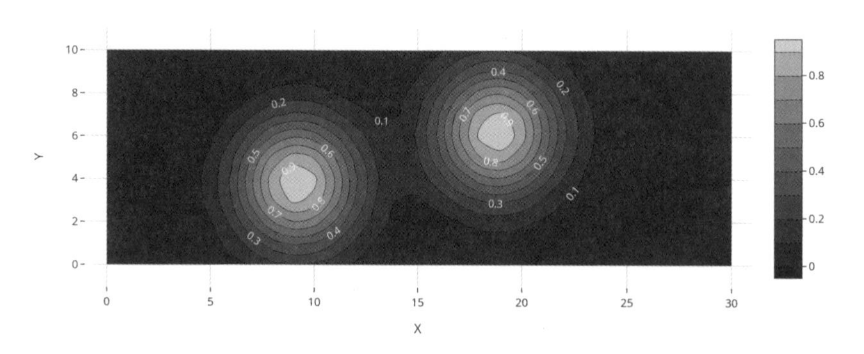

等高線図のカラーマップは、引数colorscaleで指定することができます。また等高線の描画と同時に、データ点の座標を散布図で表示する方法も効果的です。

▼[4] (section_12_1.ipynb)

```
# Traceのlistを作成
traces = [
    go.Contour(
        x=xgrid,
        y=ygrid,
        z=pp,
        colorscale='Blues'  # カラースケール
    ),  # 等高線図
    go.Scatter(
        x=xx.flatten(),
        y=yy.flatten(),
        mode='markers',
        opacity=0.5
    )  # 散布図
]

# Figureを作成
figure = go.Figure(traces, layout)

figure
```

▼実行結果

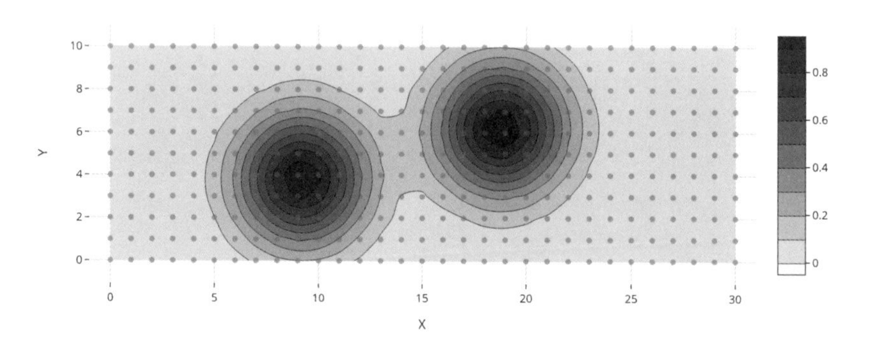

Contourでは上記のように、データ点が存在しない位置でも周囲の値から補間して等高線が作図されます。補間される等高線の滑らかさは引数line_smoothingで指定します。line_smoothingは0から1.3の間で指定でき、大きいほど補間は滑らかになります。等高線の本数は引数conroutsで指定でき、その中で開始位置、終了位置、間隔を指定します。

以下の例では補間の滑らかさを大きくし、かつ、等高線の本数を多く設定しています。

▼[5] (section_12_1.ipynb)

```
# Traceを作成
trace = go.Contour(
    x=xgrid,
    y=ygrid,
    z=pp,
    colorscale='Blues',
    line_smoothing=1.3,  # 滑らかさ(1.3)(0.から1.3の間で指定する)
    contours={
        'start': 0.,
        'end': 1.,
        'size': 0.05,
    }
```

```
)    # 等高線図

# Figureを作成
figure = go.Figure(trace, layout)

figure
```


▼実行結果（口絵18）

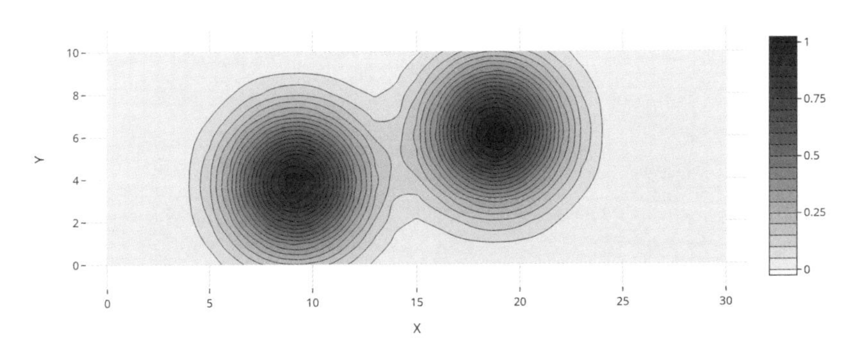

等間隔ではない格子点からの等高線図

ここまでデータ点同士の間隔が等間隔な事例を紹介してきましたが、データ点は等間隔でなくても構いません。

以下のサンプルコードでは、x座標を0から30までの範囲で、y座標を0から10までの範囲で乱数で決定しています。例えば、y座標は以下の値となっています。

▼[6] (section_12_1.ipynb)

```
# x座標とy座標の1次元配列
xrand = np.random.rand(30) * 30.
yrand = np.random.rand(10) * 10.

# 昇順にソート
xrand.sort()
yrand.sort()
```

```

yrand
```

▼実行結果

```
array([0.187898 , 2.64555612, 4.56150332, 5.68433949,
6.12095723, 6.16933997, 6.17635497, 6.81820299, 7.74233689,
9.43748079])
```

等間隔ではない格子データで等高線図を作成した例は以下のとおりです。

▼[7] (section_12_1.ipynb)

```
# 格子状の座標
xx, yy = np.meshgrid(xrand, yrand)

# スカラー場の取得
pp = get_scholar(xx, yy)

# Traceのlistを作成
traces = [
    go.Contour(
        x=xrand,
        y=yrand,
        z=pp,
        colorscale='Purples'
    ), # 等高線図
    go.Scatter(
        x=xx.flatten(),
        y=yy.flatten(),
        mode='markers',
        opacity=0.5
    )  # 散布図
]

# Figureを作成
```

```
figure = go.Figure(traces, layout)

figure
```

▼実行結果

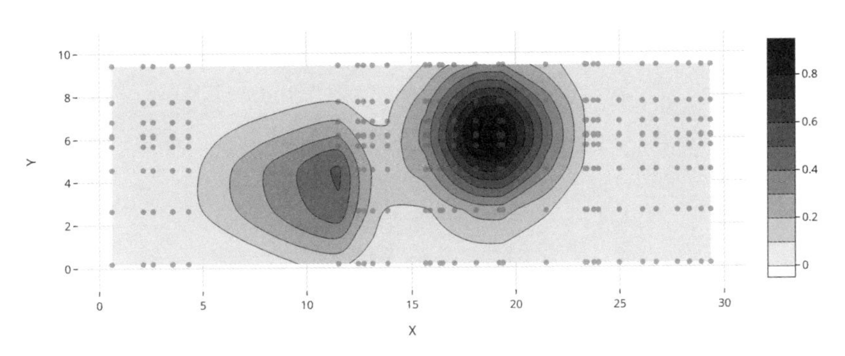

欠損値を含んでいた場合の等高線図

スカラー値の配列が欠損値を含んでいても、等高線図を作図することはできます。

▼[8] (section_12_1.ipynb)

```
# 欠損箇所を設定
pp[2, 4] = np.NaN
pp[6, 15] = np.NaN
pp[8, 19] = np.NaN
pp[7, 5] = np.NaN
pp[3, 13] = np.NaN
pp[1, 18] = np.NaN

# Traceを作成
traces = go.Contour(
        x=xrand,
        y=yrand,
        z=pp,
        colorscale='Purples'
```

```
)           # 等高線図 (欠損あり)

# Figureを作成
figure = go.Figure(traces, layout)

figure
```

▼実行結果

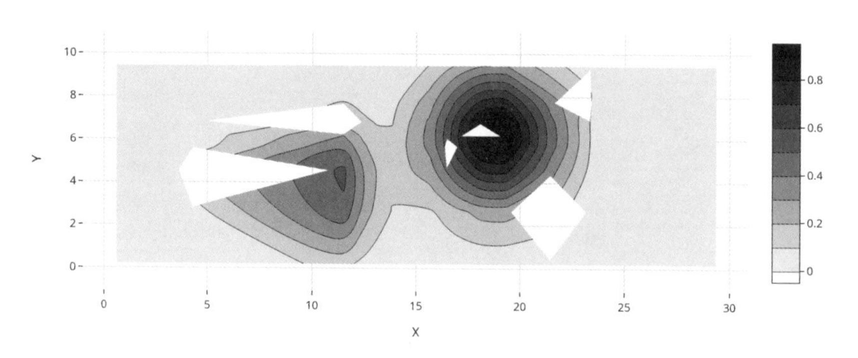

欠損箇所は非表示になるため、欠損箇所も補間して作図するには引数connectgapsにTrueを指定します。

▼[9] (section_12_1.ipynb)

```
# Traceを作成
trace = go.Contour(
        x=xrand,
        y=yrand,
        z=pp,
        colorscale='Purples',
        connectgaps=True            # 欠損箇所を補間
)           # 等高線図 (欠損箇所を補間)

# Figureを作成
figure = go.Figure(trace, layout)
```

```
figure
```

▼実行結果

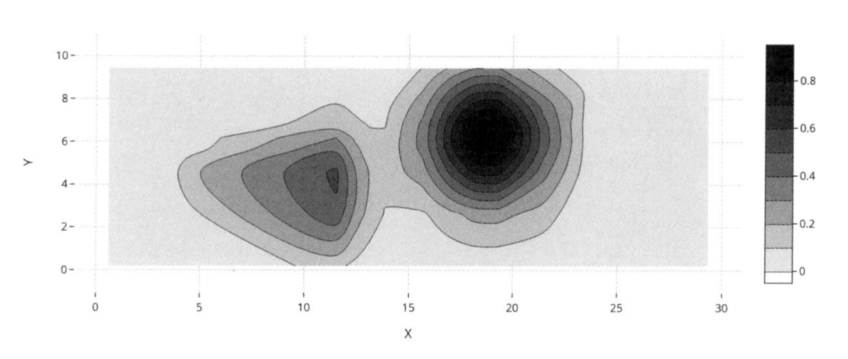

ランダムな点からの等高線図

Contourクラスに渡すスカラー値は二次元配列、座標は一次元配列を使用する例をここまで紹介してきました。スカラー値を一次元配列にし、x座標とy座標にはスカラー値と同一形状の一次元配列を指定することもできます。この方法によって、座標が格子形状以外の場合でも等高線を作図することができます。

▼[10] (section_12_1.ipynb)

```
# x座標とy座標のランダム配列
xy = np.random.rand(2, 300)
x = xy[0] * 30.
y = xy[1] * 10.

# スカラー値
p = get_scholar(x, y)

# Traceのlistを作成
traces = [
    go.Contour(
        x=x,
```

```
        y=y,
        z=p,
        colorscale='Greens',
    ),  # 等高線図
    go.Scatter(
        x=x,
        y=y,
        mode='markers',
        opacity=0.5
    )   # 散布図
]

# Figureを作成
figure = go.Figure(traces, layout)

figure
```

▼実行結果

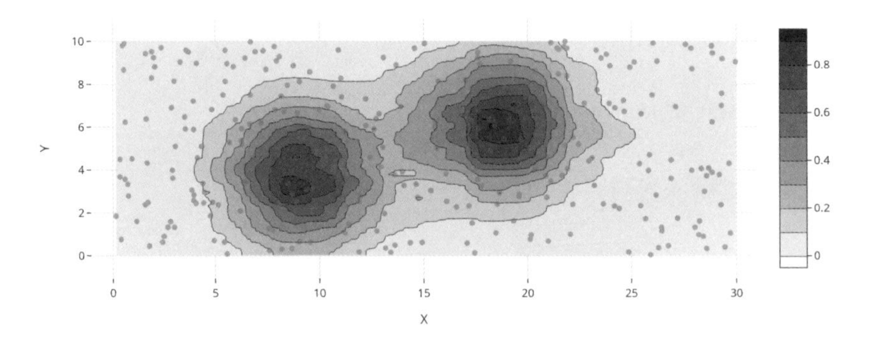

ベクトル図の基本

スカラー値（値の大きさ）の分布を図示する等高線図に対して、ベクトル（値の向きと大きさ）の分布を図示するグラフが**ベクトル図**です。Plotlyではベクトル図に対応するGraph Objectsはありませんが、Figure FactoryというPlotlyのサブモジュールからベクトル図を作成することができます。

ベクトル図はFigure Factoryの**create_quiver関数**から作成します。create_quiver関数はベクトルの始点を引数xとyに、ベクトルのx成分とy成分を引数uとvに指定することでベクトル図のFigureを作成します。

create_quiver関数の仕組みを説明するために、大きさ2でx成分のみのベクトルと、大きさ1でy成分のみのベクトルを図示します。引数scaleで図示するベクトルの大きさを調整します。scaleを1に指定することで、ベクトルの大きさと目盛り上の線分の長さが一致します。

▼[11] (section_12_1.ipynb)

```
# ベクトル
x = [1, 3]          # ベクトルのx座標
y = [1, 3]          # ベクトルのy座標
u = [2, 0]          # ベクトルのx成分
v = [0, -1]         # ベクトルのy成分

# Figure Factoryからベクトル図のFigureを作成
figure = ff.create_quiver(x, y, u, v, scale=1.)

# Layoutを作成
layout = go.Layout(
    template=template,
    title='Quiver sample',
    xaxis={
        'title': 'X',
        'range': [0, 4],
        'constrain': 'domain',
```

```
        'showline': False,
        'showgrid': True,
    },
    yaxis={
        'title': 'Y',
        'range': [0, 4],
        'scaleanchor': 'x',
        'scaleratio': 1,
    }
)

# FigureのLayoutを更新
figure.update_layout(layout)

figure
```

▼実行結果

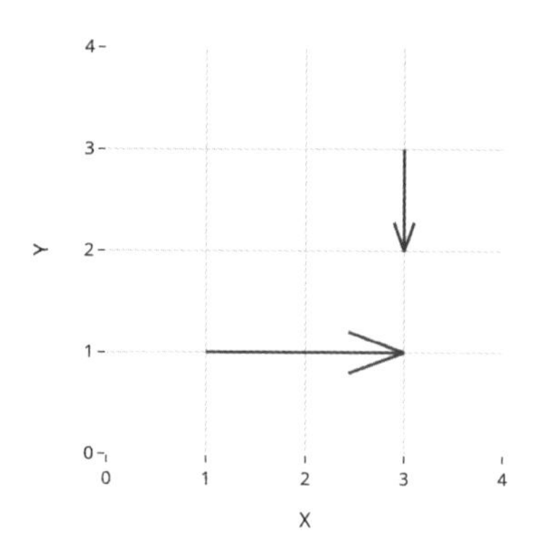

create_quiver関数はその他に、引数arrow_scaleでベクトルの大きさに対する矢尻の大きさや、引数angleで矢尻の角度を指定することができます。矢尻の角度はラジアンで指定します。ここではNumPyのdeg2rad関数を使って度からラジアンに変換しています。

▼[12] (section_12_1.ipynb)

```
# Figure Factoryからベクトル図のFigureを作成
figure = ff.create_quiver(
    x, y, u, v,
    scale=1.,
    arrow_scale=0.5,          # 矢尻の比率
    angle=np.deg2rad(45)      # 矢尻の角度(45度)
)

# FigureのLayoutを更新
figure.update_layout(layout)

figure
```

▼実行結果

Quiver sample

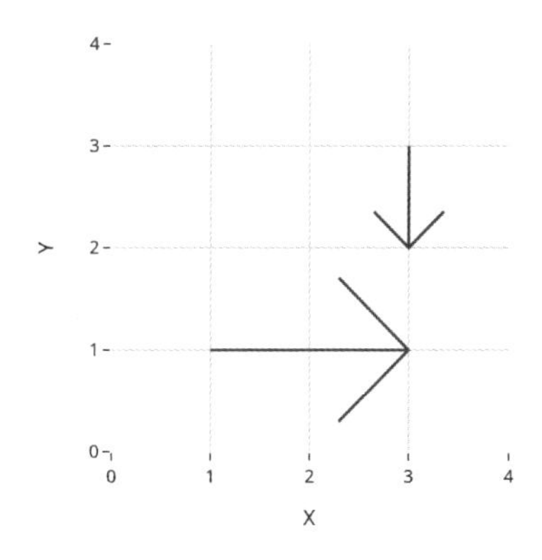

 ベクトル場の自作関数の準備

それでは、指定された座標に対してベクトルを返す自作関数get_vectorを定義し、そのベクトル図を作図してみましょう。この自作関数は、x=9.2、y=3.8を中心に時計回りに回転する流れと、x=18.8、y=6.2を中心に反時計回り回転する流れが組み合わさったベクトル場を表現しています。

▼[13] (section_12_1.ipynb)

```
def get_vector(
        x:np.ndarray,
        y:np.ndarray,
        x1:float=9.2,
        y1:float=3.8,
        s1:float=3.,
        x2:float=18.8,
        y2:float=6.2,
        s2:float=3.
    ) -> Tuple[np.ndarray, np.ndarray]:
    """指定した座標のベクトルを算出する

    Args:
        x (np.ndarray): x座標
        y (np.ndarray): y座標
        x1 (float, optional): 渦1の中心x座標. Defaults to 9.2.
        y1 (float, optional): 渦1の中心y座標. Defaults to 3.8.
        s1 (float, optional): 渦1の大きさ. Defaults to 3..
        x2 (float, optional): 渦2の中心x座標. Defaults to 18.8.
        y2 (float, optional): 渦2の中心y座標. Defaults to 6.2.
        s2 (float, optional): 渦2の大きさ. Defaults to 3..

    Returns:
        Tuple[np.ndarray, np.ndarray]: ベクトル
    """

```

```
    # 渦1
    dqdx1 = (y-y1) * np.exp(-((x-x1)**2 + (y-y1)**2) / (s1**2))
    dqdy1 = -(x-x1) * np.exp(-((x-x1)**2 + (y-y1)**2) / (s1**2))

    # 渦2
    dqdx2 = -(y-y2) * np.exp(-((x-x2)**2 + (y-y2)**2) / (s2**2))
    dqdy2 = (x-x2) * np.exp(-((x-x2)**2 + (y-y2)**2) / (s2**2))

    return dqdx1+dqdx2, dqdy1+dqdy2
```

データ点は31×11の格子状で、すべて一次元配列です。

▼[14] (section_12_1.ipynb)

```
# x座標とy座標の1次元配列
xgrid = np.linspace(0., 30, num=31, endpoint=True)
ygrid = np.linspace(0., 10, num=11, endpoint=True)

# 格子状配列
xx, yy = np.meshgrid(xgrid, ygrid)
x = xx.flatten()
y = yy.flatten()

# ベクトル場を算出
u, v = get_vector(x, y)

print(x.shape)
print(y.shape)
print(u.shape)
print(v.shape)
```

▼実行結果

```
(341,)
(341,)
(341,)
```

```
(341,)
```

ベクトル図

create_quiver関数を使うことで、以下のようなベクトル図が得られます。

▼[15] (section_12_1.ipynb)

```
# Figure FactoryからベクタープロットのFigureを作成
figure = ff.create_quiver(x, y, u, v, scale=1.)

# Layoutを作成
layout= go.Layout(
    template=template,
    title='Quiver plot',
    xaxis={
        'title': 'X',
        'range': [-1, 31],
        'constrain': 'domain',
        'showline': False,
        'showgrid': True,
    },
    yaxis={
        'title': 'Y',
        'range': [-1, 11],
        'scaleanchor': 'x',
        'scaleratio': 1,
    }
)

# FigureのLayoutを更新
figure.update_layout(layout)

figure
```

▼実行結果

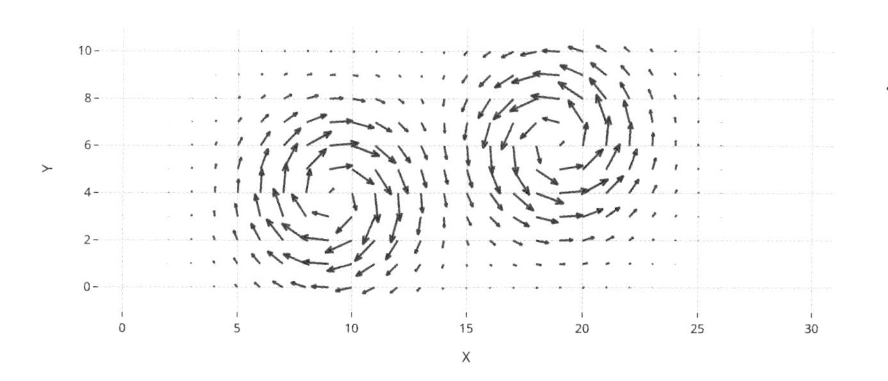

ベクトル図と同時にデータ点を散布図で表示すると、ベクトルの大きさが小さい箇所もデータ点の存在がわかりやすくなります。散布図を追加するには、create_quiverで作成したFigureにadd_traceメソッドでScatterのTraceを追加します。

▼[16] (section_12_1.ipynb)

```
# FigureにTraceを追加
trace = go.Scatter(
    x=x,
    y=y,
    mode='markers',
    opacity=0.5
)   # 散布図
figure.add_trace(trace)

figure
```

▼実行結果

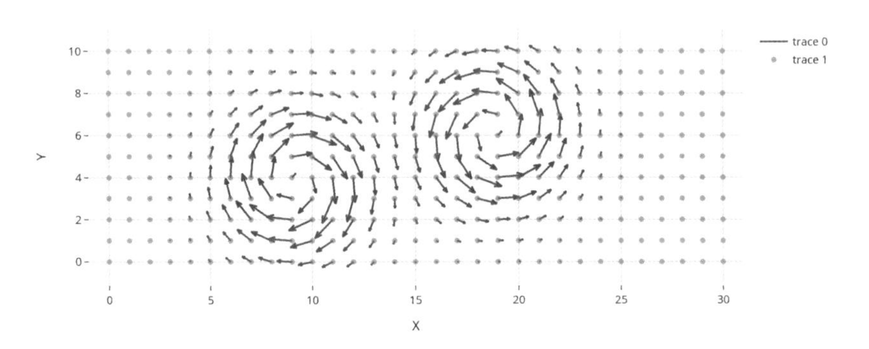

等高線図と同じように、ベクトル図も非格子状のデータにも対応することができます。

▼[17] (section_12_1.ipynb)

```
# x座標とy座標のランダム配列
xy = np.random.rand(2, 300)
x = xy[0] * 30.
y = xy[1] * 10.

# ベクトル場を算出
u, v = get_vector(x, y)

# Figure FactoryからベクタープロットのFigureを作成
figure = ff.create_quiver(x, y, u, v, scale=1.)

# FigureにTraceを追加
trace = go.Scatter(
    x=x,
```

```
    y=y,
    mode='markers',
    opacity=0.5
)   # 散布図
figure.add_trace(trace)

# FigureのLayoutを更新
figure.update_layout(layout)

figure
```


▼実行結果（口絵19）

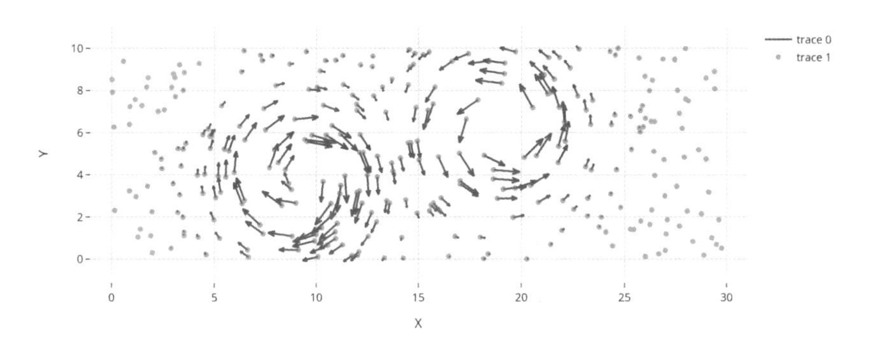

12.2

地図を使ったグラフ

データの位置が緯度と経度で表現される場合に、グラフを地図上に重ねて表現する方法を本節では紹介します。また、地図上の領域ごとに値が定義されたデータには、コロプレスマップが有効です。

 Mapboxと地図スタイル

Plotlyには、地図データを扱うために**Mapbox**が組み込まれています。Mapboxとは Mapbox社が提供する地図開発プラットフォームです。一部の地図スタイルを使用するにはMapboxのアカウントとアクセストークンが必要になります。本書ではアクセストークンを使用しない地図スタイルのみを紹介しますが、Mapboxのアカウントをお持ちの方は多様な地図スタイルを試してください。

まずはPlotlyでMapboxの地図を確認してみましょう。地図スタイルは、Layoutのmapbox引数でstyleを指定します。アクセストークンを必要としない地図スタイルには、「open-street-map」「carto-positron」「carto-darkmatter」などがあります。Traceを作るScattermapboxの使い方は、のちほど解説を行います。

ここでは、緯度35.681度、経度139.767の東京駅周辺の地図を表示します。

▼[1] (section_12_2.ipynb)

```
import json
import numpy as np
import pandas as pd

from plotly import graph_objects as go
from plotly import data as pdata
from plotly.graph_objs.layout import Template

# 東京駅の緯度経度
tokyo_lat = 35.681
tokyo_lon = 139.767

```

```
# Traceの作成
trace = go.Scattermapbox()  # 地図のみ

# 独自テンプレートを読み込み
with open('custom_white.json') as f:
    custom_white_dict = json.load(f)
    template = Template(custom_white_dict)

# Layoutを作成（open-street-mapスタイル）
layout = go.Layout(
    template=template,
    title='Mapbox sample',
    mapbox={
        'style': 'open-street-map',
        'zoom': 14,
        'center': {
            'lat': tokyo_lat,
            'lon': tokyo_lon
        }
    },
    margin={
        'r': 20,    # 余白右
        't': 30,    # 余白上
        'l': 20,    # 余白左
        'b': 30     # 余白下
    }
)

# Figureを作成
figure = go.Figure(trace, layout)

figure
```

▼実行結果

Mapbox sample

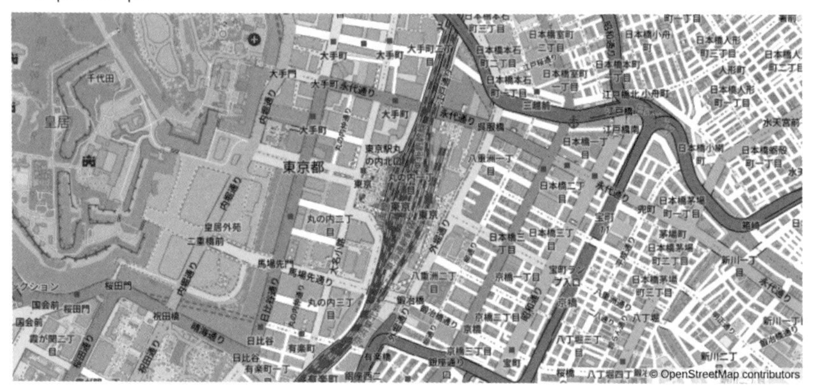

▼[2] (section_12_2.ipynb)

```
# FigureのLayoutを更新 (carto-positronスタイル)
figure.update_layout(
    mapbox={'style': 'carto-positron'}
)

figure
```

▼実行結果

Mapbox sample

▼[3]（section_12_2.ipynb）

```
# FigureのLayoutを更新（carto-darkmatterスタイル）
figure.update_layout(
    mapbox={'style': 'carto-darkmatter'}
)

figure
```

▼実行結果

Mapbox sample

ドットマップ

本節で扱うデータとしてCarshareデータセットを読み込みます。モントリオールにおける1カ月間のカーシェアリングの利用状況が記録されたデータセットです。変数「centroid_lat」「centroid_lon」はカーシェアリングが発生した位置の緯度経度を示しており、変数「car_hours」は累計のシェアリング時間です。

▼[4]（section_12_2.ipynb）

```
# CarshareデータセットからDataFrameを読み込み
df = pdata.carshare()

df
```

▼実行結果

	centroid_lat	centroid_lon	car_hours	peak_hour
0	45.471549	-73.588684	1772.750000	2
1	45.543865	-73.562456	986.333333	23
2	45.487640	-73.642767	354.750000	20
3	45.522870	-73.595677	560.166667	23
4	45.453971	-73.738946	2836.666667	19
...	...	...	...	...
244	45.547171	-73.556258	951.416667	3
245	45.546482	-73.574939	795.416667	2
246	45.495523	-73.627725	425.750000	8
247	45.521199	-73.581789	1044.833333	17
248	45.532564	-73.567535	694.916667	5

まず緯度と経度を使って、地図上にカーシェアリングの位置をプロットしてみましょう。事象が起こった位置を地図上に示したグラフは**ドットマップ**（点描図）と呼ばれます。Graph Objectsでは、ドットマップのTraceは**Scattermapboxクラス**で作成します。

■表12.2.1 Scattermapboxの主要な引数

引数名	説明
lat	緯度に使用する変数
lon	経度に使用する変数
marker	マーカー設定

ドットマップでは、Layoutで地図の初期拡大倍率を指定します。Mapboxの倍率レベルは以下のページで定義されています。例えば、倍率レベル0は全世界、倍率レベル3は領土が大きい国、倍率レベル7は小さな国、もしくはアメリカの州に対応しています。

- **Zoom levels（OpenStreetMap Wiki）**
  https://wiki.openstreetmap.org/wiki/Zoom_levels

ここでは作図するデータの経度の幅を与えると、倍率レベルを返す関数get_zoom_levelを定義します。

▼[5] (section_12_2.ipynb)

```
# https://wiki.openstreetmap.org/wiki/Zoom_levels

def get_zoom_level(lon_width:float) -> float:
    """Mapboxの倍率レベルを取得する

    Args:
        lon_width (float): 経度の幅

    Returns:
        float: 倍率レベル
    """
    width_levels = np.array([
        360,         # 0: whole world
        180,         # 1
        90,          # 2: subcontinental area
        45,          # 3: largest country
        22.5,        # 4
        11.25,       # 5: large African country
        5.625,       # 6: large European country
        2.813,       # 7: small country, US state
        1.406,       # 8
        0.703,       # 9: wide area, large metropolitan area
        0.352,       # 10: metropolitan area
        0.176,       # 11: city
        0.088,       # 12: town, or city district
        0.044,       # 13: village, or suburb
        0.022,       # 14
        0.011,       # 15: small road
        0.005,       # 16: street
        0.003,       # 17: block, park, addresses
```

```
        0.001,      # 18: some buildings, trees
        0.0005,     # 19: local highway and crossing details
        0.00025,    # 20: A mid-sized building
    ])

    diff = width_levels - lon_width
    diff[diff < 0] = np.NaN
    return np.nanargmin(diff)
```

Carshareデータセットでは、経度の幅は約0.2265でした。

▼[6] (section_12_2.ipynb)

```
lon_width = df['centroid_lon'].max() - df['centroid_lon'].min()
# 経度の幅

lon_width
```

▼実行結果

```
0.2264859621718358
```

対応する倍率レベルは、10になります。

▼[7] (section_12_2.ipynb)

```
zoom_level = get_zoom_level(lon_width)  # 倍率レベル

zoom_level
```

▼実行結果

```
10
```

倍率レベルが計算できたので、Scattermapboxでドットマップを作図します。Layoutの引数mapboxからzoomで初期状態の倍率レベルを指定します。中心の緯度経度は引数mapboxからcenterで指定します。

▼[8] (section_12_2.ipynb)

```
# Traceを作成
trace = go.Scattermapbox(
    lat=df['centroid_lat'],      # 緯度に使用する変数
    lon=df['centroid_lon']       # 経度に使用する変数
)   # カーシェア場所のドットマップ

# Layoutを作成
layout = go.Layout(
    template=template,
    title='Carshare dataset',
    mapbox={
        'style': 'carto-positron',
        'zoom': zoom_level,
        'center': {
            'lat': df['centroid_lat'].mean(),
            'lon': df['centroid_lon'].mean()
        }
    },
    margin={
        'r': 20,
        't': 30,
        'l': 20,
        'b': 30
    }
)

# Figureを作成
figure = go.Figure(trace, layout)

figure
```

▼実行結果

Carshare dataset

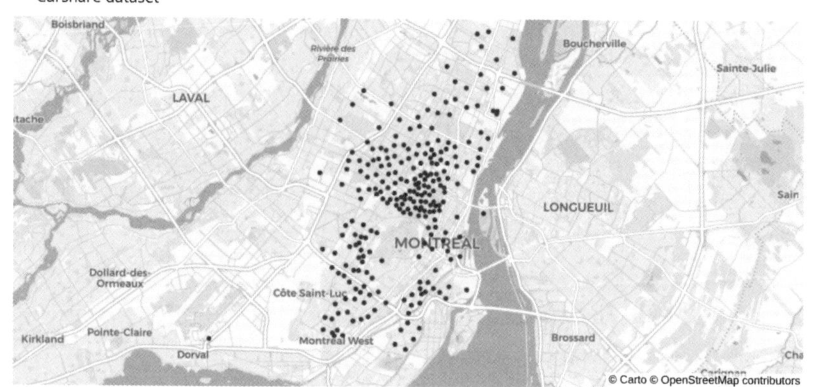

比例シンボルマップ

ドットマップは、緯度経度を使って地図上に描画した散布図といえるでしょう。同様に、地図上にバブルチャートを描画したものは、**比例シンボルマップ**と呼ばれます。地図上に値に比例した記号を描画する方法は、計量記号図とも呼ばれますが[2]、比例シンボルマップも計量記号図の一種に該当します。

Plotlyでは、比例シンボルマップも同様に、Scattermapboxで作成します。マーカーの設定方法はバブルチャートと同様です。

▼[9] (section_12_2.ipynb)

```
max_size = 32    # マーカーの最大サイズ
marker_coeff = max_size / df['car_hours'].max()
                    # シェア時間が最大のマーカーでmax_sizeになる係数

# Traceを作成
trace = go.Scattermapbox(
    lat=df['centroid_lat'],     # 緯度に使用する変数
    lon=df['centroid_lon'],     # 経度に使用する変数
    marker={
        'color': df['car_hours'],
```

```
        'size': df['car_hours'] * marker_coeff,
        'sizemode': 'diameter',     # 直径で表現。面積で表現は 'area'
        'opacity': 0.5
    }
)   # カーシェア場所と時間のバブルチャート

# Figureを作成
figure = go.Figure(trace, layout)

figure
```


▼実行結果（口絵20）

Carshare dataset

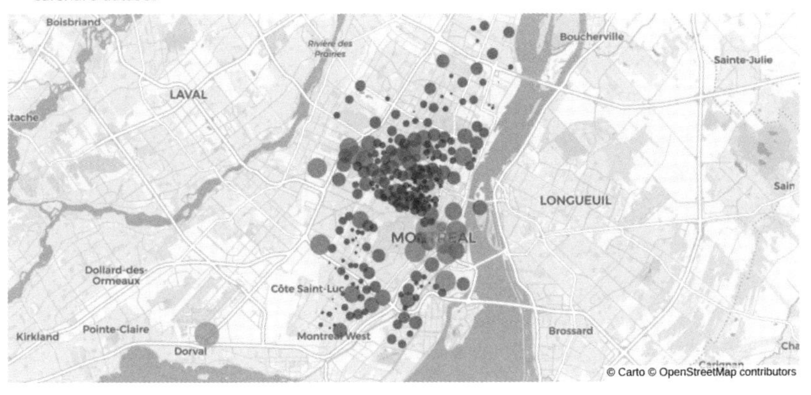

イサリスミックマップ

比例シンボルマップと類似していますが、データの分布をヒートマップで表示するグラフが**イサリスミックマップ**です。イサリスミックマップのTraceはDensitymapboxクラスで作成します。

■表12.2.2　Densitymapboxの主要な引数

主要な引数	説明
lat	緯度に使用する変数
lon	経度に使用する変数
z	分布を表示する変数
radius	1点の影響範囲

▼[10] (section_12_2.ipynb)

```
# Traceを作成
trace = go.Densitymapbox(
    lat=df['centroid_lat'],        # 緯度に使用する変数
    lon=df['centroid_lon'],        # 経度に使用する変数
    z=df['car_hours'],             # 分布を表現する変数
    radius=20.                     # 影響範囲
)  # イサリスミックマップ

# Layoutを作成
layout = go.Layout(
    template=template,
    title='Carshare dataset',
    mapbox={
        'style': 'carto-darkmatter',
        'zoom': zoom_level,
        'center': {
            'lat': df['centroid_lat'].mean(),
            'lon': df['centroid_lon'].mean()
        }
```

```
    },
    margin={
        'r': 20,
        't': 30,
        'l': 20,
        'b': 30
    }
)

# Figureを作成
figure = go.Figure(trace, layout)

figure
```

▼実行結果(口絵21)

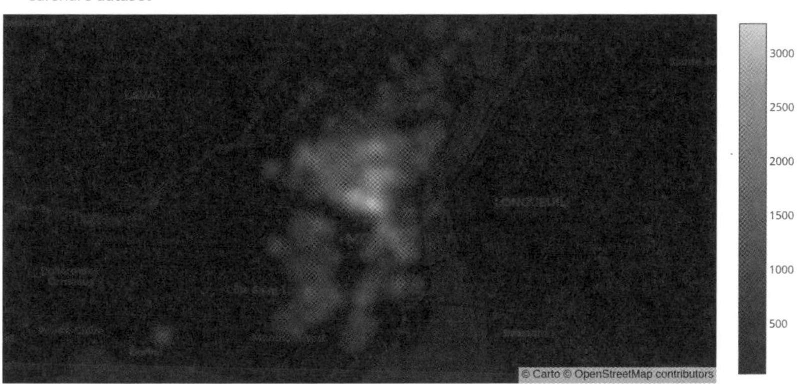

コロプレスマップの基本

ドットマップや比例シンボルマップは、1つのデータ点が1つの緯度経度に対応していました。地図上の閉じた1つの領域に1つの値が対応している場合は、領域をデータの値に応じて色分けすることでデータを可視化することができます。このようなグラフを**コロプレスマップ**(階級区分図)といいます。

コロプレスマップを描画するためにGapminderデータセットを読み込みましょう。Gapminderデータセットは国別の経済格差を示しており、Plotlyから読み込めるデータは1952年から2007年までのデータが存在します。

▼[11] (section_12_2.ipynb)

```
# Gapminderデータセットから DataFrameを作成
df = pdata.gapminder()

df
```

▼実行結果

	country	continent	year	lifeExp	pop	gdpPercap	iso_alpha	iso_num
0	Afghanistan	Asia	1952	28.801	8425333	779.445314	AFG	4
1	Afghanistan	Asia	1957	30.332	9240934	820.853030	AFG	4
2	Afghanistan	Asia	1962	31.997	10267083	853.100710	AFG	4
3	Afghanistan	Asia	1967	34.020	11537966	836.197138	AFG	4
4	Afghanistan	Asia	1972	36.088	13079460	739.981106	AFG	4
...	...	...	...	...	...	...	...	...
1699	Zimbabwe	Africa	1987	62.351	9216418	706.157306	ZWE	716
1700	Zimbabwe	Africa	1992	60.377	10704340	693.420786	ZWE	716
1701	Zimbabwe	Africa	1997	46.809	11404948	792.449960	ZWE	716
1702	Zimbabwe	Africa	2002	39.989	11926563	672.038623	ZWE	716
1703	Zimbabwe	Africa	2007	43.487	12311143	469.709298	ZWE	716

コロプレスマップのTraceは、**Choropleth**クラスで作成します。

■表12.2.3　Choroplethの主要な引数

引数名	説明
locations	領域に使用する変数
locationmode	'ISO-3'：世界各国が領域 'USA-states'：アメリカ各州が領域
z	塗りつぶしに使用する変数
geojson	GeoJson
featureidkey	locationsに対応するGeoJson中の属性

2005年時点の各国の平均余命をコロプレスマップで表示してみましょう。領域の位置は、引数locationsで指定します。ここではデータの列「iso_alpha」の国名コードを使用していますが、国名コードを使用する場合は引数locationmodeにISO-3を指定します。

▼[12]（section_12_2.ipynb）

```
# Traceを作成
trace = go.Choropleth(
    locations=df.query("year==1952")['iso_alpha'],  # 領域に使用す
る変数
    z = df.query("year==1952")['lifeExp'],          # 強度に使用す
る変数
    locationmode = 'ISO-3',                          # 領域モード
(ISO-3)
    colorbar_title = "lifeExp",                      # カラーバータ
イトル
)   # 1952年の平均余命のコロプレスマップ

# Layoutを作成
layout = go.Layout(
    template=template,
    title='Gapminder dataset',
    margin={
        'r': 20,
```

```
        't': 30,
        'l': 20,
        'b': 30
    }
)

# Figureを作成
figure = go.Figure(trace, layout)

figure
```

▼実行結果

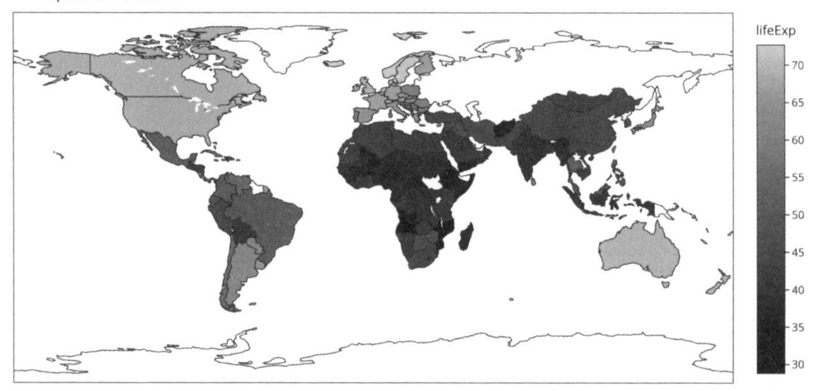

地図データを読み込んだコロプレスマップ

コロプレスマップを作成するには、領域が定義された地図が必要です。しかし、Choroplethクラスが標準で対応している地図は、世界地図（locationmodeが'ISO-3'）とアメリカの州（locationmodeが'USA-states'）のみです。それ以外の地域でコロプレスマップを作成するには、地図情報をGeoJson形式で与える必要があります。GeoJsonファイルの内部では、領域の境界がポリゴン形式で記録されています。

以降では日本の地図データを用意して、都道府県の人口をコロプレスマップで表示してみます。

地図データには、国土数値情報ダウンロードサイトが提供する行政区域データを加工して使用しています。加工処理はconvert_geo.ipynbで事前に行っており、本節では事前に保存されたJSONファイルを読み込みます。

- **サンプルJSONファイル**
  「国土数値情報（行政区域データ「全国」データ 令和4年）」（国土交通省）を加工して作成

- **国土数値情報ダウンロードサイト（国土交通省）**
  https://nlftp.mlit.go.jp/ksj/gml/datalist/KsjTmplt-N03-v3_1.html

また、コロプレスマップで描画するデータは、総務省統計局のe-statが提供する都道府県別の人口データを使用します。データは加工処理を行い、2021年度調査のデータのみを使用しています。

- **サンプル描画データ**
  「社会・人口統計体系 都道府県データ 社会生活統計指標 」（e-stat）を加工して作成

- **e-Stat：政府統計の総合窓口（総務省）**
  https://www.e-stat.go.jp/dbview?sid=0000010201

▼[13]（section_12_2.ipynb）

```
# 都道府県のGeoJsonを読み込み
with open('todofuken.geojson') as file:
    geojson = json.load(file)
```

▼[14]（section_12_2.ipynb）

```
# 都道府県人口のCSVからDataFrameを読み込み
df = pd.read_csv('population.csv')

df.head(10)
```

▼実行結果

	調査年	地域	#A011000_総人口【万人】
0	2021年度	北海道	518
1	2021年度	青森県	122
2	2021年度	岩手県	120
3	2021年度	宮城県	229
4	2021年度	秋田県	95
5	2021年度	山形県	106
6	2021年度	福島県	181
7	2021年度	茨城県	285
8	2021年度	栃木県	192
9	2021年度	群馬県	193

カスタム地図の場合も領域は引数locationsで指定します。ここではlocationsが都道府県名となります。引数featureidkeyは、locationsに対応するGeoJsonの属性を指定します。ここで読み込んだGeoJsonは、properties.N03_001に都道府県名を持っています。

▼[15] (section_12_2.ipynb)

```
# Traceを作成
trace = go.Choropleth(
    locations=df['地域'],
    z=df['#A011000_総人口【万人】'],
    geojson=geojson,
    featureidkey='properties.N03_001'
)

# Layoutを作成
layout = go.Layout(
    template=template,
    title='Population',
    margin={
```

```
        'r': 20,
        't': 30,
        'l': 20,
        'b': 30
    },
    geo={
        'fitbounds': 'locations',
        'visible': False,
    }
)

# Figureを作成
figure = go.Figure(trace, layout)

figure
```

▼実行結果

このように地図データを用意することで、任意の地域のコロプレスマップが作成できます。なお地図データを利用、あるいは加工する場合は、地図データの提供元の利用規約に従いましょう。

12.3

三次元空間のグラフ

Plotlyは様々な三次元グラフを作成する機能を提供しています。三次元グラフは直感的にデータの全体像を把握できる一方で、奥側のデータが隠れてしまうという欠点もあります。Plotlyの場合はインタラクティブに三次元グラフの視点を操作できるため、データを多角的に確認することができます。

 三次元データの準備

本節ではLorentz方程式を題材にして、Plotlyの三次元グラフを紹介します。Lorentz方程式は非線形な微分方程式であり、その解の集合は奇妙な形をとることで有名です。本節ではSciPyの機能を使って、Lorentz方程式の初期値問題の解を得ます。SciPyの詳細な説明は、拙著『NumPy & SciPy 数値計算 実装ハンドブック』(秀和システム)を御覧ください。

関数func_lorentzは、三次元の変数qが与えられるとLorentz方程式に従って、その位置の導関数を返します。引数に与えた時刻tは使用しませんが、SciPyのソルバーを適用するために、tとqの2つを引数として用いています。

▼[1] (section_12_3.ipynb)

```
import json
import numpy as np
np.random.seed(0)
from scipy.integrate import solve_ivp

from plotly import graph_objects as go
from plotly.graph_objs.layout import Template

def func_lorentz(t:np.ndarray, q:np.ndarray)->np.ndarray:
    """Lorentz関数

    Args:
        t (np.ndarray): 時刻(使用しないがSciPyのソルバーのインターフェー
```

```
スに合わせる)
        q (np.ndarray): 変数

    Returns:
        np.ndarray: 導関数の値
    """
    p = 10.
    r = 28.
    b = 8. / 3.

    u = -p * q[0] + p * q[1]
    v = -q[0] * q[2]  + r * q[0] - q[1]
    w = q[0] * q[1] - b * q[2]

    return np.stack([u, v, w], axis=0)
```


まず6つの初期値を含んだq0_listを作成し、SciPyのソルバーを使って初期値から出発した解の系列であるq_listを得ます。配列q_arrayは、q_listを連結したNumPy ndarrayです。q_arrayの配列形状を確認すると (3, 1600) となっており、三次元の座標が1600点あることを意味しています。

▼[2] (section_12_3.ipynb)

```
# 初期値のlist
q0_list = [
    np.array([-30., -30., 0.]),
    np.array([30., -30., 0.]),
    np.array([-30., 30., 0.]),
    np.array([30., 30., 0.]),
    np.array([-30., -30., 60.]),
    np.array([30., -30., 60.]),
    np.array([-30., 30., 60.]),
    np.array([30., 30., 60.]),
]
```

```
# 時刻の設定
t_start = 0.
t_end = 2.
h = 0.01
t_eval = np.arange(t_start, t_end, h)

# Loretenz方程式の解を求め、listを作成
q_list = []
for q0 in q0_list:
    sol = solve_ivp(func_lorentz, [t_start, t_end], q0, t_
eval=t_eval, vectorized=True)
    q_list.append(sol.y)    # ソルバーからLoretenz方程式の解を取得し
listに追加
q_array = np.concatenate(q_list, axis=1)

q_array.shape
```

▼実行結果

```
(3, 1600)
```

 三次元散布図

Lorentz方程式の解であるq_arrayについて、三次元散布図を作図してみましょう。三次元散布図は、データが持つ x, y, z の位置にマーカーを描画するグラフです。三次元散布図のTraceはScatter3dクラスで作成します。

■表12.3.1　Scatter3dの主要な引数

引数名	説明
x	x軸に使用する変数
y	y軸に使用する変数
z	z軸に使用する変数
mode	'markers'：三次元散布図 'lines'：三次元折れ線グラフ 'lines+markers'：マーカー付き三次元折れ線グラフ（標準）
marker	マーカーの設定
line	線の設定
name	Trace名

▼[3]（section_12_3.ipynb）

```
# Traceを作成
trace = go.Scatter3d(
    x=q_array[0],          # x軸に使用する変数
    y=q_array[1],          # y軸に使用する変数
    z=q_array[2],          # z軸に使用する変数
    mode='markers',        # グラフモード（三次元散布図）
    marker={
        'size': 1,
        'opacity': 0.5,
        'color': q_array[2],
        'colorscale': 'Cividis'
    },
)   # Lorentz方程式の解の三次元散布図

# 独自テンプレートを読み込み
with open('custom_white.json') as f:
    custom_white_dict = json.load(f)
    template = Template(custom_white_dict)

# Layoutを作成
```

```
layout = go.Layout(
    template=template,
    title='Scatter 3D sample',
    margin={
        'r': 20,
        't': 30,
        'l': 20,
        'b': 30
    }
)

# Figureを作成
figure = go.Figure(trace, layout)

figure
```

▼実行結果

Scatter 3D sample

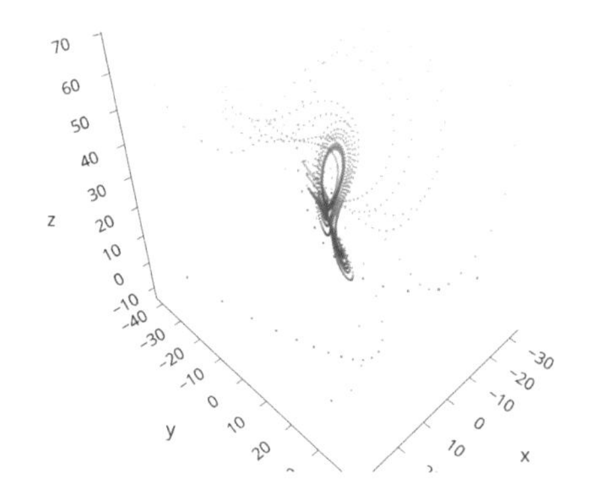

作成した三次元散布図はドラッグすることで回転ができます。また、スクロールすることで拡大縮小することもできます。これ以降で紹介する他の三次元グラフも同様の操作ができます。

■図12.3.1　三次元グラフの操作の様子（口絵22）

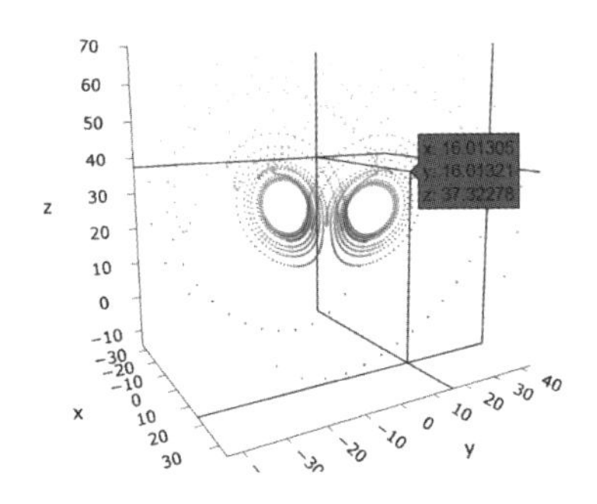

三次元バブルチャート

二次元の散布図と同様に、三次元散布図もバブルチャートに拡張することができます。次のコードでは、func_lorentz関数を使って解の位置の導関数と導関数の大きさを求めています。導関数の大きさをマーカーサイズに反映して**三次元のバブルチャート**を作図します。

▼[4]（section_12_3.ipynb）

```
# 解の位置でのベクトルとその大きさを算出
dqdt_list = []
value_list = []
for q in q_list:
    dqdt = func_lorentz(None, q)
    dqdt_list.append(dqdt)
    value_list.append(np.linalg.norm(dqdt, axis=0))
dqdt_array = np.concatenate(dqdt_list, axis=1)          # コーンプロッ
トで使用
value_array = np.concatenate(value_list, axis=0)       # 三次元バブル
チャートで使用

print(dqdt_array.shape)
```

```
print(value_array.shape)
```

▼実行結果

```
(3, 1600)
(1600,)
```

▼[5] (section_12_3.ipynb)

```
max_size = 12    # マーカーの最大サイズ
sizes = value_array / value_array.max() * max_size

# Traceを作成
traces = go.Scatter3d(
    x=q_array[0],
    y=q_array[1],
    z=q_array[2],
    mode='markers',
    marker={
        'size': sizes,
        'opacity': 0.5,
        'color': q_array[2],
        'colorscale': 'Plasma'
    },
)   # Lorentz方程式の解の三次元バブルチャート

# Figureを作成
figure = go.Figure(traces, layout)

figure
```

▼実行結果

Scatter 3D sample

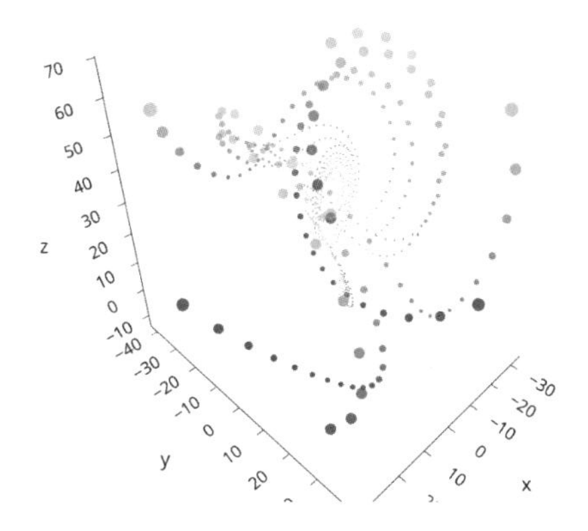

コーンプロット

二次元のベクトル図と同様に、三次元の位置とベクトルを使ったものが**コーンプロット**です。コーン（円錐）が三次元のベクトルに対応しています。Traceを作成するのはConeクラスです。

■表12.3.2　Coneの主要な引数

引数名	説明
x	x軸に使用する変数
y	y軸に使用する変数
z	z軸に使用する変数
u	ベクトルのx成分に使用する変数
v	ベクトルのy成分に使用する変数
w	ベクトルのz成分に使用する変数
colorscale	カラースケール
name	Trace名

▼[6] (section_12_3.ipynb)

```
# Traceを作成
trace = go.Cone(
    x=q_array[0],               # x軸に使用する変数
    y=q_array[1],               # y軸に使用する変数
    z=q_array[2],               # z軸に使用する変数
    u=dqdt_array[0],            # コーンのx成分に使用する変数
    v=dqdt_array[1],            # コーンのy成分に使用する変数
    w=dqdt_array[2],            # コーンのz成分に使用する変数
    colorscale='thermal',       # カラースケール
)   # Lorentz方程式の解のコーンプロット

# Layoutを作成
layout = go.Layout(
    template=template,
    title='Cone sample',
    margin={
        'r': 20,
        't': 30,
        'l': 20,
        'b': 30
    }
)

# Figureを作成
figure = go.Figure(trace, layout)

figure
```

▼実行結果

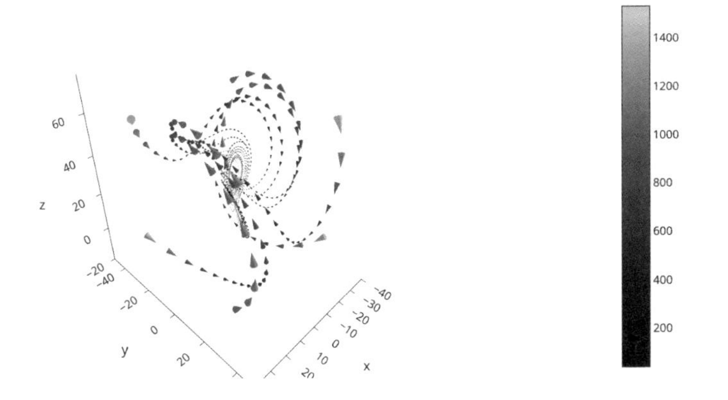

コーンプロットに重ねて三次元の折れ線グラフを描画することで、よりわかりやすくなる場合があります。三次元折れ線グラフのTraceは、Scatter3dで引数modeにlinesを指定します。ここでは6つの初期値から得られた6本の系列について三次元折れ線グラフを描画しています。

▼[7] (section_12_3.ipynb)

```
# コーンプロットのTraceを作成してlistに追加
trace = go.Cone(
    x=q_array[0],
    y=q_array[1],
    z=q_array[2],
    u=dqdt_array[0],
    v=dqdt_array[1],
    w=dqdt_array[2],
    colorscale='haline',
)   # Lorentz方程式の解のコーンプロット
traces = [trace]

# 三次元折れ線グラフをTraceのlistに追加
for q, value in zip(q_list, value_list):
```

```
    trace = go.Scatter3d(
        x=q[0],
        y=q[1],
        z=q[2],
        mode='lines',          # グラフモード(三次元折れ線グラフ)
        line={
            'color': value,
            'colorscale': 'haline',
        },
        showlegend=False      # 凡例の表示(表示なし)
    )    # Lorentz方程式の解の三次元折れ線グラフ
    traces.append(trace)

# Figureを作成
figure = go.Figure(traces, layout)

figure
```

▼実行結果(口絵23)

Cone sample

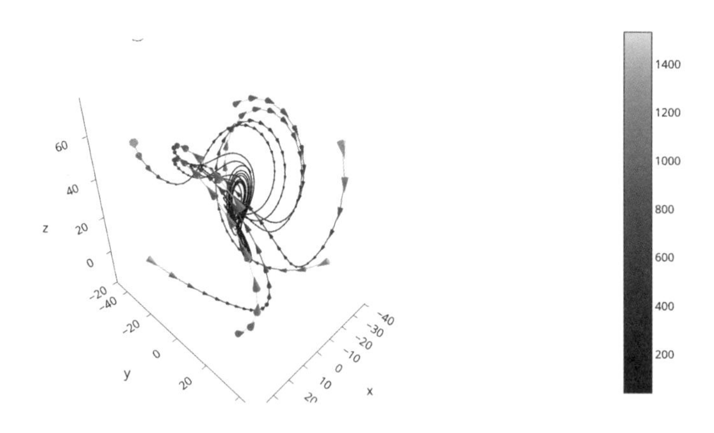

等値面図

ここまで紹介したように、三次元空間の中で「疎に分布したデータ」には、三次元散布図やコーンプロットが適しています。一方で三次元空間に密にデータが分布している場合は、**等値面図**が適しています。等値面図は等高線図を三次元に拡張したものであり、三次元中の同じ値を面で表現したグラフです。

まず、等値面を作成するために三次元の格子状の密な座標を作成し、関数func_lorentzを使ってベクトルの大きさを求めます。

▼[8] (section_12_3.ipynb)

```
# x座標、y座標、z座標の格子状配列
x, y, z = np.meshgrid(
    np.linspace(-30, 30., 31, endpoint=True),
    np.linspace(-30, 30., 31, endpoint=True),
    np.linspace(0, 60., 31, endpoint=True),
)

# 格子状配列の位置におけるベクトルの大きさ
q = np.stack([x, y, z], axis=0)          # xyzをまとめた変数
dqdt = func_lorentz(None, q)             # ベクトル
value = np.linalg.norm(dqdt, axis=0)     # ベクトルの大きさ

print(x.shape)
print(value.shape)
```

▼実行結果

```
(31, 31, 31)
(31, 31, 31)
```

Plotlyでは、**Isosurfaceクラス**で等値面図のTraceを作成します。

■表12.3.3　Isosurfaceの主要な引数

変数名	説明
x	x軸に使用する変数
y	y軸に使用する変数
z	z軸に使用する変数
value	強度に使用する変数
isomin	等値面を描く最大値
isomax	等値面を描く最小値
opacity	透過率（0から1の間で指定）
surface_count	等値面の個数
colorscale	カラースケール
caps	端部の描画設定

▼[9]（section_12_3.ipynb）

```
# Traceを作成
trace = go.Isosurface(
    x=x.flatten(),              # x軸に使用する変数
    y=y.flatten(),              # y軸に使用する変数
    z=z.flatten(),              # z軸に使用する変数
    value=value.flatten(),      # 強度に使用する変数
    isomin=value.min(),         # 等値面の最小値
    isomax=value.max(),         # 等値面の最大値
    opacity=0.5,                # 透過率
    surface_count=11,           # 等値面の個数
    colorscale='deep',          # カラースケール
)   # ベクトル大きさの等値面図

# Layoutを作成
layout = go.Layout(
    template=template,
    title='Isosurface sample',
    margin={
        'r': 20,
```

```
        't': 30,
        'l': 20,
        'b': 30
    }
)

# Figureを作成
figure = go.Figure(trace, layout)

figure
```

▼実行結果（口絵24）

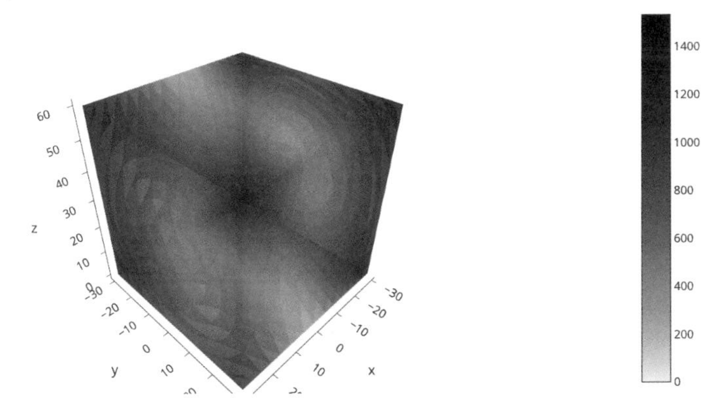

作成した等値面図は、端部も面として描画しています。端部の描画を取りやめるには、引数capsから指定します。

▼[10]（section_12_3.ipynb）

```
# Traceを作成
trace = go.Isosurface(
    x=x.flatten(),
    y=y.flatten(),
    z=z.flatten(),
    value=value.flatten(),
```

```
    isomin=value.min(),
    isomax=value.max(),
    opacity=0.5,
    surface_count=11,
    colorscale='deep',
    caps={
        'x_show': False,
        'y_show': False,
        'z_show': False
    }    # 端部の表示設定（xyzすべて表示なし）
)    # ベクトル大きさの等地面図（端部表示なし）

# Figureを作成
figure = go.Figure(trace, layout)

figure
```

▼実行結果

ボリュームプロット

Volumeクラスで作成するボリュームプロットは、等値面図と一見よく似たグラフです。大きな違いはVolumeの引数opacityscaleであり、等値面の値に応じて透過率を細かく設定することができます。これによってボリュームプロットは、より立体感を強調して描画することができます。引数opacityscaleでは、等値面の値を0から1に正規化し、正規化した値ごとの透過率を二次元list形式で指定します。

■表12.3.4　Volumeの主要な引数

引数名	説明
x	x軸に使用する変数
y	y軸に使用する変数
z	z軸に使用する変数
value	強度に使用する変数
isomin	等値面を描く最大値
isomax	等値面を描く最小値
opacityscale	透過率設定（正規化した等値面の値と透過率のペアのlist）
surface_count	等値面の個数
colorscale	カラースケール
caps	端部の描画設定

▼[11]（section_12_3.ipynb）

```
# Traceを作成
trace = go.Volume(
    x=x.flatten(),               # x軸に使用する変数
    y=y.flatten(),               # y軸に使用する変数
    z=z.flatten(),               # z軸に使用する変数
    value=value.flatten(),       # 強度に使用する変数
    isomin=value.min(),          # 等値面の最小値
    isomax=value.max(),          # 等値面の最大値
    surface_count=11,            # 等値面の個数
    colorscale='deep',           # カラースケール
    opacityscale=[
        [0., 0.8],               # 正規化した強度0で透過率0.8
        [0.5, 0.2],              # 正規化した強度0.5で透過率0.2
        [1., 0.9]                # 正規化した強度1で透過率0.9
```

```
    ]
)   # ベクトル大きさのボリュームプロット

# Layoutを作成
layout = go.Layout(
    template=template,
    title='Volume sample',
    margin={
        'r': 20,
        't': 30,
        'l': 20,
        'b': 30
    }
)

# Figureを作成
figure = go.Figure(trace, layout)

figure
```

▼実行結果（口絵25）

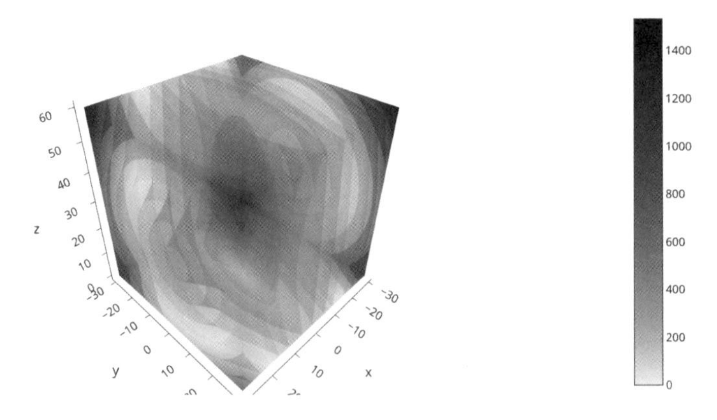

本節の最後にサーフェスプロットとメッシュプロットを簡単に紹介します。

サーフェスプロット

xとyからzが一意に求まるデータについて、zの面を描画するグラフが**サーフェスプロット**です。Plotlyでは、**Surfaceクラス**でx, y, zをそれぞれ二次元の格子状に指定します。

■表12.3.5　Surfaceの主要な引数

引数名	説明説明
x	x軸に使用する変数（格子状）
y	y軸に使用する変数（格子状）
z	z軸に使用する変数（格子状）
colorscale	カラースケール

ここでは、zを楕円体の曲面としてサーフェスプロットで描画することにします。まずは$z > 0$の曲面のみを扱います。

まず、xとyを二次元の格子状に生成してzを求めます。それぞれの配列形状は、(101, 101)の二次元配列になっています。

▼[12]（section_12_3.ipynb）

```
# 楕円体のパラメータ
a = 4.
b = 3.
c = 2.

# x座標とy座標の格子状配列
x, y = np.meshgrid(np.linspace(-a, a, 101, endpoint=True),
np.linspace(-b, b, 101, endpoint=True))

# xとyに対応するzの値
z = c * np.sqrt(1. - (x/a)**2 - (y/b)**2)

print(x.shape)
print(y.shape)
print(z.shape)
```

▼実行結果

```
(101, 101)
(101, 101)
(101, 101)
/tmp/ipykernel_21540/433761275.py:7: RuntimeWarning:
invalid value encountered in sqrt
```

上記のようにRuntimeWarningの警告が表示されましたが、これはxとyの組み合わせに対してzにNaNが格納されている箇所があったためです。

▼[13] (section_12_3.ipynb)

```
z
```

▼実行結果

```
array([[nan, nan, nan, ..., nan, nan, nan],
 [nan, nan, nan, ..., nan, nan, nan],
 [nan, nan, nan, ..., nan, nan, nan],
 ...,
 [nan, nan, nan, ..., nan, nan, nan],
 [nan, nan, nan, ..., nan, nan, nan],
 [nan, nan, nan, ..., nan, nan, nan]])
```

zがNaNを含んでいても、Surfaceクラスでサーフェスプロットを作成することはできます。

▼[14] (section_12_3.ipynb)

```
# Traceを作成
trace = go.Surface(
    x=x,                    # x軸に使用する変数
    y=y,                    # y軸に使用する変数
    z=z,                    # z軸に使用する変数
    colorscale='algae'  # カラースケール
)   # 楕円体のサーフェスプロット (z>0)
```

```
# Layoutを作成
layout = go.Layout(
    template=template,
    title='Surface sample',
    margin={
        'r': 20,
        't': 30,
        'l': 20,
        'b': 30
    }
)

# Figureを作成
figure = go.Figure(trace, layout)

figure
```

▼実行結果

Surface sample

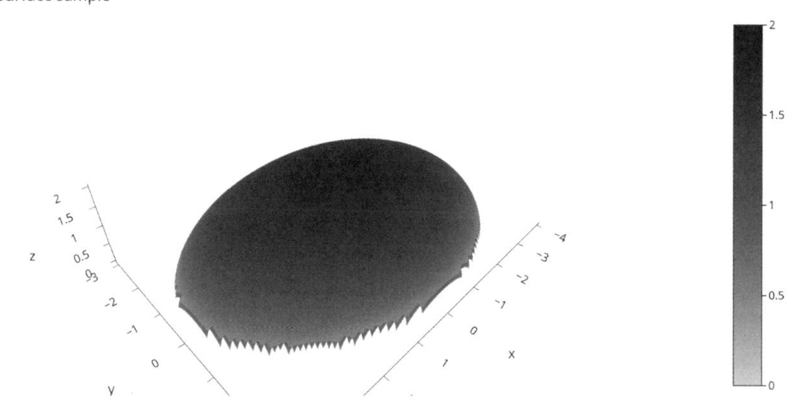

またSurfaceクラスは、引数x, y, zに与える配列が二次元配列であれば、実際の三次元空間では格子状でなくても描画することができます。例えば、以下の例では、楕

円体をz方向の角度thetaとx-y平面の角度phiの媒介変数表示にしています。2つの角度を格子状に生成し、そこから楕円体の三次元座標を求めています。

▼[15] (section_12_3.ipynb)

```
# 楕円体の媒介変数
theta = np.linspace(0, np.pi, 50, endpoint=True)
phi = np.linspace(0, 2.*np.pi, 100, endpoint=True)

# 媒介変数の格子状配列
theta2, phi2 = np.meshgrid(theta, phi)

# 媒介変数からx座標、y座標、z座標を算出
x = 4. * np.sin(theta2) * np.cos(phi2)
y = 3. * np.sin(theta2) * np.sin(phi2)
z = 2. * np.cos(theta2)

print(x.shape)
print(y.shape)
print(z.shape)
```

▼実行結果

```
(200, 100)
(200, 100)
(200, 100)
```

確認のため、媒介変数表示から作成した楕円体データを三次元散布図で表示してみます。たしかに三次元空間上では、データが格子状に配置されていません。

▼[16] (section_12_3.ipynb)

```
# Traceを作成
trace = go.Scatter3d(
    x=x.flatten(),
    y=y.flatten(),
    z=z.flatten(),
```

```
    mode='markers',
    marker={
        'size': 1,
        'opacity': 0.2
    }
)   # 楕円体の三次元散布図

# Layoutを作成
layout = go.Layout(
    template=template,
    title='Scatter 3D sample',
    margin={
        'r': 20,
        't': 30,
        'l': 20,
        'b': 30
    }
)

# Figureを作成
figure = go.Figure(trace, layout)

figure
```

▼実行結果

Scatter 3D sample

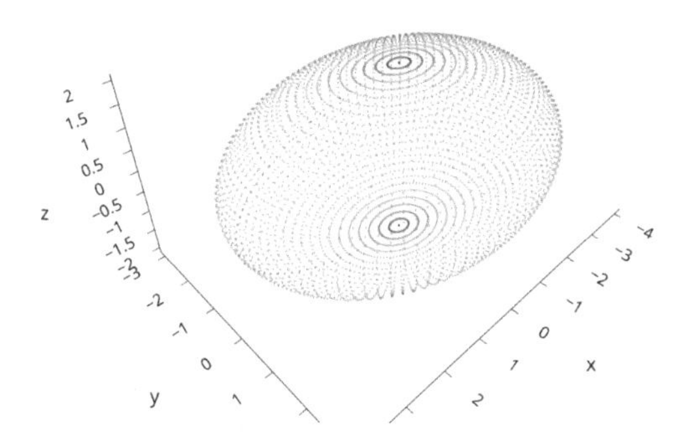

媒介変数表示の楕円体について、サーフェスプロットで描画してみましょう。三次元散布図では格子状ではありませんでしたが、うまく描画できているようです。

▼[17] (section_12_3.ipynb)

```
# Traceを作成
traces = go.Surface(
    x=x,
    y=y,
    z=z,
    colorscale='matter'
)    # 楕円体のサーフェスプロット(媒介変数表示)

# Layoutを作成
layout = go.Layout(
    template=template,
    title='Surface sample',
    margin={
        'r': 20,
        't': 30,
```

```
        'l': 20,
        'b': 30
    }
)

# Figureを作成
figure = go.Figure(traces, layout)

figure
```

▼実行結果（口絵26）

Surface sample

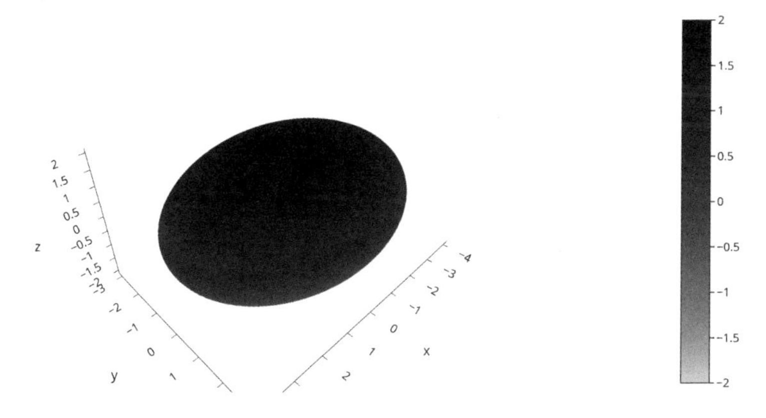

Surfaceクラスは、xとyを省略してzのみを指定することもできますが、その場合は、x座標とy座標が自動解釈されるため注意が必要です。以下は、x座標とy座標が自動解釈によって意図しないサーフェスプロットになった失敗例です。

▼[18]（section_12_3.ipynb）

```
# Traceを作成
trace = go.Surface(
    z=z,
    colorscale='matter'
)    # z座標のみでのサーフェスプロット（失敗例）

```

```
# Figureを作成
figure = go.Figure(trace, layout)

figure
```

▼実行結果

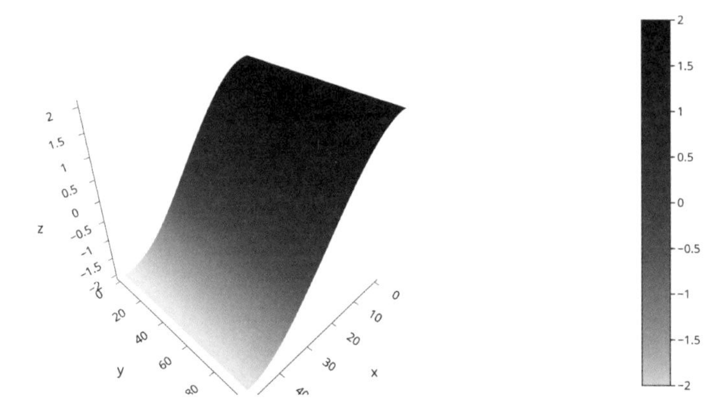

メッシュプロット

Surfaceクラスは格子状のデータが前提ですが、非格子状のデータでもMeshクラスを使ってメッシュプロットとして曲面に描画できる場合があります。

ここでは例として、楕円体表面上に分布したランダムな位置のデータを考えてみます。

▼[19] (section_12_3.ipynb)

```
# 単位球表面のランダムな座標を算出
q = np.random.randn(3, 1000)
q /= np.linalg.norm(q, axis=0)

# 楕円体表面のランダムな座標に変換
q[0] *= 4.
q[1] *= 3.
q[2] *= 2.
```

```

q.shape
```

▼実行結果

```
(3, 1000)
```

三次元散布図でランダムデータを確認してみます。ランダム、かつ疎に、楕円体表面に存在しています。

▼[20] (section_12_3.ipynb)

```
# Traceを作成
trace = go.Scatter3d(
    x=q[0],
    y=q[1],
    z=q[2],
    mode='markers',
    marker={
        'size': 1,
        'opacity': 0.2
    }
)    # 楕円体の三次元散布図 (ランダム位置)

# Layoutを作成
layout = go.Layout(
    template=template,
    title='Scatter 3D sample',
    margin={
        'r': 20,
        't': 30,
        'l': 20,
        'b': 30
    }
)

```

```
# Figureを作成
figure = go.Figure(trace, layout)

figure
```

▼実行結果

Scatter 3D sample

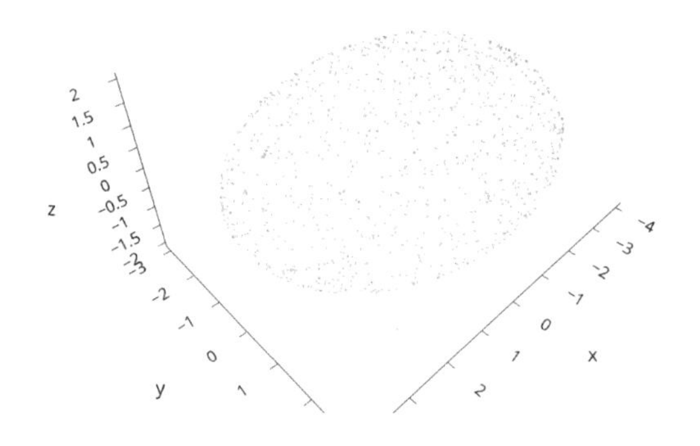

Mesh3dクラスはx、y、zの座標データをそれぞれ一次元配列で与えると、近傍3点の座標を使った多数の三角形を算出し、三角形で構成された面を作図します。

■表12.3.6　Mesh3dの主要な引数

引数名	説明
x	x軸に使用する変数
y	y軸に使用する変数
z	z軸に使用する変数
intensity	強度に使用する変数
colorscale	カラースケール
alphahull	-1：ドローネ三角形分割アルゴリズム 0：凸包アルゴリズム（標準） >0：アルファシェイプアルゴリズム

三次元散布図で確認した元のデータは疎な分布でしたが、作図したメッシュプロットは閉曲面で楕円体を描けています。

▼[21] (section_12_3.ipynb)

```
# Traceを作成
trace = go.Mesh3d(
    x=q[0],                        # x軸に使用する変数
    y=q[1],                        # y軸に使用する変数
    z=q[2],                        # z軸に使用する変数
    intensity=q[2],                # 色に使用する変数
    colorscale='Purpor',           # カラースケール
    alphahull=0                    # 三角形分割アルゴリズム(凸包)
)    # 楕円体のメッシュプロット(凸包アルゴリズム)

# Layoutを作成
layout = go.Layout(
    template=template,
    title='Mesh 3D sample',
    margin={
        'r': 20,
        't': 30,
        'l': 20,
        'b': 30
    }
)

# Figureを作成
figure = go.Figure(trace, layout)

figure
```

▼実行結果

Mesh 3D sample

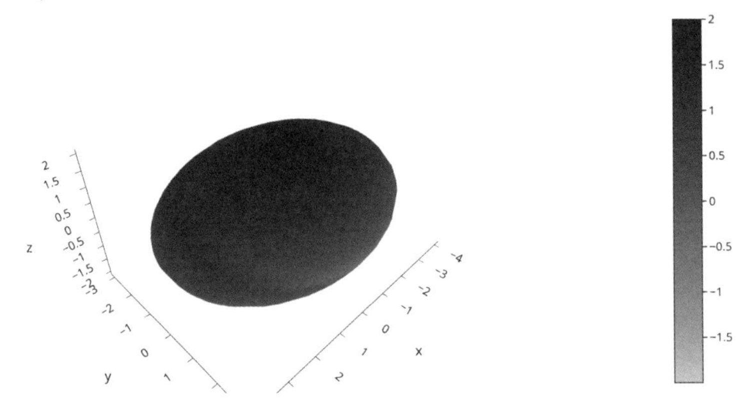

Mesh3dクラスの引数alphahullは、三角形を算出するアルゴリズムを指定する引数であり、「−1」でドローネ三角形分割アルゴリズム、「0」で凸包アルゴリズム、正の値でアルファシェイプアルゴリズムが使用されます。データとアルゴリズムの相性によっては、期待していた形状に描画されない場合があるため、注意が必要です。なお、メッシュプロットの結果は乱数シードの設定によって異なる場合があることに注意してください。

▼[22] (section_12_3.ipynb)

```
# Traceを作成
trace = go.Mesh3d(
    x=q[0],
    y=q[1],
    z=q[2],
    intensity=q[2],
    colorscale='Purpor',
    alphahull=-1,    # 三角形分割アルゴリズム（ドローネ三角形分割）
)   # 楕円体のメッシュプロット（ドローネ三角形分割アルゴリズム）

# Figureを作成
figure = go.Figure(trace, layout)
```

```

figure
```

▼実行結果

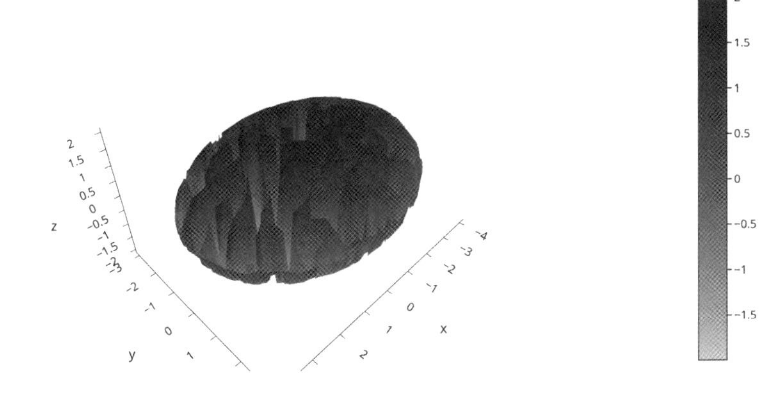

▼[23] (section_12_3.ipynb)

```
# Traceを作成
trace = go.Mesh3d(
    x=q[0],
    y=q[1],
    z=q[2],
    intensity=q[2],
    colorscale='Purpor',
    alphahull=2,      # 三角形分割アルゴリズム（アルファシェイプ）
)    # 楕円体のメッシュプロット（アルファシェイプアルゴリズム）

figure = go.Figure(trace, layout)

figure
```

▼実行結果

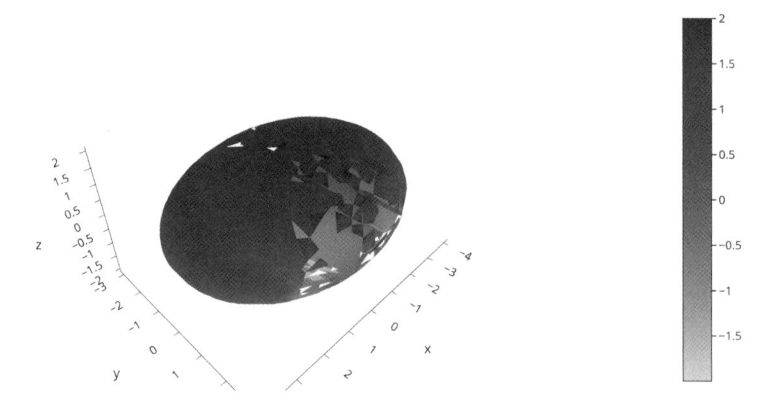

本書では割愛しますが、Mesh3dクラスは引数i, j, kで三角形を構成するそれぞれの頂点をx, y, zのインデックスとして指定することもできます。事前に何らかの手段で分割三角形が得られていた場合は、使用を検討するとよいでしょう。

第13章

時間を表現するグラフ

13.1

エラーバー付き折れ線グラフとリッジラインプロット

時間に関するグラフの基本は折れ線グラフです。また変数の分布を表現するには、折れ線グラフにエラーバーをつけることが効果的です。時系列データの分布を表現する別の手法としてリッジラインプロットも紹介します。

折れ線グラフによる時間経過の表現

時間を表現するグラフにおいて、基本的かつ重要なグラフが、第11章で紹介した折れ線グラフです。データの時間間隔が等間隔な場合には棒グラフで時間を表現することもできますが、折れ線グラフは時間が等間隔ではない場合でも使用できます。

本節では、Taxisデータセットを題材にして時間に関するグラフを紹介します。Taxisデータセットには、タクシーに乗客が乗車した時間と、乗車距離、運賃などが記録されています。まずは乗車距離についての折れ線グラフを作成するために、Taxisデータセットの読み込みを行っていきます。DataFrameの行を列「pickup」(乗車時間)で昇順にソートしています。

▼[1] (section_13_1.ipynb)

```
from datetime import date, timedelta
import json
import seaborn as sns

from plotly import graph_objects as go
from plotly import express as px
from plotly.colors import n_colors
from plotly.graph_objs.layout import Template

# TaxisデータセットからDataFrameを読み込み
df = sns.load_dataset('taxis')
df = df[[
    'pickup', 'passengers', 'distance',
    'fare', 'tip', 'total',
```

```
]]

df = df.sort_values('pickup').reset_index(drop=True)

df
```

▼実行結果

	pickup	passengers	distance	fare	tip	total
0	2019-02-28 23:29:03	1	0.90	5.0	0.00	6.30
1	2019-03-01 00:03:29	3	2.16	10.0	2.00	15.80
2	2019-03-01 00:08:32	3	7.35	22.5	1.00	27.30
3	2019-03-01 00:15:53	1	7.00	25.5	7.30	36.60
4	2019-03-01 00:29:22	4	0.74	4.5	1.00	9.30
...	...	...	...	...	...	...
6428	2019-03-31 22:13:37	1	1.00	7.5	0.70	12.00
6429	2019-03-31 22:32:27	1	0.40	3.5	1.45	8.75
6430	2019-03-31 22:51:53	1	0.67	4.5	1.66	9.96
6431	2019-03-31 23:15:03	1	3.03	11.5	3.82	19.12
6432	2019-03-31 23:43:45	5	12.25	37.0	0.00	40.80

DataFrameの情報をinfoメソッドで確認してみると、列「pickup」のデータ型はdatetime64[ns]の時刻型になっています。

▼[2] (section_13_1.ipynb)

```
df.info()
```

▼実行結果

```
<class 'pandas.core.frame.DataFrame'>
RangeIndex: 6433 entries, 0 to 6432
Data columns (total 6 columns):
# Column Non-Null Count Dtype
--- ------ -------------- -----
0 pickup 6433 non-null datetime64[ns]
```

```
1 passengers 6433 non-null int64
2 distance 6433 non-null float64
3 fare 6433 non-null float64
4 tip 6433 non-null float64
5 total 6433 non-null float64
dtypes: datetime64ns, float64(4), int64(1)
memory usage: 301.7 KB
```

以降のグラフを作成しやすくするために、列「pickup」を行インデックスに設定します。行インデックスが1列ずれたことに注意してください。

▼[3] (section_13_1.ipynb)

```
# 列「pickup」を行インデックスに指定
df = df.set_index('pickup')

df
```

▼実行結果

	passengers	distance	fare	tip	total
pickup					
2019-02-28 23:29:03	1	0.90	5.0	0.00	6.30
2019-03-01 00:03:29	3	2.16	10.0	2.00	15.80
2019-03-01 00:08:32	3	7.35	22.5	1.00	27.30
2019-03-01 00:15:53	1	7.00	25.5	7.30	36.60
2019-03-01 00:29:22	4	0.74	4.5	1.00	9.30
...	...	...	...	...	...
2019-03-31 22:13:37	1	1.00	7.5	0.70	12.00
2019-03-31 22:32:27	1	0.40	3.5	1.45	8.75
2019-03-31 22:51:53	1	0.67	4.5	1.66	9.96
2019-03-31 23:15:03	1	3.03	11.5	3.82	19.12
2019-03-31 23:43:45	5	12.25	37.0	0.00	40.80

折れ線グラフは11章の11.1節で紹介したように、Scatterクラスで引数modeを'lines'で指定します。以下では、横軸に乗車時間、縦軸に乗車距離で折れ線グラフを作成しています。

▼[4] (section_13_1.ipynb)

```
# Traceを作成
trace = go.Scatter(
    x=df.index,            # x軸に使用する変数
    y=df['distance'],      # y軸に使用する変数
    mode='lines'           # グラフモード (折れ線グラフ)
)   # 走行距離の折れ線グラフ
# 独自テンプレートを読み込み
with open('custom_white.json') as f:
    custom_white_dict = json.load(f)
    template = Template(custom_white_dict)
# Layoutを作成
layout = go.Layout(
    template=template,
    title='Taxis dataset',
    xaxis={'title': 'Pickup'},
    yaxis={'title': 'Distance'}
)
# Figureを作成
figure = go.Figure(trace, layout)

figure
```


▼実行結果

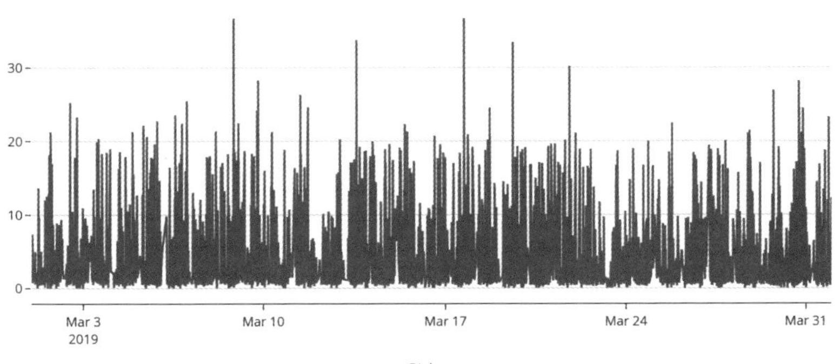

 エラーバー付き折れ線グラフ

エラーバーを付けることでデータ範囲の時間変化も表現できるようになります。

行インデックスが時刻のDataFrameは、**resampleメソッド**で時間に関する集約を行うことができます。ここではresampleメソッドの引数に'D'を指定することで1日単位で集約し、meanメソッドで日単位の平均を算出しました。

▼[5] (section_13_1.ipynb)

```
# 日単位での平均値のDataFrameを作成
df_day = df.resample('D')
df_day_mean = df_day.mean()

df_day_mean.head(10)
```

▼実行結果

	passengers	distance	fare	tip	total
pickup					
2019-02-28	1.000000	0.900000	5.000000	0.000000	6.300000
2019-03-01	1.535270	2.656805	12.228091	1.835975	17.484772
2019-03-02	1.565657	2.771212	11.909091	1.686717	16.762727
2019-03-03	1.562130	3.278343	12.946095	1.819349	17.913136
2019-03-04	1.561404	3.414094	13.659298	1.958947	19.117427
2019-03-05	1.675439	3.143114	13.763026	1.891140	19.199035
2019-03-06	1.517510	2.789339	12.722568	2.059767	18.185253
2019-03-07	1.518349	2.922064	13.296514	2.005688	18.879358
2019-03-08	1.412766	3.099532	13.482979	2.049277	19.251957
2019-03-09	1.593137	3.249951	13.436520	1.822500	18.557843

同様に、stdメソッドで日単位の標準偏差を算出しています。2019-02-28は1行しか存在しないため、標準偏差を算出できずに欠損値となっています。

▼[6] (section_13_1.ipynb)

```
# 日単位での標準偏差のDataFrameを作成
df_day_std = df_day.std()

df_day_std.head(10)
```

▼実行結果

	passengers	distance	fare	tip	total
pickup					
2019-02-28	NaN	NaN	NaN	NaN	NaN
2019-03-01	1.221253	3.237925	10.100446	2.139902	12.098980
2019-03-02	1.243555	3.391074	9.408756	1.937120	10.698145
2019-03-03	1.199200	3.717140	9.922348	2.139158	11.242690
2019-03-04	1.310827	4.177944	12.706265	2.779238	15.315941
2019-03-05	1.337337	4.072125	12.827817	2.117964	14.346349
2019-03-06	1.139098	3.827580	11.001655	2.357078	13.451300
2019-03-07	1.160857	3.500161	10.683593	2.126592	12.065092
2019-03-08	1.023154	4.328706	13.240612	2.643876	16.178493
2019-03-09	1.234221	4.174954	11.004069	2.255442	12.969398

変数「fare」が乗車運賃を表しています。乗車運賃の日単位の平均値で折れ線グラフを作成し、平均値から±1標準偏差のエラーバーをつけてグラフを作成します。エラーバーはScatterクラスの引数error_yにarrayとして指定します。

▼[7] (section_13_1.ipynb)

```
# Traceを作成
trace = go.Scatter(
    x=df_day_mean.index,
    y=df_day_mean['fare'],
    mode='lines',
    error_y={
        'type': 'data',
        'array': df_day_std['fare'],     # エラーバーに使用する変数
        'visible': True,
    }
```

```
)    # 乗車運賃のエラーバー付き折れ線グラフ(平均±1標準偏差)

# Layoutを作成
layout = go.Layout(
    template=template,
    title='Taxis dataset',
    xaxis={'title': 'Pickup'},
    yaxis={'title': 'Fare'}
)

# Figureを作成
figure = go.Figure(trace, layout)

figure
```

▼実行結果

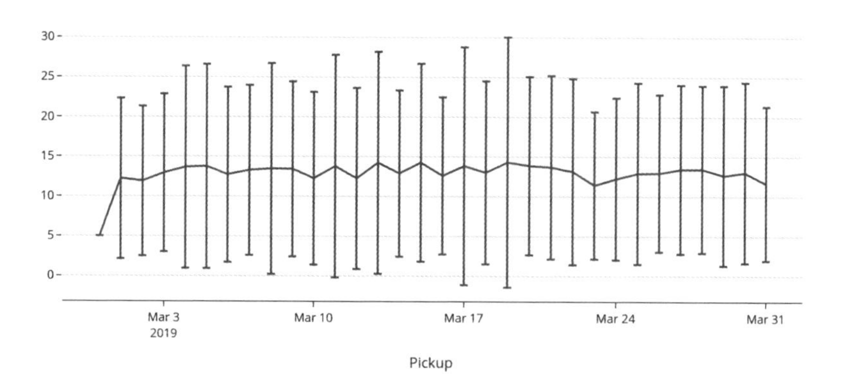

エラーバーは、標準では折れ線グラフを中心に上下対称に描かれますが、非対称に描画する方法もあります。次に、日単位の最小値から最大値までのエラーバーを描画するために、まずは日単位の最大値と最小値のDataFrameを作成します。

▼[8] (section_13_1.ipynb)

```
# 日単位での最大値のDataFrameを作成
df_day_max = df_day.max()

df_day_max.head(10)
```

▼実行結果

	passengers	distance	fare	tip	total
pickup					
2019-02-28	1	0.90	5.00	0.00	6.30
2019-03-01	6	21.27	65.59	13.66	81.96
2019-03-02	6	25.28	70.00	12.21	73.27
2019-03-03	6	20.39	52.00	15.26	76.32
2019-03-04	6	21.30	79.50	15.26	80.80
2019-03-05	6	22.81	86.14	13.52	92.40
2019-03-06	6	23.61	59.50	13.10	78.66
2019-03-07	6	25.51	93.50	12.21	94.80
2019-03-08	6	36.66	100.00	20.56	123.36
2019-03-09	6	28.30	67.50	13.00	76.70

▼[9] (section_13_1.ipynb)

```
# 日単位での最小値のDataFrameを作成
df_day_min = df_day.min()

df_day_min.head(10)
```

▼実行結果

	passengers	distance	fare	tip	total
pickup					
2019-02-28	1	0.9	5.0	0.0	6.3
2019-03-01	0	0.0	2.5	0.0	3.3
2019-03-02	0	0.0	2.5	0.0	3.3
2019-03-03	0	0.1	3.0	0.0	3.8
2019-03-04	0	0.0	2.5	0.0	3.3
2019-03-05	0	0.0	2.5	0.0	3.3
2019-03-06	0	0.0	2.5	0.0	3.8
2019-03-07	1	0.1	2.5	0.0	3.3
2019-03-08	0	0.0	1.0	0.0	1.3
2019-03-09	0	0.0	2.5	0.0	3.3

非対称のエラーバーを描画するには、引数error_yで'symmetric'をFalseに指定します。エラーバーの上側はarrayで、下側はarrayminusで指定します。arrayminusが平均値から最小値を引いている点に注意してください。

▼[10] (section_13_1.ipynb)

```
# エラーバーの算出
error_positive = df_day_max['total'] - df_day_mean['total']        # 
上側
error_negative = df_day_mean['total'] - df_day_min['total']        # 
下側

# Traceを作成
trace = go.Scatter(
    x=df_day_mean.index,
    y=df_day_mean['total'],
    mode='lines',
    error_y={
        'type': 'data',
        'symmetric': False,                # 上下対称の設定(非対称)
        'array': error_positive,           # エラーバー上側に使用する変数
        'arrayminus': error_negative,      # エラーバー下側に使用する変数
```

```
        'visible': True
    }
)   # 総支払額のエラーバー付き折れ線グラフ（最小値から最大値）

# Layoutを作成
layout = go.Layout(
    template=template,
    title='Taxis dataset',
    xaxis={'title': 'Pickup'},
    yaxis={'title': 'Total'}
)

# Figureを作成
figure = go.Figure(trace, layout)

figure
```


▼実行結果

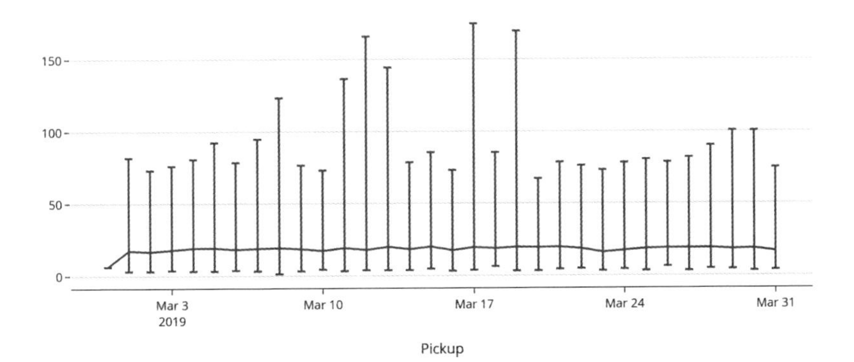

リッジラインプロット

エラーバーはデータの範囲を表現するのに有効ですが、時間変化するデータの分布を表現するには**リッジラインプロット**が効果的です。リッジラインプロットは、時刻ごとのデータの分布を縦に並べて描画したグラフです。

リッジラインプロットを紹介する前に、まずは行インデックスが時刻となっているDataFrameで範囲選択を行う方法を解説します。行インデックスが時刻の場合、loc属性で開始日時から終了日時までを指定することで行を範囲選択することができます。

例えば、2019-02-28から1週間後の2019-03-07を範囲選択するには以下のように指定します。選択した範囲には2019-03-07も含まれていることに注意が必要です。

▼[11] (section_13_1.ipynb)

```
# 2/28から3/7まで選択したDataFrameの例
df.loc['2019-02-28':'2019-03-07']
```

▼実行結果

	passengers	distance	fare	tip	total
pickup					
2019-02-28 23:29:03	1	0.90	5.0	0.00	6.30
2019-03-01 00:03:29	3	2.16	10.0	2.00	15.80
2019-03-01 00:08:32	3	7.35	22.5	1.00	27.30
2019-03-01 00:15:53	1	7.00	25.5	7.30	36.60
2019-03-01 00:29:22	4	0.74	4.5	1.00	9.30
...	...	...	...	...	...
2019-03-07 23:42:53	1	1.81	9.0	0.00	12.80
2019-03-07 23:43:16	1	0.54	4.5	1.20	7.00
2019-03-07 23:46:25	1	1.09	6.0	1.96	11.76
2019-03-07 23:47:25	3	2.30	10.5	2.86	17.16
2019-03-07 23:47:42	2	1.40	8.5	1.00	13.30

それでは、2019-02-28から一週間単位で集約したデータの分布をリッジラインプロットで作図していきましょう。まず集約する1週間のそれぞれの最初の日をlistとしてstart_daysで定義します。

▼[12] (section_13_1.ipynb)

```
# 週の最初の日付のlist
start_days = [date(2019, 2, 28) + timedelta(weeks=week) for week
in range(5)]

start_days
```

▼実行結果

```
[datetime.date(2019, 2, 28),
datetime.date(2019, 3, 7),
datetime.date(2019, 3, 14),
datetime.date(2019, 3, 21),
datetime.date(2019, 3, 28)]
```


Graph Objectsでリッジラインプロットを直接作成する方法はありません。その代わりに、引数sideを使って集計範囲ごとにViolinクラスで上側だけのバイオリン図を作成します。

▼[13] (section_13_1.ipynb)

```
names = ['1st week', '2nd week', '3rd week', '4th week', '5th
week']

# Traceのlistを作成
traces = []
for start_day, name in zip(start_days, names):
    end_day = start_day + timedelta(6)  # end_dayも含まれるので6日
    df_subset = df.loc[start_day:end_day]

    trace = go.Violin(
        x=df_subset['total'],
        orientation='h',
        side='positive',
        width=3,
```

```
        points=False,
        name=name
    )  # 総支払額のリッジラインプロット
    traces.append(trace)

# Layoutを作成
layout = go.Layout(
    template=template,
    title='Taxis dataset',
    xaxis={
        'title': 'Total',
        'showline': False
    },
    yaxis={'title': 'Pickup'}
)

# Figureを作成
figure = go.Figure(traces, layout)

figure
```

▼実行結果

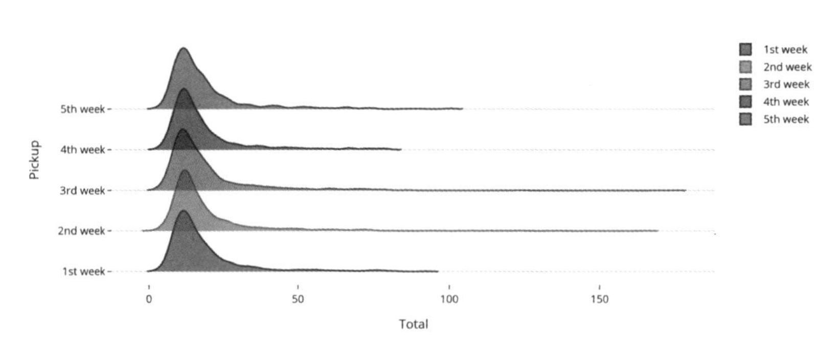

左記のリッジラインプロットは自動で色が設定されましたが、描画色を指定することもできます。ここではAggrnylのカラースケールを参考にすることにします。

▼[14] (section_13_1.ipynb)

```
# Aggrnylのカラースケール
aggrnyl = px.colors.sequential.Aggrnyl

aggrnyl
```

▼実行結果

```
['rgb(36, 86, 104)',
'rgb(15, 114, 121)',
'rgb(13, 143, 129)',
'rgb(57, 171, 126)',
'rgb(110, 197, 116)',
'rgb(169, 220, 103)',
'rgb(237, 239, 93)']
```

Aggrnylのカラースケールは、7個のRGB値で定義されているため、リッジラインプロットの集計グループが7個以内であればlistを直接使用することもできます。ここでは任意の集計グループの個数に対応するために、n_colorsを使う方法を紹介します。関数n_colorsは、指定した個数で色のlistを作成します。listの先頭と末尾の色を指定すると、その間の色を補間的に作成します。

▼[15] (section_13_1.ipynb)

```
# 5週分の色のlistを作成
colors = n_colors(aggrnyl[0], aggrnyl[-1], len(start_days),
colortype='rgb')

colors
```

▼実行結果

```
['rgb(36.0, 86.0, 104.0)',
'rgb(86.25, 124.25, 101.25)',
'rgb(136.5, 162.5, 98.5)',
'rgb(186.75, 200.75, 95.75)',
'rgb(237.0, 239.0, 93.0)']
```

リッジラインプロット(Violinクラス)は、引数line_colorで色を指定します。

▼[16] (section_13_1.ipynb)

```
# Traceのlistを作成
traces = []
for start_day, name, color in zip(start_days, names, colors):
    end_day = start_day + timedelta(6)
    df_subset = df.loc[start_day:end_day]

    trace = go.Violin(
        x=df_subset['total'],
        orientation='h',
        side='positive',
        width=3,
        points=False,
        name=name,
        line_color=color
    )
    traces.append(trace)

# Figureを作成
figure = go.Figure(traces, layout)

figure
```

▼実行結果（口絵27）

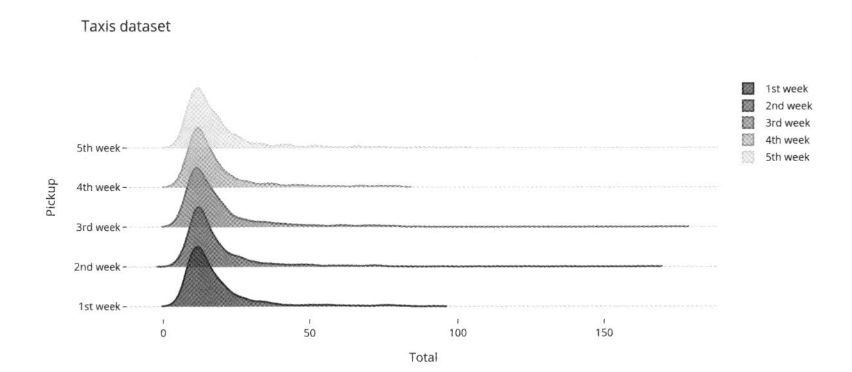
Taxis dataset
1st week
2nd week
3rd week
4th week
5th week
Pickup
5th week
4th week
3rd week
2nd week
1st week
0
50
100
150
Total

13.2

ローソク足チャートと連結散布図

ローソク足チャートは、市場における相場の値動きを表すグラフです。一定期間の値動きをローソク足という箱ひげ図のようなマーカーで表現し、ローソク足を並べることで時間の経過を表します。本節ではローソク足の他に、複数の変数の時間経過と変数間の関係性を表現する連結散布図も紹介します。

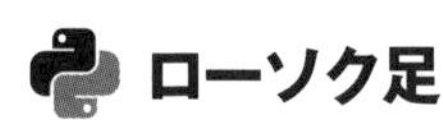

ローソク足

機械学習を使った株価予測など、機械学習をファイナンスの分野に適用した事例も多くみられるようになりました。本書が想定する読者は機械学習エンジニアやデータサイエンティストですが、ファイナンスデータを扱う読者のために、本節ではPlotlyで**ローソク足チャート**を作図する方法を紹介します。

まず、**ローソク足**を説明するために4月1日と4月2日だけのサンプルデータを作成します。4月1日の取引では**始値**(はじめね)は20、**終値**(おわりね)は30となり、始値より終値が高くなっています。このような始値より終値が高い取引をローソク足チャートでは**陽線**と呼び、明るい色の矩形で表現します。一方で、4月2日の取引の始値は35、終値は25となり、始値より終値が低くなっています。始値より終値が低い取引は**陰線**と呼び、暗い色の矩形で表現します。

ローソク足チャートのTraceは、**Candlestickクラス**で作成しますが、陽線は標準で緑色、陰線は標準で赤色が割り当てられます。ローソク足はその他に、取引期間中で最も低かった**安値**(やすね)から最も高かった**高値**(たかね)までを縦線で表現します。Candlestickクラスでは、引数open、close、high、lowで、それぞれ始値、終値、高値、安値を指定します。

■表13.2.1　Candlestickの主要な引数

変数名	説明
x	x軸(時刻)に使用する変数
open	始値に使用する変数
close	終値に使用する変数

high	高値に使用する変数
low	安値に使用する変数
increasing_line_color	陽線の描画色
decreasing_line_color	陰線の描画色
name	Traceの名前

▼[1] (section_13_2.ipynb)

```
import pandas as pd
import json
import numpy as np
from datetime import datetime

import plotly
from plotly import graph_objects as go
from plotly import express as px
from plotly.subplots import make_subplots
from plotly.graph_objs.layout import Template
from plotly import callbacks

# サンプルデータの日付
date_list = [
    datetime(year=2099, month=4, day=1),
    datetime(year=2099, month=4, day=2),
]

# サンプルデータの始値と終値
open_list = [20, 35]
close_list = [30, 25]

# サンプルデータの高値と安値
high_list = [40, 45]
low_list = [10, 15]

# Traceを作成
```

```
trace = go.Candlestick(
    x=date_list,          # x軸に使用する変数
    open=open_list,       # 始値に使用する変数
    close=close_list,     # 終値に使用する変数
    high=high_list,       # 高値に使用する変数
    low=low_list          # 安値に使用する変数
)   # サンプルデータのローソク足チャート

# 独自テンプレートを作成
with open('custom_white.json') as f:
    custom_white_dict = json.load(f)
    template = Template(custom_white_dict)

# Layoutを作成
layout = go.Layout(
    template=template,
    title='Candlestick sample',
    xaxis={'title': 'Date'},
    yaxis={'title': 'Stock'}
)

# Figureを作成
figure = go.Figure(trace, layout)

figure
```

▼実行結果

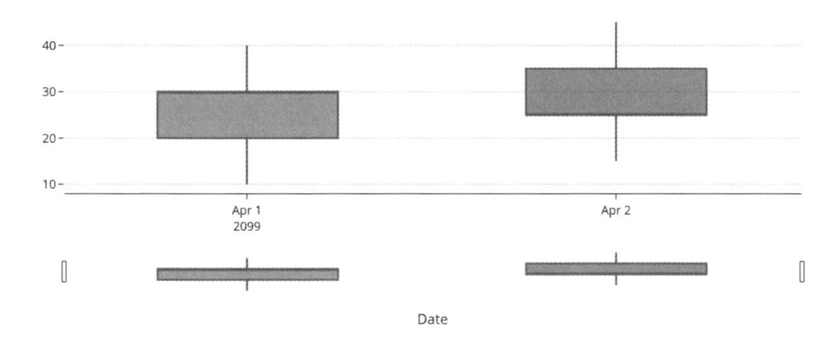

ローソク足チャート

ローソク足チャートを描画するために、Plotlyの公式GithubからHello-world-stockのCSVを読み込みます。このCSVは、2015年から2017年までのアップル社、コカ・コーラ社、テスラ社の株取引を記録したものです。

▼[2] (section_13_2.ipynb)

```
# Hello-World-StockデータセットからDataFrameを読み込み
df = pd.read_csv(
    'https://raw.githubusercontent.com/plotly/datasets/master/
hello-world-stock.csv',
    usecols=['Date', 'Open', 'High', 'Low', 'Close', 'Stock'],
    parse_dates=[0]
)

df
```

▼実行結果

	Date	Open	High	Low	Close	Stock
0	2017-12-29	170.52	170.5900	169.2200	169.23	AAPL
1	2017-12-28	171.00	171.8500	170.4800	171.08	AAPL
2	2017-12-27	170.10	170.7800	169.7100	170.60	AAPL

	Date	Open	High	Low	Close	Stock
3	2017-12-26	170.80	171.4700	169.6790	170.57	AAPL
4	2017-12-22	174.68	175.4240	174.5000	175.01	AAPL
...	...	...	...	...	...	...
2256	2015-01-08	89.38	90.2000	88.1500	90.18	COKE
2257	2015-01-07	89.37	89.4900	88.0000	89.13	COKE
2258	2015-01-06	89.20	89.6300	88.0000	88.59	COKE
2259	2015-01-05	89.07	90.0273	88.3687	89.20	COKE
2260	2015-01-02	88.79	90.1000	86.9000	89.87	COKE

まず、列「Stock」を使って企業別にグループ化を行います。

▼[3] (section_13_2.ipynb)

```
# 「Stock」でグループ化
gb = df.groupby('Stock')

gb.groups.keys()
```

▼実行結果

```
dict_keys(['AAPL', 'COKE', 'TSLA'])
```

アップル社(AAPL)のグループを指定して、ローソク足チャートを作図してみます。

▼[4] (section_13_2.ipynb)

```
# アップル社のDataFrame
df_aapl = gb.get_group('AAPL')

# Traceを作成
trace = go.Candlestick(
    x=df_aapl['Date'],
    open=df_aapl['Open'],
    close=df_aapl['Close'],
    high=df_aapl['High'],
    low=df_aapl['Low']
)    # アップル社株価のローソク足チャート
```

```
# 独自テンプレートを読み込み
with open('custom_white.json') as f:
    custom_white_dict = json.load(f)
    template = Template(custom_white_dict)

# Layoutを作成
layout = go.Layout(
    template=template,
    title='Hello-World-Stock dataset',
    xaxis={'title': 'Date'},
    yaxis={'title': 'Stock'}
)

# Figureを作成
figure = go.Figure(trace, layout)

figure
```

▼実行結果

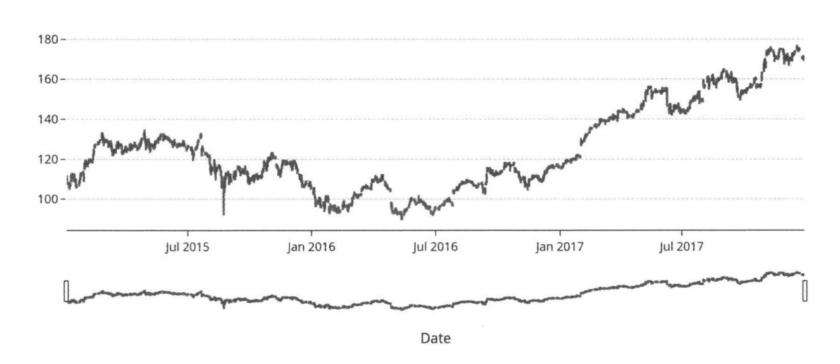

Plotlyのローソク足チャートは、標準で下部にレンジスライダーが追加されます。レンジスライダーを使うことで、選択した期間で拡大したローソク足チャートを表示することができます。

■図13.2.1 拡大したローソク足チャート(口絵28)

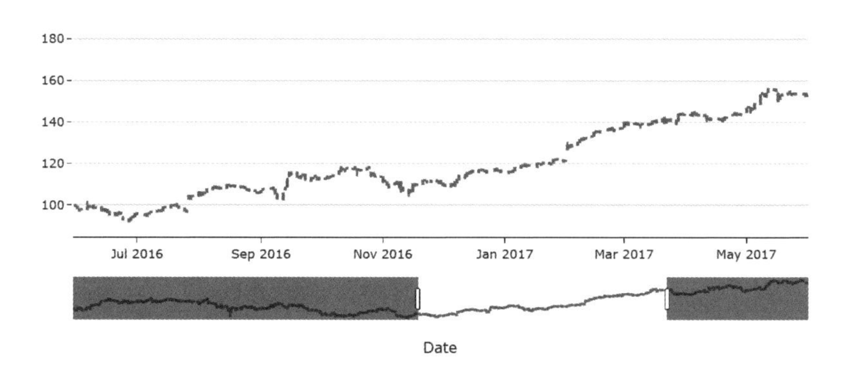

複数のローソク足チャートを一度に表示することもできます。すべて陽線と陰線が同色になるため、描画色を指定するのがよいでしょう。陽線の描画色は引数increasing_line_colorで指定し、陰線の描画色は引数decreasing_line_colorで指定します。

▼[5] (section_13_2.ipynb)

```
# 陽線の色のlist
inc_colors = [
    px.colors.sequential.Purp[2],
    px.colors.sequential.Redor[2],
    px.colors.sequential.Mint[2]
]
# 陰線の色のlist
dec_colors = [
    px.colors.sequential.Purp[6],
    px.colors.sequential.Redor[6],
    px.colors.sequential.Mint[6]
]
inc_colors
```

▼実行結果

```
['rgb(209, 175, 232)', 'rgb(241, 156, 124)', 'rgb(137, 192, 182)']
```

▼[6] (section_13_2.ipynb)

```
# Traceのlistを作成
traces = []
for (group, df_group), inc_color, dec_color in zip(gb, inc_
colors, dec_colors):
    trace = go.Candlestick(
        x = df_group['Date'],
        open=df_group['Open'],
        close=df_group['Close'],
        high=df_group['High'],
        low=df_group['Low'],
        name=group,                          # Traceの名前
        increasing_line_color=inc_color,     # 陽線の色
        decreasing_line_color=dec_color,     # 陰線の色
    )  # 株価のローソク足チャート
    traces.append(trace)

# Figureを作成
figure = go.Figure(traces, layout)
figure
```

▼実行結果

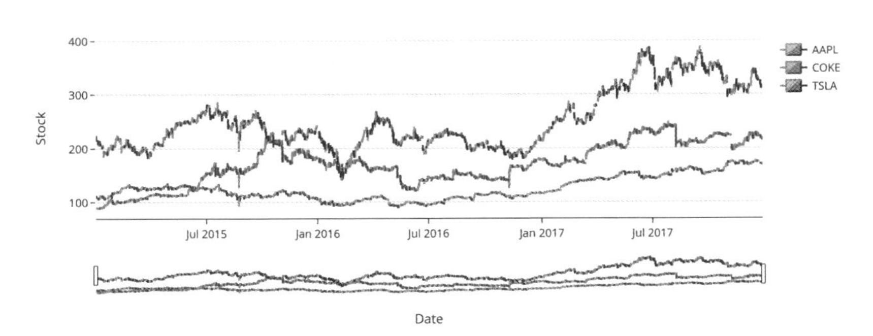

連結散布図

本節の最後に**連結散布図**を紹介します。連結散布図はトレイルチャートとも呼ばれます。時間に依存する2つの変数について、変数の時間変化と変数間の関係性を同時に表現するものです。

前節で紹介したように、変数の時間的変化を表現する基本は、折れ線グラフです。また9章の9.1節で紹介したように、変数間の関係性を表現する基本が散布図です。連結散布図は、折れ線グラフと散布図を同時に表現したグラフになっています。

次の連結散布図は、アップル社の終値とコカ・コーラ社の終値の関係性が時間変化することを表現しています。

▼[7] (section_13_2.ipynb)

```
# コカ・コーラ社株価のDataFrame
df_coke = gb.get_group('COKE')

# Figureを作成
figure = make_subplots(rows=1, cols=2)

# Figureに散布図のTraceを追加
figure.add_trace(
    go.Scatter(x=df_aapl['Close'], y=df_coke['Close'],
mode='markers', name='AAPL:COKE'),
    row=1,
    col=1
)

# Figureに折れ線グラフのTraceを追加
figure.add_trace(
    go.Scatter(x=df_aapl['Date'], y=df_aapl['Close'], mode='lines',
name='AAPL close'),
    row=1,
    col=2
)
figure.add_trace(
```

```
    go.Scatter(x=df_coke['Date'], y=df_coke['Close'], mode='lines',
name='COKE close'),
    row=1,
    col=2
)

# FigureのLayoutを更新
figure.update_layout(
    template=template,
    title='Hello-World-Stock dataset',
    xaxis={'title': 'AAPL close'},
    yaxis={'title': 'COKE close'},
    xaxis2={'title': 'Date'},
    yaxis2={'title': 'Stock'}
)

figure
```


▼実行結果

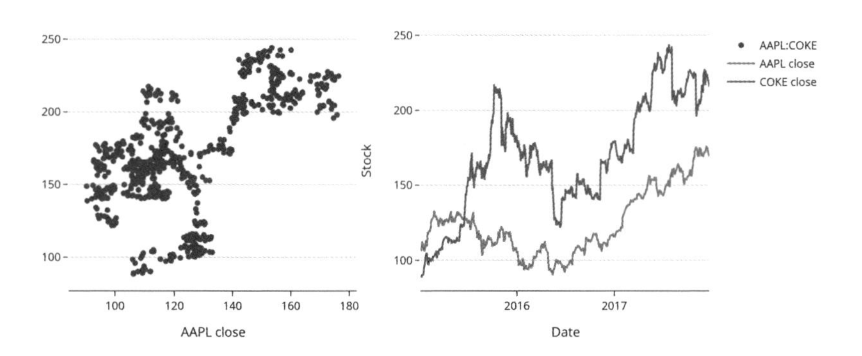

 コールバック関数の組み込み

連結散布図は時間変化する2つの変数を理解することに適していますが、散布図上のマーカーがどの時刻を表しているかがわかりにくいことが惜しい点です。

そこで、Plotlyのコールバック関数を利用して、散布図上の点にマウスカーソルを合わせると、折れ線グラフで対応する点が強調される仕組みを追加してみましょう。7章の7.3節で紹介したように、コールバック関数はFigureWidgetクラスを使用します。

▼[8] (section_13_2.ipynb)

```
# FigureWidgetを作成
widget = go.FigureWidget(make_subplots(rows=1, cols=2))

# FigureWidgetに散布図のTraceを追加
widget.add_trace(
    go.Scatter(x=df_aapl['Close'], y=df_coke['Close'],
mode='markers', name='AAPL:COKE'),
    row=1,
    col=1
)

# FigureWidgetに折れ線グラフのTraceを追加
widget.add_trace(
    go.Scatter(x=df_aapl['Date'], y=df_aapl['Close'],
mode='lines+markers', name='AAPL close'),
    row=1,
    col=2
)
widget.add_trace(
    go.Scatter(x=df_coke['Date'], y=df_coke['Close'],
mode='lines+markers', name='COKE close'),
    row=1,
    col=2
)

```

```
# マーカーの標準サイズの配列
N = len(df_aapl)
default_scatter_size = 6
default_sizes = np.stack([
    np.full(N, fill_value=default_scatter_size),
    np.full(N, fill_value=0),
    np.full(N, fill_value=0),
], axis=0)


def hover_function(trace:go.Trace, points:callbacks.Points, selector:callbacks.InputDeviceState) -> None:
    """マーカーがフォーカスされた際のコールバック関数

    Args:
        trace (go.Trace): 対称のTrace
        points (callbacks.Points): フォーカスされたポイント
        selector (callbacks.InputDeviceState): セレクター
    """
    focused_size = 16    # フォーカスされたポイントのマーカーサイズ

    # 変更するマーカーサイズの配列
    size_array = default_sizes.copy()    # 標準サイズの配列からコピー
    if points.point_inds != []:
        index = points.point_inds[0]                # 散布図でフォーカスされたポイントのインデックス
        size_array[:, index] = focused_size       # 散布図と折れ線グラフの両方を大きくする

    # マーカーの更新
    with widget.batch_update():
        traces = widget.data
        for trace, size in zip(traces, size_array):
            trace.marker.size = size

```

```
def unhover_function(trace:go.Trace, points:callbacks.Points,
selector:callbacks.InputDeviceState) -> None:
    """フォーカス解除された際のコールバック関数

    Args:
        trace (go.Trace): 対称のTrace
        points (callbacks.Points): フォーカス解除されたポイント
        selector (callbacks.InputDeviceState): セレクター
    """
    # 標準サイズのマーカーサイズに更新
    size_array = default_sizes.copy()
    with widget.batch_update():
        traces = widget.data
        for trace, size in zip(traces, size_array):
            trace.marker.size = size
```

▼[9] (section_13_2.ipynb)

```
# FigureWidgetのLayoutを更新
widget.update_layout(
    template=template,
    title='Hello-World-Stock dataset',
    xaxis={'title': 'AAPL close'},
    yaxis={'title': 'COKE close'},
    xaxis2={'title': 'Date'},
    yaxis2={'title': 'Stock'},
)

traces = widget.data
traces[0].on_hover(hover_function)
traces[0].on_unhover(unhover_function)

unhover_function(traces[0], plotly.callbacks.Points(), None)

widget
```

▼**実行結果**

Hello-World-Stock dataset

■**図13.2.2　コールバック関数を組み込んだ連結散布図（口絵29）**

Hello-World-Stock dataset

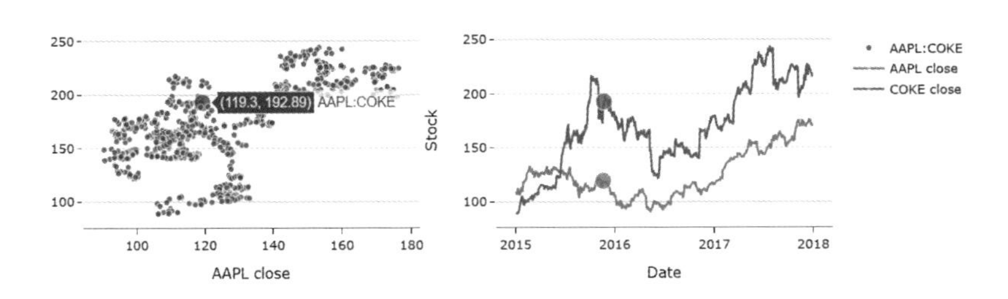

散布図のマーカーにマウスカーソルを合わせると、対応する折れ線グラフのポイントが強調して表示されるようになりました。このようにコールバック関数を活用することでインタラクティブ・グラフの特色を活かして連結散布図をより効果的に使うことができます。

13.3

時間と空間を表現するグラフ

本書の最後の節では、地図上に分布したデータが時間経過で変化するようなグラフを紹介します。

データの準備

12章では、空間を表現するグラフの一種として、地図上の領域を色分けするコロプレスマップを紹介しました。もしコロプレスマップが時間経過で変化するような場合、静的なグラフでは表現が煩雑になりがちです。Plotlyでは、コロプレスマップをアニメーショングラフにすることで、コロプレスマップの時間変化を簡潔に表現することができます。

本節では、厚生労働省が提供している新型コロナウイルスの新規陽性者数のデータを使用します。データは、以下ウェブサイトの「新規陽性者数の推移（日別）」からCSVファイルをダウンロードしています。なお、感染症法上で新型コロナウイルス感染症の扱いが変更されたことに伴い、最終集計値は2023年5月7日分までとなっています。

- **「データからわかる－新型コロナウイルス感染症情報－」（厚生労働省）**
  https://covid19.mhlw.go.jp/extensions/public/index.html

地図データは12章の12.2節と同じく、国土数値情報ダウンロードサイトが提供する行政区域データを加工して使用しています。

ダウンロードしたCSVファイルは、都道府県別の日ごとの新規陽性者数が記録されています。本節では、まずCSVを加工して都道府県別の年間新規陽性者数のデータとし、年間新規陽性者数をコロプレスマップで作図します。また、アニメーショングラフでコロプレスマップの推移を表現します。

まず、CSVファイルを読み込みましょう。列は47都道府県とその合計である列「ALL」で構成されています。

▼[1] (section_13_3.ipynb)

```
import pandas as pd
import json
from plotly import express as px
from plotly import graph_objects as go
from plotly.graph_objs.layout import Template

# 都道府県別新規陽性者数のDataFrameを読み込み
df = pd.read_csv('newly_confirmed_cases_daily.csv', index_col=0,
parse_dates=True)

df.info()
```

▼実行結果

```
<class 'pandas.core.frame.DataFrame'>
DatetimeIndex: 1209 entries, 2020-01-16 to 2023-05-08
Data columns (total 48 columns):
# Column Non-Null Count Dtype
--- ------ -------------- -----
0 ALL 1209 non-null int64
1 Hokkaido 1209 non-null int64
2 Aomori 1209 non-null int64
(省略)
...
46 Kagoshima 1209 non-null int64
47 Okinawa 1209 non-null int64 dtypes: int64(48) memory usage:
462.8 K
```

行インデックスは、2020年1月16日から2023年5月8日までの日付となっています。

▼[2] (section_13_3.ipynb)

```
df.index
```

▼実行結果

```
DatetimeIndex(['2020-01-16', '2020-01-17', '2020-01-18', '2020-01-19',
 '2020-01-20', '2020-01-21', '2020-01-22', '2020-01-23',
 '2020-01-24', '2020-01-25',
 ...
 '2023-04-29', '2023-04-30', '2023-05-01', '2023-05-02',
 '2023-05-03', '2023-05-04', '2023-05-05', '2023-05-06',
 '2023-05-07', '2023-05-08'],
 dtype='datetime64[ns]', name='Date', length=1209, freq=None)
```

次にコロプレスマップのための都道府県のJSONファイルを読み込みます。コロプレスマップとJSONファイルの読み込みについては、12章の12.2節を参照ください。

▼[3] (section_13_3.ipynb)

```
# 都道府県のGeoJsonを読み込み
with open('todofuken.geojson') as file:
    geojson = json.load(file)
```

GeoJsonファイル内の都道府県名の漢字表記と、DataFrameの列名を合わせて、漢字表記とローマ字表記のdictを作成します。

▼[4] (section_13_3.ipynb)

```
# 都道府県のローマ字と漢字のdictを作成
todofuken_dict = {}
for feature, todofuken in zip(geojson['features'], list(df.
columns)[1:]):
    todofuken_dict[todofuken] = feature['properties']['N03_001']

todofuken_dict
```

▼実行結果

```
{'Hokkaido': '北海道',
'Aomori': '青森県',
(省略) ...
```

```
'Kumamoto': '熊本県',
'Oita': '大分県',
'Miyazaki': '宮崎県',
'Kagoshima': '鹿児島県',
'Okinawa': '沖縄県'}
```

作成したdictをDataFrameのrenameメソッドに指定することで、DataFrameの列名をローマ字表記から漢字表記に変換します。ここで合わせて列「ALL」の削除も行っています。

▼[5] (section_13_3.ipynb)

```
# DataFrameの列名を漢字表記に変更
df = df.rename(columns=todofuken_dict)
df = df.iloc[:, 1:]       # 先頭列の「ALL」は除外する

df.info()
```

▼実行結果

```
<class 'pandas.core.frame.DataFrame'>
DatetimeIndex: 1209 entries, 2020-01-16 to 2023-05-08
Data columns (total 47 columns):
# Column Non-Null Count Dtype
--- ------ -------------- -----
0 北海道 1209 non-null int64
1 青森県 1209 non-null int64
(省略)
...
45 鹿児島県 1209 non-null int64
46 沖縄県 1209 non-null int64
dtypes: int64(47)
memory usage: 453.4 KB
```

このDataFrameは行インデックスが時刻データになっているため、resampleメソッドで集計を行うことができます。新規陽性者数の年間合計を行います。

▼[6] (section_13_3.ipynb)

```
# 新規陽性者数を年間合計
df_year = df.resample('Y').sum()

df_year.shape
```

▼実行結果

```
(4, 47)
```

この段階ではDataFrameは各都道府県をそれぞれ列として表現しています。コロプレスマップのTraceを作成するChoroplethクラスは、地図上の地域が列の値である形式が扱いやすくなるため、都道府県が値となるようにDataFrameの形状を変形します。変形するにはmeltメソッドを使用します。meltするためにインデックスの時刻データを列「Date」として追加しています。

▼[7] (section_13_3.ipynb)

```
# メルトするために行インデックスを列として追加
df_year['Date'] = df_year.index

# 年間新規陽性者数を縦に並べるようDataFrameをメルト
df_melt = df_year.melt(id_vars=['Date'], var_name='都道府県',
value_name='年間新規陽性者数')
df_melt['Date'] = df_melt['Date'].astype(str)

df_melt
```

▼実行結果

	Date	都道府県	年間新規陽性者数
0	2020-12-31	北海道	13438
1	2021-12-31	北海道	48063
2	2022-12-31	北海道	1171370
3	2023-12-31	北海道	130266
4	2020-12-31	青森県	482

	Date	都道府県	年間新規陽性者数
...	...	...	...
183	2023-12-31	鹿児島県	77911
184	2020-12-31	沖縄県	5340
185	2021-12-31	沖縄県	45182
186	2022-12-31	沖縄県	492960
187	2023-12-31	沖縄県	40226

アニメーションするコロプレスマップ

作成したDataFrameを使って、アニメーションのためのフレームを作成していきます。DataFrameをgroupbyメソッドで年別にグループ化し、Choroplethクラスのトレースをlistに追加していきます。

▼[8] (section_13_3.ipynb)

```
# 年でグループ化
gb = df_melt.groupby('Date')

# Frameのlistを作成
frames = []
max_value = df_melt['年間新規陽性者数'].max()
for group, df_subset in gb:
    trace = go.Choropleth(
        locations=df_subset['都道府県'],
        z=df_subset['年間新規陽性者数'],
        geojson=geojson,
        featureidkey='properties.N03_001',
        colorscale='Reds',
        zmin=0,
        zmax=max_value
    )  # コロプレスマップ
    frame = go.Frame(
        data=trace,
        name=group,
        layout={
```

```
                'title': {'text': f'新型コロナウイルス年間新規陽性者数
{group}'}
        }
    )
    frames.append(frame)
```

次にアニメーションのためのボタンなどを作成していきます。アニメーショングラフについては7章の7.2節を参照してください。

▼[9] (section_13_3.ipynb)

```
# ステップを作成
steps = []
for date in list(gb.groups.keys()):
    steps.append({
        'args': [
            [date],
        ],
        'label': date,
        'method': 'animate'
    })

# スライダーを作成
sliders = [{
    'len': 0.95,     # スライダー長さ
    'x': 0.05,       # スライダー左位置
    'steps': steps
}]

# 再生ボタン
play_button = {
    'args': [
        None,
        {'fromcurrent': True}     # 現在位置から再生再開する
    ],
    'label': 'Play',
```

```
    'method': 'animate'
}

# 一時停止ボタン
pause_button = {
    'args': [
        [None],
        {'mode': 'immediate'}    # 停止するために必要
    ],
    'label': 'Pause',
    'method': 'animate'
}

# ボタンメニューを作成
button_menu = {
    'buttons': [play_button, pause_button],
    'direction': 'left',      # 2つのボタンを並べる方向
    'xanchor': 'left',        # xアンカー位置
    'yanchor': 'top',         # yアンカー位置
    'x': -0.1,                # x位置
    'y': -0.15,               # y位置
    'type': 'buttons'
}
```

最後にLayoutを作成し、フレームと組み合わせてアニメーションするコロプレスマップを作成します。

▼[10] (section_13_3.ipynb)

```
# 独自テンプレートを読み込む
with open('custom_white.json') as f:
    custom_white_dict = json.load(f)
    template = Template(custom_white_dict, _validate=False)

# Layoutを作成
layout = go.Layout(
```

```
    template=template,
    margin={
        'r': 20,
        't': 30,
        'l': 20,
        'b': 30
    },
    geo={
        'fitbounds': 'locations',
        'visible': False,
    },
    updatemenus=[button_menu],
    sliders=sliders,
)

# Figureを作成
figure = go.Figure(
    data=frames[0]['data'],      # 最初に表示するグラフ
    frames=frames,
    layout=layout
)

figure
```

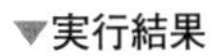

作成したグラフは下部のボタン、およびスライドバーでアニメーションすることができます。また、マウスカーソルを合わせると都道府県の年間陽性者数の値をポップアップできます。

■図13.3.1　アニメーションするコロプレスマップでのホバーテキスト（口絵30）

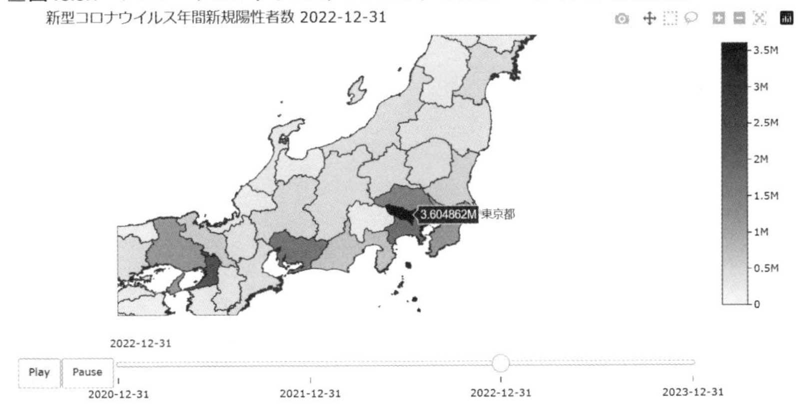

参考文献

[1] ハーバード・ビジネス・レビュー流 データビジュアライゼーション（スコット・ベリナート、ダイヤモンド社、2022年）

[2] 情報可視化入門（三末 和男、森北出版、2021年）

[3] ディープラーニング構築テンプレート（アダム・ギブソン、インプレス、2020年）

[4] データビジュアライゼーション ―データ駆動型デザインガイド―（アンディー・カーク、朝倉書店、2021年）

[5] Python インタラクティブ・データビジュアライゼーション入門（@driller他、朝倉書店、2020年）

[6] Google流資料作成術（コール・ヌッスバウマー・ナフリック、日本実業出版社、2017年）

[7] LightGBM予測モデル実装ハンドブック（毛利拓也、秀和システム、2023年）

索引

【や行】

【ら行】

【アルファベット】

【数字】

●著者プロフィール

大川　洋平（おおかわ　ようへい）

機械学習エンジニア。機械学習や深層学習を使った、微細加工シミュレーション、外観検査、ロボット制御の研究開発を経験。現在は自動車メーカーで深層学習を使った自動運転や運転支援の技術開発に従事。
著書に『PyTorchニューラルネットワーク 実装ハンドブック』『NumPy&SciPy数値計算実装ハンドブック』（ともに秀和システム）がある。

pandas & Plotly 2D/3Dデータビジュアライゼーション実装ハンドブック

発行日　2024年 7月 1日　　第1版第1刷

著　者　大川　洋平

発行者　斉藤　和邦
発行所　株式会社　秀和システム
〒135-0016
東京都江東区東陽2-4-2　新宮ビル2F
Tel 03-6264-3105（販売）Fax 03-6264-3094
印刷所　三松堂印刷株式会社　　Printed in Japan

ISBN978-4-7980-6890-9 C3055

定価はカバーに表示してあります。
乱丁本・落丁本はお取りかえいたします。
本書に関するご質問については、ご質問の内容と住所、氏名、電話番号を明記のうえ、当社編集部宛FAXまたは書面にてお送りください。お電話によるご質問は受け付けておりませんのであらかじめご了承ください。